人力资源和社会保障部职业能力建设司推荐
冶金行业职业教育培训规划教材

炼钢原料概论

主　编　俞海明　聂玉梅
副主编　石枚梅　谭广志

北京
冶金工业出版社
2016

内 容 提 要

本书为冶金行业职业技能培训教材，根据冶金企业的生产实际和岗位技能要求编写。本教材将炼钢生产涉及的各类原料进行详细的分析介绍，并对炼钢原料的发展趋势进行了介绍，对现代钢铁企业炼钢生产所使用的各种原料的成分要求、对冶炼的影响及生产操作中的注意事项进行了详细地阐述，主要内容包括炼钢工艺与原料、金属料—钢铁料、铁水预处理"三脱"工艺与原料、造渣材料、炼钢用气体、铁合金、石墨电极。

本教材既可以作为冶金职业院校学生用教材，也可以作为钢铁企业职工技能培训教材，同时也为工程技术人员提供了重要的参考资料。

图书在版编目（CIP）数据

炼钢原料概论/俞海明，聂玉梅主编 . —北京：冶金工业出版社，2016.8

人力资源和社会保障部职业能力建设司推荐　冶金行业职业教育培训规划教材

ISBN 978-7-5024-7308-2

Ⅰ.①炼…　Ⅱ.①俞…　②聂…　Ⅲ.①炼钢—冶金原料—概论　Ⅳ.①TF702

中国版本图书馆 CIP 数据核字（2016）第 200853 号

出　版　人　谭学余
地　　　址　北京市东城区嵩祝院北巷 39 号　邮编　100009　电话　（010）64027926
网　　　址　www.cnmip.com.cn　电子信箱　yjcbs@cnmip.com.cn
责任编辑　刘小峰　李鑫雨　美术编辑　彭子赫　版式设计　孙跃红
责任校对　李　娜　责任印制　李玉山
ISBN 978-7-5024-7308-2
冶金工业出版社出版发行；各地新华书店经销；固安华明印业有限公司印刷
2016 年 8 月第 1 版，2016 年 8 月第 1 次印刷
787mm×1092mm　1/16；14.5 印张；387 千字；217 页
45.00 元
冶金工业出版社　投稿电话　（010）64027932　投稿信箱　tougao@cnmip.com.cn
冶金工业出版社营销中心　电话　（010）64044283　传真　（010）64027893
冶金书店　地址　北京市东四西大街 46 号（100010）　电话　（010）65289081（兼传真）
冶金工业出版社天猫旗舰店　yjgycbs.tmall.com
（本书如有印装质量问题,本社营销中心负责退换）

冶金行业职业教育培训规划教材
编辑委员会

序

吴溪淳

改革开放以来，我国经济和社会发展取得了辉煌成就，冶金工业实现了持续、快速、健康发展，钢产量已连续数年位居世界首位。这其间凝结着冶金行业广大职工的智慧和心血，包含着千千万万产业工人的汗水和辛劳。实践证明，人才是兴国之本、富民之基和发展之源，是科技创新、经济发展和社会进步的探索者、实践者和推动者。冶金行业中的高技能人才是推动技术创新、实现科技成果转化不可缺少的重要力量，其数量能否迅速增长、素质能否不断提高，关系到冶金行业核心竞争力的强弱。同时，冶金行业作为国家基础产业，拥有数百万从业人员，其综合素质关系到我国产业工人队伍整体素质，关系到工人阶级自身先进性在新的历史条件下的巩固和发展，直接关系到我国综合国力能否不断增强。

强化职业技能培训工作，提高企业核心竞争力，是国民经济可持续发展的重要保障，党中央和国务院给予了高度重视，明确提出人才立国的发展战略。结合《职业教育法》的颁布实施，职业教育工作已出现长期稳定发展的新局面。作为行业职业教育的基础，教材建设工作也应认真贯彻落实科学发展观，坚持职业教育面向人人、面向社会的发展方向和以服务为宗旨、以就业为导向的发展方针，适时扩大编者队伍，优化配置教材选题，不断提高编写质量，为冶金行业的现代化建设打下坚实的基础。

为了搞好冶金行业的职业技能培训工作，冶金工业出版社在人力资源和社会保障部职业能力建设司和中国钢铁工业协会组织人事部的指导下，同河北工业职业技术学院、昆明冶金高等专科学校、吉林电子信息职业技术学院、山西工程职业技术学院、山东工业职业学院、安徽工业职业技术学院、武汉钢铁集团公司、山钢集团济钢公司、云南文山铝业有限公司、中国职工教育和职业培训协会冶金分会、中国钢协职业培训中心、中国钢协人力资源与劳动保障工作委员会教育培训研究会等单位密切协作，联合有关冶金企业、高职院校和本科院校，编写了这套冶金行业职业教育培训规划教材，并经人力资源和社会保障部职业培训教材工作委员会组织专家评审通过，由人力资源和社会保障部职业能力建设司给予推荐，有关学校、企业的编写人员在时间紧、任务重的情况下，克服困难，辛勤工作，在相关科研院所的工程技术人员的积极参与和大力支持下，出色地完成了前期工作，为冶金行业的职业技能培训工作的顺利进行，打下了坚实的基础。相信这套教材的出版，将为冶金企业生产一线人员理论水平、操作水平和管理水平的进一步提高，企业核心竞争力的不断增强，起到积极的推进作用。

随着近年来冶金行业的高速发展，职业技能培训工作也取得了令人瞩目的成绩，绝大多数企业建立了完善的职工教育培训体系，职工素质不断提高，为我国冶金行业的发展提供了强大的人力资源支持。今后培训工作的重点，应继续注重职业技能培训工作者队伍的建设，丰富教材品种，加强对高技能人才的培养，进一步强化岗前培训，深化企业间、国际间的合作，开辟冶金行业职业培训工作的新局面。

展望未来，任重而道远。希望各冶金企业与相关院校、出版部门进一步开拓思路，加强合作，全面提升从业人员的素质，要在冶金企业的职工队伍中培养一批刻苦学习、岗位成才的带头人，培养一批推动技术创新、实现科技成果转化的带头人，培养一批提高生产效率、提升产品质量的带头人；不断创新，不断发展，力争使我国冶金行业职业技能培训工作跨上一个新台阶，为冶金行业持续、稳定、健康发展，做出新的贡献！

前　言

炼钢原料是炼钢的物质基础，原料的质量和供应条件直接影响炼钢技术经济指标和钢的质量。保证原材料的质量，是达到优质、高产、低耗的前提条件。因此，掌握炼钢原料基础知识，对于从事炼钢生产的员工来说是十分必要的。

转炉炼钢和电炉炼钢采用的原料有相同的，也有根据各自工艺特点和设备而特有的。随着国民经济建设和社会发展越来越高的要求，高效、低成本地生产洁净钢和优质钢已成为钢铁企业的必然选择。铁水预处理和炉外精炼分担了转炉、电炉炼钢的部分任务，成为现代钢铁生产流程中的不可或缺环节。因此，炼钢原料包括转炉炼钢、电炉炼钢、铁水预处理和炉外精炼各个工艺所用的原料。

炼钢原料种类繁多，总体而言，可分为金属料与非金属料两大类。按照使用功能可划分为钢铁料、铁合金和渣辅料三大类。为实现优质、高效、低成本炼钢，做好原料的技术管理和质量管理非常重要。

本教材作者之一俞海明曾被宝钢集团新疆八一钢铁股份有限公司派往德国BSW钢厂学习炼钢技术，其间德国工程师的炼钢始于废钢和原料的理念极大地激发了作者研究炼钢原料的兴趣。为了提高职工整体素质，宝钢集团新疆八一钢铁股份有限公司每年举办各类职工技能培训教育。在培训过程中，老师们普遍反映缺少系统介绍炼钢原料的书籍。基于此，围绕现代炼钢工艺和洁净钢的生产，参考炼钢原料资料，开始了本教材的编写。

从2014年开始酝酿到完成初稿编写，其间钢铁业遭遇了史上最严重的危机。为了降本增效，钢铁企业对于炼钢原料的性价比要求也有了很多的变化，采取了许多技术措施，在炼钢原料的应用工艺上有了许多的突破。这些内容在本书中也有所反映。

通过阅读本教材，炼钢工作者可以了解炼钢金属料、铁水预处理"三脱"工艺与原料、造渣材料、炼钢用气体、合金及电炉生产用电极的原料等相关知识；了解转炉炼钢所用原材料的种类、成分及质量要求，并具备一定的质量判断能力。为提高实际工作能力以及独立分析问题和解决问题的能力奠定很好的理论基础。

　　本教材由宝钢集团新疆八一钢铁股份有限公司炼钢厂俞海明、新疆工业职业技术学院聂玉梅担任主编，新疆工程学院石枚梅、新疆工业职业技术学院谭广志担任副主编。全书由俞海明统稿，聂玉梅审定。

　　本教材编写过程中，参考了相关文献，对这些文献作者表示感谢。冶金工业出版社在本教材章节编排、专业知识把关等方面提出了建设性的意见，对此深表感谢。

　　本教材的出版得到了新疆钢铁学校 2014 年度提升专业服务产业能力建设项目的大力支持，同时也得到了院校及企业各方的鼎力协助。在此，对所有提供帮助和支持的人们表示衷心的感谢。

　　由于作者水平所限，书中不妥之处，敬请批评指正。

编　者

2016 年 5 月

目　录

1 炼钢工艺与原料

1.1 炼钢简介

钢铁是人类社会进步所依赖的重要物质基础。钢铁工业长期以来是世界各国国民经济的基础产业，钢铁工业发展水平如何，历来是衡量一个国家工业化水平高低和国家综合国力的重要标志，美国、日本等经济发达国家无不经历了以钢铁为支柱产业的重要发展阶段。在经历了PVC和其他代用材料的强烈冲击考验后，研究人员通过对各种材料的比较发现，在可预见的未来，还没有任何一种材料能够全面取代钢铁材料，钢铁材料仍将是人类社会占据主导地位的最重要的结构材料，是人类社会和经济发展的物质基础。宝钢的宣传片中有一段话说道："在人类走向文明的进程中，钢铁不可替代。钢铁在支撑起这个世界的同时，也在改变着这个世界"，这经典地诠释了钢铁材料的重要性，从某种意义上来讲，钢铁是强国的基本标志之一。

就概念上来讲，钢和生铁都是铁基合金，都含有碳、硅、锰、磷、硫等元素，但是由于钢和铁之间由于成分的不同，所以导致了它们的性能方面存在较大的差异，它们之间的区别见表1-1。

表 1-1 钢和生铁的成分与性能差异

项　目	钢	生铁
碳（质量分数）	≤2%，一般 0.04%~1.7%	>2%，一般 2.5%~4.3%
硅、锰、磷、硫含量	较少	较多
熔点	1450~1530℃	1100~1150℃
力学性能	强度、塑性、韧性好	硬而脆，耐磨性好
可锻性	好	差
焊接性	好	差
热处理性能	好	差
铸造性	好	更好

钢和铁的区别在于含碳量不同，钢中含碳量不高于2%，生铁含碳量高于2%，将铁转变成为钢的方法，有转炉炼钢和电炉炼钢两种主流工艺。而在炼钢的技术里面汇集了物理化学等多学科的科学技术，所以炼钢又是钢铁制造业的核心技术，在当今的钢铁制造业中得到了长足的发展。

转炉炼钢是以铁水和废钢为主原料，向转炉熔池吹入氧气，以石灰、白云石、镁球、萤石等作为辅助原料，参与炼钢反应，使杂质元素氧化成为氧化物进入钢渣，同时利用杂质元素氧化后释放的化学热提高钢水温度，在25~45min内完成吹炼的工艺方法，是目前世界上最主要的炼钢生产方法。

电炉炼钢是以废钢铁为主要原料，采用电能作为主要的热源，将钢铁料加热到能够进行冶金物理化学反应温度范围内，利用电能和化学能进行炼钢的工艺方法。主要原理是利用电流通过石墨电极与金属料之间产生电弧的高温来加热、熔化炉料。传统电弧炉炼钢原料以冷废钢为主,配加 10% 左右的生铁。现代电弧炉炼钢除废钢和生铁块外,使用的原料还有直接还原铁 (DRI)、热压块(HBI)、铁水、碳化铁等。

所以说炼钢的主原料有:铁水、废钢等各类含铁的炼钢原料,统称为炼钢所需的钢铁料。此外,为了去除主原料钢铁料中间的有害元素,完成冶金过程的物理化学反应,需要辅原料:造渣剂(石灰、萤石、白云石、合成造渣剂),冷却剂(铁矿石、氧化铁皮、烧结矿、球团矿),增碳剂以及氧气、氮气、氩气等。在完成了去除钢铁料中的无益元素以后,需要添加一些不同功能性的合金元素调整钢材性能。含有功能性元素的材料,即铁合金。炼钢常用铁合金有锰铁、硅铁、硅锰合金、硅钙合金、金属铝和铝合金等。钢铁料和铁合金统称为金属料。据中科院的研究,我国生产 1kg 钢需要的原材料消耗见表 1-2。

表 1-2   我国生产 1kg 普通钢材的原材料消耗

原材料名称	消耗量/g	原材料名称	消耗量/g
生铁	1500	砂砾	5.6
石灰石	1700	斑脱土	4.8
氧	680	铝土矿	1.5
原油	150	氧化钠	0.27
黏土	63	空气	0.05
橄榄石	39	氮	0.01
铁锰矿	24	硫	0.003
白云石	14	水	34000
氟石	13		

炼钢工艺的发展史,从原料的角度来讲就是原料发展演变的历史。工业化发达的国家,废钢的积蓄量和循环产生的废钢量较大,加上电炉炼钢的流程较转炉相比,比转炉流程少 2~3 个工艺流程环节,对于环境的污染程度小,所以电炉炼钢在工业化程度较高的国家所占的比例远远大于工业化程度低的国家。

从经济性和竞争力的角度来说,提高炉料的灵活性也将影响到炼钢工艺。有的钢铁联合企业在铁水价格高于废钢价格的时候,有些钢种允许废钢比达到 40%,而当废钢价格较高的时候,转炉就采用全铁水冶炼工艺。在废钢供应充足而铁水量不足的地区,转炉可以大量的使用废钢炼钢,废钢比最多可以达到 50% 以上,实现这种工艺,一是转炉生产线配置 LF 炉,转炉出钢后利用 LF 炉对于转炉的钢水进行升温精炼,二是转炉改造成废钢比可在 0~50% 变化的他热式 KMS 转炉,利用向转炉喷吹燃气、氧气或者焦炭等,熔化废钢后再进入转炉的冶炼模式。

不同的炼钢工艺在钢铁生产流程中所处的位置如图 1-1 所示。

由图 1-1 可知,转炉炼钢处于炼铁、轧钢的中间环节,前工序受高炉铁水供应的制约,后工序要满足轧钢对品种质量的要求,所需要配合的工艺流程较多。与转炉的工艺相比较,制约电炉炼钢的工艺流程较少,生产的组织比较灵活。由于我国高炉生产能力逐年增长,现有轧机生产能力已大于炼钢生产能力,废钢资源的短缺、电力的紧缺和电价昂贵,限制了电炉炼钢的发展。

不论哪一种炼钢工艺,炼钢的基本任务是脱碳、脱磷、脱硫、脱氧,去除有害气体和非金属夹杂物,提高温度和调整成分。归纳为:"四脱"(碳、氧、磷和硫),"二去"(去气和去

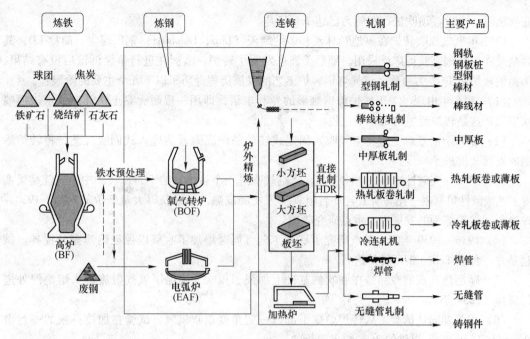

图1-1 不同的炼钢工艺在钢铁生产流程中所处的位置

夹杂），"二调整"（成分和温度）。采用的主要技术手段为：供氧、造渣、升温、加脱氧剂和合金化。通过控制供氧、造渣、温度以及加入合金材料等，获得所要求的钢液，并浇注成合格的钢锭或铸坯。

原材料是炼钢的物质基础，原材料的质量和供应条件直接影响炼钢技术经济指标和钢的质量。保证原材料的质量，既指保证原材料化学成分和物理性质满足技术要求，还指原材料化学成分和物理性质保持稳定，这是达到优质、高产、低耗的前提条件。

国内外大量生产实践证明，采用精料以及原料标准化，是实现冶炼过程自动化、改善各项技术经济指标、提高经济效益的重要途径。根据所炼钢种、操作工艺及装备水平合理地选用和搭配原材料，可达到低成本投入、高质量产出的目的。

在钢铁业发达的国家，钢企有一个共识，就是炼钢始于原材料。因此，掌握炼钢原料基础知识，对于炼钢的工艺有积极的意义。

1.2 炼钢工艺与原料概述

1.2.1 转炉炼钢工艺的发展过程

1856年贝塞麦发明底吹空气炼钢法时，就提出了用氧气炼钢的设想，但受当时条件的限制没能实现。直到20世纪50年代初，廉价氧气的获得，奥地利的 Voest Alpine 公司才将氧气炼钢用于工业生产，从而诞生了氧气顶吹转炉，也称 LD 转炉。顶吹转炉问世后，其发展速度非常快，它解决了钢中氮和其他有害杂质的含量问题，使质量接近平炉钢，同时减少了随废气（当用普通空气吹炼时，空气含79%无用的氮）损失的热量，可以吹炼温度较低的平炉生铁，因而节省了高炉的焦炭耗量，且能使用更多的废钢。由于转炉炼钢速度快，转炉的台时产量是平炉炼钢的几倍，甚至是十几倍，加上转炉炼钢工艺过程中的煤气回收和蒸汽回收利用形成的负能炼钢工艺模式，能够节约能源，故转炉炼钢成为当代炼钢的主流。到1968年出现氧气底吹法时，全世界顶吹法产钢能力已达 2.6 亿吨。

1952 年氧气顶吹转炉在奥地利林茨和多纳维茨（Linz，Donawitz）钢厂诞生，简称 LD，其后陆续在一些国家获得广泛采用。随后美洲也发明了转炉，欧洲在进行争议诉讼后没有结果，美洲的转炉以 BOF 为简称。氧气炼钢转炉工艺的发展历程经历了以下几个主要的阶段：

（1）1855 年出现了关于转炉炼钢雏形的专利申请，即用一根耐火黏土吹管向铁水表面喷吹空气，这是转炉诞生的第一个过程。

（2）在以上的基础上，将空气吹入固定式转炉的炉底附近的埋入式侧吹工艺，将转炉炼钢的发展又推进了一步。

（3）第一个突破性进展是底吹工艺，将空气吹进一个可旋转的不对称转炉中。这就是贝塞麦工艺或碱性贝塞麦—托马斯工艺。当制氧工艺发展成熟，可以获得大量低价氧气后，1930 ~ 1949 年间转炉炼钢的发展进入重点研究阶段。

（4）1936 ~ 1939 年间，重点研究了底吹工艺，同时增加了吹氧以保证熔池充分搅拌。试验是在一台 1t Lellep 钢厂转炉进行。

（5）随后施瓦茨的专利是在底吹的基础上加强了顶吹，确保了氧气射流进入熔池深处进行搅拌（1939 年）。

（6）在此期间还试验了从转炉炉壁下部以一定角度顶吹氧气。试验在加拉芬根的一台由 Durrer 和 Hellbriigge 提供的 2t 转炉上进行的。

由于种种原因，如耐火材料问题、风口损坏、喷溅严重、钢水质量等，上述（4）~（6）项研究没有得到工业化推广。

（7）1949 年 6 月，奥地利林茨的奥钢联公司开始在一台改进的 2t 贝塞麦转炉上进行顶吹氧气试验。实验证实了深入熔池内部的氧气射流及其强大动能，并不是搅动金属熔体和炉渣的主要能量来源。转炉脱碳产生的大量 CO 以及热点区的流体动力学作用，是钢液运动的主要能量来源，这一实验奠定了转炉大规模工业应用的基础。

随后，在林茨的 15t 试验设备以及多纳维茨的 5t 和 10t 转炉上进行了进一步试验，证明了该工艺的工业可行性、经济效益和生产广泛产品的可能性。1952 年 11 月 27 日，在第一次转炉炼钢试验仅 42 个月之后，林茨钢厂第一座 30t 转炉炼出第一炉钢。多纳维茨钢厂的转炉生产始于 1953 年。这种自热式氧气炼钢工艺的生产率很高，带来了对于大高炉的需求；其出钢到出钢时间很短，冶金结果和钢水温度离散性低，为连铸技术的迅速发展奠定了基础。

（8）在 1936 ~ 1939 年间进行的底吹氧气试验接近 30 年之后，开发出了用碳氢化合物保护底吹风口的方案，OBM/Q-BOP（1968 年）、K-OBM 和他热式 KMS（1977 年）等底吹氧气工艺相继开发出来，废钢比可以达到 50%；喷石灰、喷煤和二次燃烧等技术也得到大规模应用；底吹强度达到 $5m^3/(t \cdot min)$；他热式复吹转炉可以装入更多冷却剂，如废钢、生铁、海绵铁、热压块铁、灰尘、炉渣、铬矿或锰矿、氧化铁皮、含镍中间产品、废弃材料等。

（9）底吹和复吹转炉技术的进一步改善，也促进了氧气顶吹结合惰性气体底吹搅拌工艺的改善，这是指在高碳范围内用 N_2，而达到低碳范围时切换为 Ar 进行熔池搅拌。现在世界上几乎所有的氧气炼钢转炉都采用这一改进的方案。

（10）目前最新的发展是以石灰石炼钢、COMI 吹炼等更加环保型的工艺在开展。

尽管已延续了 50 多年，高炉—氧气转炉工艺路线仍将在未来数十年占据主导地位，特别是在优质扁平材的生产方面。转炉炼钢的不同工艺的发展变化如图 1-2 所示。

从经济性和竞争力的角度来说，提高炉料的灵活性也将影响到炼钢工艺路线。转炉生产的时间分布见表 1-3。

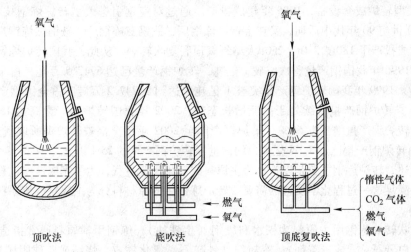

图 1-2　转炉炼钢的不同工艺的发展变化

表 1-3　转炉生产的时间分布

冶炼工序	时间/min	描　述
加废钢和铁水	5 ~ 10	常温下的废钢，铁水 1340℃
吹氧精炼	14 ~ 23	氧气和熔池中的 Si、C、Fe、Mn、P 等发生化学反应
取样分析	4 ~ 15	钢水温度在 1650℃，取样测温
出钢	4 ~ 8	将钢水出到钢包并且脱氧合金化
溅渣护炉和倒渣	3 ~ 9	进行溅渣护炉以后，将钢渣倒入渣盆

　　转炉钢经过长达 15 年时间才被全面接受。1958 年，"林泽特"号轮船完全使用林茨和多纳维茨生产的钢板、型材、铆接件、锻件、铸件等建造。最终，在广泛使用钢材的造船业，转炉钢也被完全认可，深冲钢种的生产也被认可。一座现代化转炉的生产过程如图 1-3 所示。

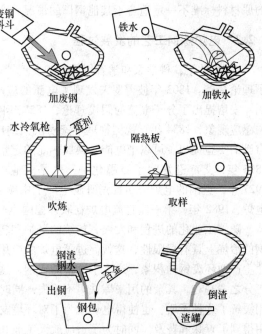

图 1-3　转炉生产的工艺过程

　　我国的炼钢工艺模式也在转炉和平炉之间的选择进行过争议，受政治环境的影响，我国大规模学习苏联的平炉炼钢方法，建设的钢厂也以平炉炼钢为主。直到 1964 年我国第一家氧气顶吹转炉炼钢厂在首钢建成投产，与此同时我国太钢从奥钢联引进了 2 台 50t 氧气顶吹转炉，使我国的氧气顶吹转炉炼钢进入了发展的初始阶段。20 世纪 60 年代中期，我国设计、科研、制造、生产人员共同协作，开展了大型氧气顶吹转炉炼钢厂的设计，1971 年容量 120t 的大型转炉炼钢厂在攀枝花钢铁公司顺利建成投产。1978 年我国宝钢首次从国外引进了 300t 大型转炉成套设备，1985 年建成投产。通过对宝钢引进大型转炉炼钢技术的学习、消化，于 20 世纪 90 年代中后期，又在宝钢二炼钢厂、武钢三炼钢厂、鞍钢三炼钢厂、首钢炼钢厂先后建成投产了 180t、210t、250t 大型氧气顶底复吹转炉，从此，我国转炉炼钢进入了高速发展期。1996 年我国钢产量首次突破 1 亿吨，转炉钢产量已达 6947.5 万吨，占全国总钢产量的 68.6%。1999 年我国转炉钢产量突破 1 亿吨，达到 10247.2 万吨，占全国钢产量比重上升到 82.7%。转炉钢产量持续处于高速增长态势，2002 年我国转炉钢产量高达 15330 万吨，仅时隔 3 年转炉钢产量增长近 50%，平炉钢产能至 2002 年已全部被转炉钢所取代。据统计，2013 年我国转炉钢产量已近 7.65 亿吨，约占世界转炉钢产量的 25% 以上。

综上所述，转炉炼钢主要是以铁水为主原料的氧化反应过程，为了完成这一过程，需要各种原材料，满足这一过程化学反应的需要。转炉炼钢用的原材料分为主原料、辅原料和各种铁合金。

氧气顶吹转炉炼钢用主原料为铁水和废钢（生铁块），炼钢用辅原料通常指造渣剂（石灰、萤石、白云石、合成造渣剂）、冷却剂（铁矿石、氧化铁皮、烧结矿、球团矿）、增碳剂以及氧气、氮气、氩气等。炼钢常用铁合金有锰铁、硅铁、硅锰合金、硅钙合金、金属铝和铝铁等。

转炉入炉原料结构是炼钢工艺制度的基础，主要包括三方面内容：一是钢铁料结构，即铁水和废钢及废钢种类的合理配比；二是造渣料结构，即石灰、白云石、萤石、铁矿石等的配比制度；三是充分发挥各种炼钢原料的功能使用效果，即钢铁料和造渣料的科学利用。炉料结构的优化调整，代表了炼钢生产经营方向，是最大程度稳定工序质量，降低各种物料消耗，增加生产能力的基本保证。

钢铁生产流程随着冶金理论和工程技术的进步，不断发生变迁，其多年来的演变过程如图 1-4 所示。

所以转炉炼钢的原料，是以转炉炼钢的具体的工艺情况和市场需求情况决定的。一个钢厂的原材料标准不一定适合于其他钢厂的情况。

1.2.2 电炉炼钢工艺的发展过程

在 19 世纪，科学家和学者们研究和发现了电热现象的基本规律，为电炉炼钢的发展奠定了理论基础。1802 年彼得罗夫发现了电弧的应用方法，指出可以利用电能来熔炼矿石提取金属。安培提出了分子电流的假设理论，1827 年欧姆揭示了导电定律，1831 年法拉第揭示了电磁感应现象，1834 年，德国物理学家楞次归纳出了电磁感应的基本定律，1841 年，焦耳根据自己的实验提出了可以把电能转换成热能的定量规律，他们的研究为电炉的发展奠定了基础。1896 年，艾奇逊发明了石墨化炉，这是工业电炉的先例，1899 年，赫劳特发明了电弧炉，1927 年，英国的电炉公司首先研制生产了中频感应炉，1964 年，施维博试验成功了超高功率电炉，1982 年，第一座直流电炉在联邦德国投产。

随着工业化的进程和发展，传统的平炉和转炉的生产特点决定了对于一些高温合金，特殊钢的冶炼上具有局限性，这就促进了电炉的应用和推广。20 世纪 80 年代末到 90 年代，随着工业生产循环废钢的积累，产生了大量的废钢，这些废钢在转炉和平炉的生产中，只能够消耗掉三分之一左右，其余的用来炼铁得不偿失，同时作为一种不可降解的工业垃圾，电炉炼钢的应用缓解了这种矛盾，也使得电炉成为了对环境友好型的工业化生产方法，使得电炉的推广和应用得到了青睐和普及。同时为了适应航天工业和核工业的发展需求，各种真空电炉和特种电炉得以产生。

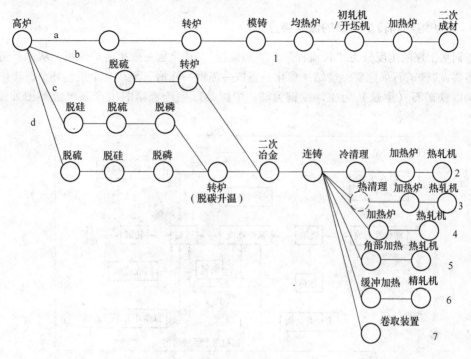

图 1-4　钢铁生产流程演变过程

高炉-转炉之间：a—铁水进混铁炉入转炉；b—铁水脱硫入转炉；c—铁水脱硅、脱硫、脱磷入转炉
（脱碳升温）；d—铁水脱硫、脱硅、脱磷入转炉（脱碳升温）

转炉之后：1—模铸钢锭冷装炉轧制（IC-CCR）；2—连铸坯冷装炉轧制（CC-CCR）；

3—连铸坯热送轧制（CC-HCR）；4—无缺陷连铸坯直接热装炉轧制（CC-DHCR）；

5—连铸坯直接轧制（CC-DR）；6—薄板坯连铸-连轧；7—薄带连铸

在电炉发展过程中，交流电炉一直起着主导作用。交流电炉是通过三相电极在炉膛内利用电弧击穿钢铁料起弧产生热量炼钢。电极起弧时，相与相是通过钢铁料构成回路，热量一般在电炉炉料的表面。在冶炼初期的穿井过程，热量集中在中间三相电极附近，钢铁料从中间慢慢熔化至炉壁处的炉料。电炉内的废钢被加热到能够满足冶金物理化学的要求时，进行冶炼工艺操作，直到由废钢铁料转化成的熔池钢水的各项指标满足冶炼钢种的需要，就可以出钢，直接浇注或者再次经过精炼炉的处理以后浇注，这就是电炉炼钢的基本过程。

直流电炉是在电炉变压器二次出线后经过半导体元件或可控硅元件整流，得到一个阳极和一个阴极的直流电源。阳极安置在电炉炉底，石墨电极部分为阴极，通过炉膛内的钢铁料，在表面起弧，同时在电流通过炉膛内的所有钢铁料时，都因电流从下而上的流动而产生热量，缩短了冶炼周期，热量损耗也有所减少。在炉料熔化为钢水时，由于直流电流从一个方向向另外一个方向恒定的流动，在炉膛内产生的电磁力，对熔化的钢水起到搅拌作用（钢水自下而上流动），对钢水的成分、温度控制起到了良好的均匀化和调节的作用。

电炉炼钢的主要限制环节是废钢铁原料的供应，以及当地的电力情况，其余的限制环节较少。

目前一半以上的电炉炼钢产量，主要是超高功率电炉生产的，工业化程度较高的国家，电炉钢的比例已经超过钢产量的30％以上。电炉炼钢属于环境友好型的炼钢工艺方法。

1.2.3　电炉炼钢和转炉炼钢的流程特点

炼钢从工序的角度分为"长流程"和"短流程"。长流程一般指转炉炼钢，从原料到钢铁产品需要："铁矿石采选矿→烧结＋焦化→炼铁→炼钢→轧钢"至少6个工艺环节，转炉炼钢的原料以铁矿石（生铁）为主，废钢为辅。中国某厂生产普钢的生产系统边界图如图 1-5 所示。

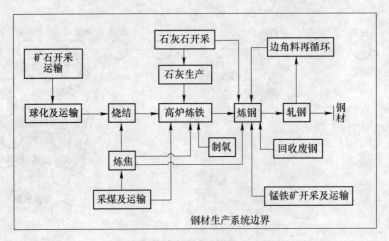

图 1-5　某厂生产普钢的生产系统边界图

短流程一般指电炉炼钢，从废钢铁到钢铁产品需要："废钢→炼钢→轧钢"三个工艺环节，电炉炼钢的原料以废钢为主，生铁为辅。某厂 70t 电炉生产线的工艺流程如图 1-6 所示。

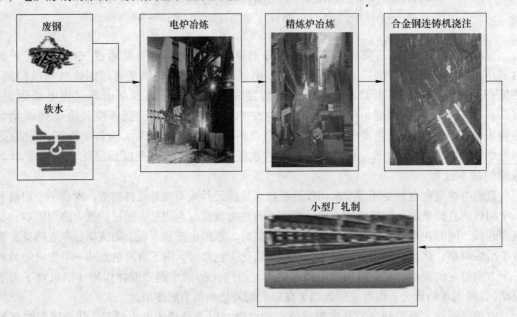

图 1-6　某厂 70t 电炉生产线的工艺流程

从生产量、生产周期和产品的某些质量特点来看，转炉由于炉容量较大、供氧强度高、工艺简单，所以转炉的产能和产量高于电炉，产品中的有害重金属杂质与气体的含量优于电炉，但是对于环境的影响比电炉大，并且电炉的一些优越性，转炉也不能够替代。

1.2.4 炼钢使用的主要原料

炼钢工艺的发展从某种意义上讲，也是随着炼钢原料的不断变化而进步的，所以不同时期的炼钢工艺对于原料的要求也各不相同。例如，LF 工艺的出现，开始大量的使用氩气精炼；采用石墨电极和钢包对于钢水升温精炼；RH 工艺的出现，碳脱氧的工艺成为冶炼超低碳钢的首选工艺之一；直接还原铁的应用，提升了电炉钢水的质量。

炼钢原料按照金属与非金属的概念区分，一般分为金属料与非金属料两大类。按照使用功能划分为：钢铁料、铁合金和渣辅料三大类。

金属料包括供炼钢使用的铁水。废钢，合金化使用的铁合金。非金属料也叫做辅助材料，主要包括以下的几种类型：

（1）在冶炼过程中，氧化工艺环节使用的渣辅料。常见的有石灰、白云石、石灰石、镁球、萤石、硅石、铝矾土、合成渣等。

（2）炼钢过程中的氧化剂（有冷材的功能）。常见的有氧化铁皮、铁矿石、烧结矿、球团矿、冷固球团等。

（3）炼钢过程中的还原剂和增碳剂。常见的还原剂有碳化硅、铝渣球、氧化钙碳球、电石，增碳剂有炭粉、焦粉等。

2 金属料—钢铁料

钢铁是以金属铁为主要成分，添加其他功能性合金元素组成的，能够满足不同用途的金属材料，所以钢铁料是指以金属铁含量为主要成分，能够满足炼钢工艺要求的原料，包括铁水、废钢、生铁、直接还原铁等。

2.1 铁水

炼钢的铁水主要有三种工艺提供，一是目前最常见的传统高炉炼铁工艺生产的铁水，二是由 Corex 高炉生产的，三是由化铁炉生产的。化铁炉生产铁水，由于能耗高，成分波动大，温度波动大，目前已退出炼钢的选择范围。就铁水的供应量而言，传统的高炉炼铁工艺仍然是现在主要的炼钢原料，而 Corex 生产的铁水，由于投资、工艺的波动，生产的铁水硅含量和硫含量对于生产的冲击较大，所以在世界范围内，所占的比例较低。

2.1.1 高炉铁水

高炉炼铁生产是钢铁工业最主要的环节。高炉冶炼是把铁矿石还原成铁水的连续生产过程，高炉生产是连续进行的。一代高炉（从开炉到大修停炉为一代）能连续生产几年到十几年。炼铁的工艺过程中，炼铁使用的铁矿石、焦炭和熔剂等固体原料，按规定配料比由炉顶装料装置分批送入高炉，并使炉喉料面保持一定的高度。焦炭和矿石在炉内形成交替分层结构进行还原反应生产铁水。生产时，从炉顶（一般炉顶是由料种与料斗组成，现代化高炉是钟阀炉顶和无料钟炉顶）不断地装入铁矿石、焦炭、熔剂，从高炉下部的风口吹进热风（1000～1300℃），喷入油、煤或天然气等燃料。装入高炉中的铁矿石，主要是铁和氧的化合物。在高温下，焦炭中和喷吹物中的碳及碳燃烧生成的一氧化碳将铁矿石中的氧夺取出来，得到铁，这个过程叫做还原。铁矿石通过还原反应炼出铁水，铁水从出铁口放出，用于炼钢或者生产生铁。铁矿石中的脉石、焦炭及喷吹物中的灰分与加入炉内的石灰石等熔剂结合生成炉渣，从出铁口排出。煤气从炉顶导出，经除尘后，作为工业用煤气。现代化高炉还可以利用炉顶的高压，用导出的部分煤气发电。高炉冶炼工艺流程简图如图 2-1 所示。

在以上的炼铁过程中，由于是还原过程，所以铁矿石中间除了铁被还原形成铁液，铁矿石和燃料、熔剂中间的一些成分也会被还原进入铁液，如含钛和钒的铁矿石冶炼铁水，铁水中含有一定量的钒和钛，铁矿石和燃料、熔剂中的氧化锰、二氧化硅、磷硫的化合物等都能够发生化学反应，被还原成为单质成分进入铁液，其含量的多少，取决于原料的条件和炼铁反应的温度等因素。

2.1.1.1 高炉铁水的成分

氧气顶吹转炉炼钢要求铁水中各元素的含量适当并稳定，这样才能保证转炉冶炼操作稳定并获得良好的技术经济指标。

（1）碳。铁水是采用焦炭为还原剂还原的，在炼铁过程中，碳元素在冶炼过程中扩散进入铁液，碳在铁液里的溶解度最大可以达到 4.8%（工厂实测值）。炼铁过程中铁水中的碳含

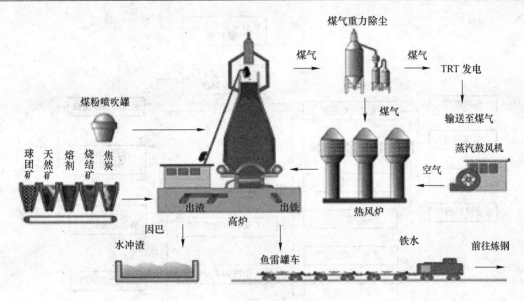

图 2-1 高炉冶炼工艺流程简图

量的来源主要有以下的特点：

1）与铁珠通过滴落带时焦炭床被粉末污染的情况有关。

2）生铁中的最终含碳量与温度有关，在滴落带下部达到最大。

3）碳在铁水中的溶解度还受铁中锰、钛、钒、铬等元素的影响而不同，因为这些元素能够与碳生成化合物并溶于铁中，提高碳的溶解度。

炼钢铁水中的碳含量通常在4%以上，碳元素是转炉炼钢过程中发热最多的元素之一。转炉吹炼过程中，碳元素的含量变化与熔池钢水温度的实测关系如图2-2所示。

（2）硅。炼铁工艺过程中，铁水硅的含量，与高炉冶炼的原料、炉缸的温度等因素有关，铁水硅含量的影响因素如图2-3所示。

在2006年以前，很多的研究认为，硅是转炉炼钢过程中的主要发热元素之一。因为硅含量高，会增加转炉热源，能提高废钢比。之前有关资料表明，铁水中硅含量每增加0.1%，废钢比可提高约1.3%。铁水中硅氧化生成的 SiO_2 是渣

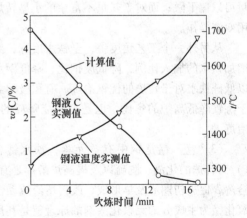

图 2-2 碳含量与熔池钢水温度实测关系

中主要的酸性成分，是影响熔渣碱度和石灰消耗量的关键因素。铁水含硅高，则转炉可以多加废钢、矿石，提高钢水收得率，但铁水含硅量过高，会因石灰消耗量的增大而使渣量过大，易产生喷溅并加剧对炉衬的侵蚀，影响石灰熔化，从而影响脱磷、脱硫。如果铁水含硅量过低，则不易成渣，对脱磷、脱硫也不利。最新的研究和实践发现，通过相关反应热效益计算和实践证明，铁水中的硅不是转炉炼钢的主要热源，氧化反应产生的热量只有小部分被金属吸收。尽管硅元素氧化反应能放出大量的热，同时为了调整炉渣碱度又必须加入一定量的石灰，石灰升温和熔化需要吸收大量的热，热量来源于炉内的化学反应产生的热量，所以硅氧化热主要用于加热为调整炉渣碱度而加入的石灰，只有21%左右的热量用来加热金属。铁水中的硅在转炉

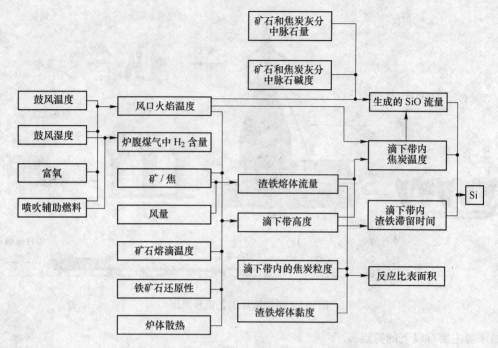

图 2-3　炼铁过程中铁水含硅量的影响因素

内所起的主要作用在于调节渣量和炉渣黏度，使之有利于去除 P、S 和夹杂，有利于造渣，对钢水进行充分的精炼。因此，要求铁水含硅质量分数在 0.2% ~ 0.6%。大中型转炉用铁水硅含量可以偏下限；而对于热量不富余的小型转炉用铁水硅含量可偏上限。转炉吹炼高硅铁水可采用双渣操作。

从另外一个工艺角度讲，全铁水冶炼，对于优特钢的质量是有积极意义的。低硅铁水可以增加铁水的加入比例，降低废钢比，降低钢水中的气体含量和有害元素的含量，贡献明显，所以低硅铁水对于转炉的优钢冶炼，有积极的意义。此外，对于炼铁工艺来讲，低硅铁水，有助于炼铁降低高炉的焦比，也是有节能降耗的贡献。因此，目前大中型转炉，提倡低硅铁水的冶炼。

（3）锰。锰是钢中有益元素，铁水锰含量高对冶炼有利，主要体现在以下两个方面：
1）对转炉的化渣、脱硫以及提高炉龄都是有益的。转炉在吹炼初期形成 MnO，能加速石灰的溶解，促进初期渣及早形成，改善熔渣流动性，利于脱硫和提高炉衬寿命。目前转炉采用的以氧化锰为主成分的无氟化渣剂的原理就是利用了氧化锰能够形成许多低熔点的化合物这一特点研制的。2）铁水锰含量高。终点钢中余锰高，可以减少锰铁加入量，利于提高钢水纯净度等。转炉用铁水对 Mn/Si 比值的要求为 0.8 ~ 1.0，但冶炼高锰生铁将使高炉焦比升高，为了节约锰矿资源和降低炼铁焦比，一般采用低锰铁水，锰质量分数为 0.2% ~ 0.8%。

（4）磷。磷是高发热元素，对大多数钢种是要去除的有害元素，但高炉冶炼中无法去除磷。因此，只能要求进入转炉的铁水含磷量尽量稳定，且铁水含磷越低越好。铁水中磷含量越低，转炉工艺操作越简化，并有利于提高各项技术经济指标。铁水磷含量高时，可采用双渣或留渣操作。现代炼钢采用炉外铁水脱磷处理，或转炉内预脱磷工艺。

（5）硫。硫也是有害元素。炼钢过程虽然可以去硫，但会降低炼钢的生产率，增加原材料消耗和能耗。因此，希望铁水含硫量越低越好，一般要求铁水含硫质量分数小于 0.04%。

　　氧气顶吹转炉能够将各种成分的铁水冶炼成钢，但铁水中各元素的含量适当和稳定，才能保证转炉的正常冶炼和获得良好的技术经济指标，因此力求提供成分适当并稳定的铁水。表2-1是我国一些钢厂用铁水成分，表2-2国外一些钢厂用铁水平均成分。

表 2-1　我国一些钢厂用铁水成分

厂　家	化学成分 w/%					入炉温度/℃
	Si	Mn	P	S	V	
首　钢	0.20 ~ 0.40	0.40 ~ 0.50	≤0.10	<0.050		1310
鞍钢三炼	0.52	0.45	(≤0.10)	0.013		(>1250)
武钢二炼	0.67	≤0.30	≤0.015	0.024		1220 ~ 1310
包　钢	0.72	1.73	0.580	0.047		>1200
攀　钢	0.064		0.052	0.050	0.323	
宝　钢	0.40 ~ 0.80	≥0.40	≤0.120		≤0.040	

表 2-2　国外一些厂家用铁水平均成分

国家或厂名	化学成分 w/%			
	Si	Mn	P	S
美国某厂	0.80 ~ 1.20	0.60 ~ 1.00	≤0.15	≤0.030
日本某厂	0.55 ~ 0.60		0.097 ~ 0.105	0.020 ~ 0.023
英国某厂	0.65	0.75	<0.15	0.030
德国某厂	0.58	0.71	0.2 ~ 0.3	0.023

　　随着钢铁行业的产能扩张，钢铁业的产能与成本之间的关系越来越紧密，低成本炼钢的工艺是目前钢铁企业的共同追求，这也造成了炼钢环节对于铁水成分的要求在不断变化。炼钢工艺对于铁水成分的要求各不相同，基本的要求如下：

　　(1) 铁水带来的高炉渣中 SiO_2 含量较高，若随铁水进入转炉会导致石灰消耗量增多、渣量增大、喷溅加剧、损坏炉衬、降低金属收得率、损失热量等，为此铁水在入转炉之前应扒渣，铁水带渣量要求低于0.50%。

　　(2) 铁水中的硅高同样会造成转炉使用的石灰量增加，吹炼过程中容易引起喷溅等事故，渣量增加，钢铁料消耗增加；但是硅含量过低，吹炼过程中炉渣的成渣速度慢，还需要加入硅石等增加渣中的二氧化硅，使熔池的温度降低，不利于优化冶炼工艺。因此，铁水中的硅含量控制在0.3%~0.6%是大多数钢厂基本上认可的一个成分范围。

　　(3) 在有铁水脱硫工艺的钢铁企业，对于铁水的硫含量要求范围较广，在没有铁水脱硫和LF精炼炉的钢厂，铁水中间的硫含量应该低于冶炼钢种成分要求的硫含量上限为宜。

　　(4) 铁水在高炉的生产过程中基本上没有脱磷的能力，所以炼钢对于铁水成分中的磷含量基本上没有要求，只有在冶炼过程中采用造双渣、增加渣量等工艺来控制，或者采用铁水预处理脱磷。对于冶炼精品钢的钢企，要求优化铁水的成分，只有优化炼铁的原料结构。

2.1.1.2　高炉铁水的温度

　　铁水温度是铁水带入炉内物理热多少的标志，是转炉炼钢热量的重要来源之一，铁水物理热约占转炉热收入的50%。目前国内钢铁企业的炼钢工艺对于铁水温度的要求各不相同，但是合理的入炉铁水温度应大于1250℃。

铁水的熔点为960~1150℃左右,高炉铁水出铁温度为1450~1550℃,在出铁和随后的工艺运输过程中,铁水温度损失一部分以后,作为转炉炼钢的主原料使用,温度在1230~1350℃左右。

随着钢铁流程的改进,炼铁到炼钢之间,铁水的温度损失在逐渐减少,铁水入炉温度也在发生变化。炼铁到炼钢之间铁水的运输有两种流程:(1)铁水从炼铁厂倒入鱼雷罐,再从鱼雷罐倒入铁水包进行铁水预处理,然后倒入转炉炼钢;(2)铁水在炼铁厂直接倒入铁水包,进行预处理后直接倒入转炉炼钢,即"一罐制炼钢"。两种流程的铁水温度变化如图2-4所示。

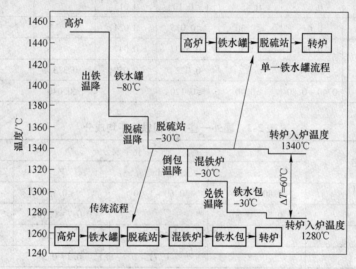

图2-4　两种流程的铁水温度变化

铁水温度过低,将造成转炉内热量不足,影响熔池升温和元素的氧化过程,不利于化渣和去除杂质,还容易导致喷溅。

转炉炼钢时,入炉铁水的温度还要相对稳定,如果相邻几炉的铁水入炉温度有大幅的变化,就需要在不同炉次之间对废钢比做较大的调整,这对生产管理和冶炼操作都会带来不利影响。

如果铁水在1250℃的基础上,转炉加入渣辅料吹炼铁水,炼钢氧化其中的碳、硅、锰、磷、硫,以及伴随氧化部分的铁,化学热如果全部在转炉内释放,转炉内的钢液温度最高可以达到1750℃以上。因此,配料时加入废钢、矿石、渣辅料、球团等,平衡铁水的化学热和物理热。

2.1.1.3　高炉铁水加入量的确定方法

转炉炼钢的形式越来越多,转炉的发展使得炉料结构不断地在发生变化。转炉铁水的加入量是以钢厂的生产经营目的和产品质量为前提的,以下就冶炼成本方面和质量方面做介绍。

A　成本控制因素下的铁水加入量

单纯地从盈利的角度来决定转炉炼钢的铁水加入量,主要考虑以下的因素:

(1)如果钢铁企业的炼铁能力较大,并且铁水的成本低于废钢的成本,则铁水的加入量控制在80%~100%,炼钢过程中使用铁矿石、烧结矿、石灰石、白云石等平衡冶炼过程中的富余热。

（2）如果炼铁的成本高于采购废钢的成本，并且转炉配置有相应的 LF 等工艺装备，转炉的铁水加入量可以考虑在 50%~70%，在炼钢过程中采用石灰、轻烧白云石、镁球等辅料，以满足转炉的热平衡。在这种工艺模式下，转炉可以降低出钢温度，钢水温度补偿在 LF 进行，炉衬的寿命和钢包的寿命等都会改善。

（3）从简化操作、优化过程成本的角度讲，冶炼不同的钢种，在不同的出钢温度条件下，根据冶炼的情况，配加 75%~85% 的铁水，减少操作难度也是一种不错的选择。

B　质量控制因素下的铁水加入量

（1）如果冶炼气体含量要求较低，且磷、硫含量较低的高附加值钢种，采用脱硫的低硅铁水冶炼，加入量控制在 80%~100%，以保证冶炼钢种的质量。

（2）废钢的质量较差，来源不明，增加铁水的加入量，是减少因为废钢因素影响质量的方法之一。

（3）铁水硅含量较高、磷含量较高的情况下，增加废钢比，减少铁水的装入比例，是优化冶炼成本、保证质量的必要手段。

冶炼工艺过程中，铁水的加入量计算是按照铁水比来简单计算的。例如，装入量为 145t 的转炉，经过热平衡计算铁水加入比例为 85%，则铁水的加入量为：$145 \times 85\% = 123t$。

铁水带来的高炉渣中 SiO_2 含量较高，若随铁水进入转炉会导致石灰消耗量增多，渣量增大，喷溅加剧，损坏炉衬，降低金属收得率，损失热量等。为此，铁水在入转炉之前应扒渣。

2.1.2　Corex 铁水

Corex 是由奥钢联开发的一种使用块矿或球团矿作原料，使用非焦煤作还原剂和燃料的熔融还原炼铁工艺。Corex 这个名字的前两个字母 CO 代表 Coal，是煤的意思；中间两个字母 RE 代表 Reduction，是还原的意思（炼铁就是还原过程）；最后两个字母 EX 是 Extreme，是终极目标的意思。所以 Corex 完整的意思是直接用煤来炼铁作为它的终极目标，是炼铁工作者梦寐以求的目标。高炉炼铁是用粉矿和粉煤，但粉矿必须通过烧结厂烧结成烧结矿，粉煤必须通过炼焦厂将其结焦成焦炭，然后供高炉炼铁。因此流程长、工序多、污染较重，而且焦煤资源稀缺。Corex 工艺是直接使用天然的块矿和块煤，取消了烧结厂和炼焦厂。因而流程短、工序少、污染轻、可以不用资源稀缺的炼焦煤。Corex 工艺是 1977 年才开始研究，1989 年才开始应用的熔融还原技术，是一项非常年轻的炼铁技术。

在目前比较有代表性的三种（Corex、Finex 和 HIsmelt）熔融还原炼铁工艺中，Corex 是最先实现工业化生产的，也是工艺最成熟的，目前，世界范围内正在运行的 Corex 炉只有 7 座，其中南非撒丹那的一套 C2000、印度四座和中国宝钢的两座 C3000，韩国浦项另有两座改型 Finex 炉，Finex 也是一种炼铁工艺。Corex 与高炉炼铁的工序对比如图 2-5 所示。

2.1.2.1　Corex 炼铁工艺简介

Corex 工艺需使用天然矿、球团矿和烧结矿等块状铁料；燃料为非焦煤，为了避免炉料黏结并保持一定的透气性，还需要加一定数量的焦炭；熔剂主要为石灰石和白云石。原燃料经备料系统处理后，分别装入矿仓、煤仓和辅助原料仓，等待上料。其工艺如图 2-6 所示。上面是还原竖炉，块矿、球团矿、熔剂从它的顶部加入。还原煤气在它的中部进入。还原后的直接还原铁从下部经螺旋输送器排出。下面是熔融气化炉，块煤和直接还原铁从顶部加入，在中下部吹入氧气，下部有铁口排出渣铁。它产生的高温煤气也由顶部排出经过一系列的处理，大部分通入上部的还原竖炉，少部分与竖炉顶部的排出煤气汇合在一起形成输出煤气，作为二次能源

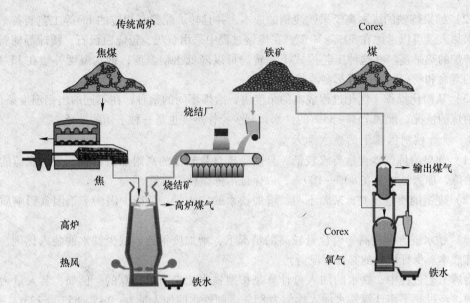

图 2-5　Corex 与高炉炼铁的工序对比

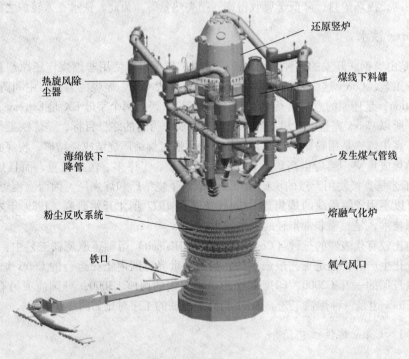

图 2-6　Corex 工艺流程示意图

供钢铁厂使用。Corex 工艺的渣铁处理与高炉相似。

2.1.2.2　Corex 铁水质量

从高炉冶炼硅还原机理的研究可知，高炉内硅的还原主要是焦炭中的 SiO_2 与碳接触生成 SiO 气体，再还原生成 Si。由于 Corex 工艺的反应温度高于高炉过程，在气化炉内存在比高炉大得多的大于1400℃的高温区，有利于硅的还原。尤其是有利于渣中 SiO_2 的还原。另外，燃料比高，而且都是从还原区加入的，焦炭床存在良好的硅还原条件。所以，Corex 对低硅铁水的冶炼是不利的，所以生产的铁水硅含量偏高。Corex 和高炉一样不具备脱磷条件，磷主要是由原燃料带入的，原燃料带入的硫大部分进入熔炼炉（高炉原料中硫大部分在烧结或焦化过程去除），铁水中的 S、P 含量也比高炉高。某厂的 Corex 的铁水成分见表 2-3。

表 2-3 某厂的 Corex 的铁水成分 (%)

组成	C	Si	Mn	P	S
含量	4.0 ~ 4.5	0.8 ~ 3.0	0.8	0.05	0.04 ~ 0.12

2.1.2.3 Corex 铁水加入量确定原则

Corex 铁水的加入量是根据热平衡的方法计算得到的。针对 Corex 铁水的特点，从目前循环经济的角度上讲，使用 Corex 铁水冶炼，铁水采用脱硫工艺，采用石灰石、生白云石原矿平衡富余热，利用留渣作业进行脱硅、脱磷，转炉冶炼采用双渣操作，即前期脱硅脱磷后倒出大部分的炉渣，然后进行脱碳，对于提高冶炼的节奏和缩短冶炼周期有积极的意义。

2.1.2.4 Corex 铁水冶炼

Corex 的铁水由于硅含量和磷硫含量较高，加上其温度波动较大，使之成为一种较为特殊的铁水，其冶炼具有以下的特点：

（1）铁水的硅含量超过 0.8% 以后，如果冶炼低磷钢，需要采用 2 座转炉双渣冶炼，即一座转炉脱硅以后，倒出脱硅渣，将脱硅铁水倒出，然后再兑加到另外的一座转炉内，进行脱磷脱碳的冶炼的作业，脱碳的钢渣作为脱磷钢渣循环利用。

（2）同一座转炉冶炼常规的钢种，采用双渣冶炼，即转炉脱硅以后，倒出大部分的脱硅渣，然后再进行脱磷和脱碳作业。

（3）为了平衡冶炼过程中的热富余，通常采用球团矿、铁矿石、冷固球团作为氧化剂和冷材，保证脱硅过程中的温度，渣辅料采用石灰石、白云石矿颗粒造渣。

（4）转炉也可以采用转炉冷钢渣作为渣料，进行脱硅作业，以节约石灰等渣辅料的使用。

（5）由于脱硅渣的碱度较低，倒渣的过程中，钢渣倒入渣罐的泡沫化程度严重，渣罐溢渣现象严重，需要压渣剂进行压渣消泡作业。

2.1.3 特殊成分的铁水冶炼特点

炼铁的工艺过程中，使用的矿石成分不同。在炼铁的工艺过程中，这些矿石里面含有的金属或者非金属元素会被还原进入铁液，所以不同的铁液炼钢，对于炼钢有不同的影响。主要表现在铁液里面这些非铁的元素，它们在吹炼的过程中，对于炼钢工艺有不同的影响，有的造成转炉的成分不好控制，吹炼过程中炉渣容易溢渣或者喷溅，温度控制难度增加，有的影响转炉的安全问题，增加铁水包或者鱼雷罐的结渣厚度，有的影响转炉炼钢的成本。这些常见的元素主要包括 Ti、V、Mo 等，它们对于炼钢工艺的影响因素总结为以下的几点：

（1）从热力学角度来说，Cu、Ni、Mo、W 等元素氧化的吉布斯自由能都大于 Fe 氧化的吉布斯自由能，在炼钢吹炼过程中它们基本上不会被大量氧化，它们对于一些钢种来讲是一些有害的残余元素，所以炼钢的时候要针对它们的成分范围确定冶炼的钢种，使之无害化。

（2）Cr、Mn、V、Nb 等元素的氧化程度随冶炼温度而定，根据它们在不同的温度下的选择性氧化的特点,加以控制和利用。实际上由于炼钢温度下,Fe 氧化的 $\Delta G^{\ominus}$ 线高于其他元素氧化的 $\Delta G^{\ominus}$ 线,但由于铁液中大多数为 Fe 原子,O 与 Fe 原子接触机会多,故在实际上 Fe 优先氧化。

(3) Al、Ti、Si、B 等元素氧化的吉布斯自由能小于铁氧化的吉布斯自由能,它们优先于铁被氧化。在实际生产中,需要考虑到它们的存在对于冶炼过程中的渣量影响,脱硫脱磷效果的影响。

2.1.3.1　含钒铁水的冶炼

钒作为战略资源广泛地应用于钢铁、化工、航空航天、生物医药等领域,被称为"现代工业的味精"。利用钒钛磁铁矿资源炼铁,会导致铁水中带有 0.2% 左右的微量元素。转炉直接吹炼含有微量元素钒、钛、铬等的铁水,容易出现吹炼前期起渣快、泡沫化及喷溅严重,溅渣效果不够理想等问题,给生产带来一定的负面影响。含钒、钛铁水因为成分不同于正常铁水,导致其物理化学性质及其渣系物理化学性质与正常铁水物理化学性质及其渣系物理化学性质有较大差别。炼钢条件下钒的化学反应的条件如下:

$$\frac{4}{3}[\mathrm{V}] + \mathrm{O}_2 \Longrightarrow \frac{2}{3}\mathrm{V}_2\mathrm{O}_3(\mathrm{s}) \qquad \Delta G^{\ominus} = -184700 + 50.53T$$

$$\frac{4}{5}[\mathrm{V}] + \mathrm{O}_2 \Longrightarrow \frac{2}{5}\mathrm{V}_2\mathrm{O}_5(\mathrm{l}) \qquad \Delta G^{\ominus} = -134600 + 39.05T$$

$$\mathrm{Fe}(\mathrm{l}) + 2[\mathrm{V}] + 4[\mathrm{O}] \Longrightarrow \mathrm{FeV}_2\mathrm{O}_4(\mathrm{s})$$

$$2[\mathrm{V}] + 3[\mathrm{O}] \Longrightarrow \mathrm{V}_2\mathrm{O}_3(\mathrm{s})$$

含钒炉渣的岩相分析证明,渣中有钒尖晶石 $\mathrm{FeO}(\mathrm{Fe}\cdot\mathrm{V})_2\mathrm{O}_3$,这说明钒氧化生成 $\mathrm{V}_2\mathrm{O}_3$。$\mathrm{V}_2\mathrm{O}_3$ 的熔点为 1967℃,$\mathrm{V}_2\mathrm{O}_5$ 的熔点为 670℃ 低于转化温度(1420℃),低温有利于钒的氧化,提高提钒效率,获得高品位的钒渣。提钒后的半钢,仍适合于炼钢的技术要求,可见温度是钒选择氧化最重要的影响因素。炉渣中(FeO)高,有利于钒的间接氧化,在提钒过程中,铁水中 [Si] 也被氧化,形成 $\mathrm{FeO}\text{-}\mathrm{V}_2\mathrm{O}_3\text{-}\mathrm{SiO}_2$ 系的酸性渣,FeO 与 $\mathrm{V}_2\mathrm{O}_3$ 结合形成 $\mathrm{FeO}\cdot\mathrm{V}_2\mathrm{O}_3$ 钒尖晶石。炉渣碱度低,有利于钒的氧化,生成钒尖晶石,进一步提高钒在渣、铁间的分配比。

铁水中含有能增大钒活度系数的元素,有利于碳的氧化。炉气中 CO 低有利于碳的氧化,而不利于提钒保碳。吹炼过程中,在不考虑氧分压的影响下,随着铁水中钒浓度的增加,转化温度略有升高;而随着铁液中钒浓度的降低,即半钢中的钒含量越低,转化温度越低,最佳的提钒反应温度在 1380℃ 附近。铁液中的碳钒浓度与其转化温度的关系如图 2-7 所示。

为了达到提钒保碳的目的,应控制好吹炼温度,早期炉渣碱度控制的不宜过高。钒氧化反应的自由能变化如图 2-8 所示。

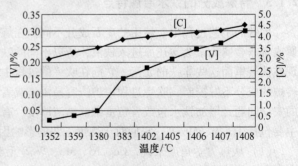

图 2-7　铁液中的碳钒浓度与其转化温度的关系

目前我国大多采用转炉双联工艺提钒,即先在一个转炉内提钒,而后将提钒后的半钢倒入铁水包加入另一个转炉内进行半钢炼钢。生产得到的钒渣通过后续氧化焙烧工艺将低价钒转化为高价钒，然后采用湿法浸出的方式浸出到溶液中，经净化沉钒处理得到钒产品。但是，传统的钒渣钠化焙烧—水浸工艺要求转炉提钒过程中加入的 CaO 不能超过 2.5%，导致现有的转炉提钒不能加入石灰造渣脱磷，使后续半钢脱磷负荷大，生产低磷钢及超低磷钢困难。这是因为转炉提钒过程 Si、Mn 等发热元素基本氧化完全，半钢炼钢过程缺少 Si、Mn 等成渣元素，且开始吹炼即氧化 C，渣中 FeO_x 含量较低，造成石灰熔化和成渣较慢，难以形成高碱度、高氧化性炉渣达到高效脱磷的目的。

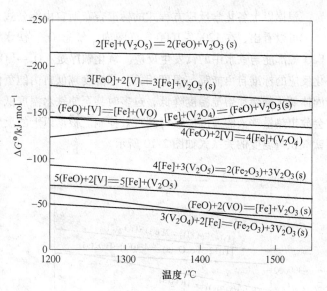

图 2-8 钒氧化反应的自由能变化

为满足钢种对磷、硫含量的要求，目前半钢炼钢多采用大渣量操作。研究表明，炉渣碱度从 0.6 增加到 2.1，提钒率略有下降，脱磷率则从 19.3% 逐渐增加到 78.4%。为达到高效提钒的同时有效脱磷，炉渣的最佳碱度应控制在 1.5 左右，此时提钒率为 84.6%，脱磷率为 60.2%。

2.1.3.2 含钛铁水的冶炼

在炼铁冶炼含钛铁水的过程中，随着硅含量的增加，钛含量呈增加趋势。也就是说铁水中硅含量高，即高炉炉缸温度高，促进了（TiO_2）更多地还原并进入金属相；但从热力学的角度分析，硅的存在又降低钛的饱和溶解度。铁水中钛的存在形式，除了溶解状态的钛外，还有与铁水中碳、氮、氧元素等发生反应生成的 TiC、TiN、TiO 等高熔点物质，即钒钛铁水硅含量过高时铁水的夹杂相增多。随着硅含量的增加，TiC、TiN、TiO 等高熔点物质的含量增多，使得铁水黏度增大，在炼钢的铁水预处理工艺过程中，容易发生渣铁不分、铁水渣容易粘铁水罐的问题。

在炼钢的实际生产中，由于供氧强度大，纯氧气吹炼，可以认为硅、钛乃至锰、碳的氧化都是同时进行的，在开吹不久就会出现明显的火焰。但是钛的氧化速率明显高于硅的氧化速率；但后期硅、钛几乎同时结束氧化。相关的研究发现：在碳饱和铁水中，当钛含量超过一定数值后，相同浓度条件下，钛的活度大于硅的活度，在吹炼的前期，在钛和硅大部分被氧化的时候，铁液中间的钒、铬、碳几乎不被氧化。

向含钛铁水中吹氧或加入烧结矿、球团矿、铁精粉等氧化剂时，钛可能与其中的 O_2、Fe_2O_3、FeO 及铁水中的溶解 [O] 发生氧化反应，化学方程式如下。

$$[Ti] + O_2 \Longrightarrow (TiO_2) \qquad \Delta G^{\ominus} = -908952 + 222.38T$$

$$[Ti] + 2[O] \Longrightarrow (TiO_2) \qquad \Delta G^{\ominus} = -700659.1 + 255.0T$$

$$[Ti] + 2/3Fe_2O_3(s) \Longrightarrow 4/3[Fe] + TiO_2(s) \qquad \Delta G^{\ominus} = -366503.33 + 55.14T$$

$$[Ti] + 2FeO(l) \Longrightarrow 2[Fe] + (TiO_2) \qquad \Delta G^{\ominus} = -439582 + 123.56T$$

根据以上各化学反应方程式的标准吉布斯自由能公式，结果如图 2-9 所示。

可以看出，在 1200 ~ 1600℃ 范围内，气态 O_2、铁水中的溶解 [O] 以及渣中的 Fe_2O_3、FeO 等都能与铁水中的钛发生反应。氧化顺序是：$O_2 \rightarrow [O] \rightarrow Fe_2O_3 \rightarrow FeO$。还可以看出，各氧化反应的标准自由能都与温度相关，即温度越低自由能负值越大，氧化反应越容易进行。加入固体氧化剂会使熔池温度降低，过多时甚至使铁水温度低于液相线，而吹入氧气在脱钛的同时会放出热量铁液的温度能够得到有效控制。根据以上的反应式，以纯物质为标准态，计算可得钛氧积与温度的关系式如图 2-10 所示。

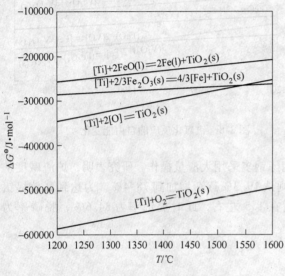

图 2-9　钛氧化反应的 $\Delta G^{\ominus}$ 与 T 的关系

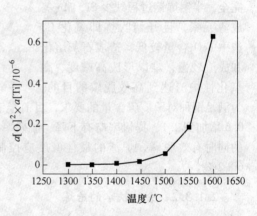

图 2-10　钛氧积随温度的变化

上式说明，在一定温度下，钛氧反应达到平衡时，铁水中钛的活度与氧活度的平方的乘积为一定值，且此乘积随温度升高而增大。

从图 2-10 看出，当温度小于 1500℃ 时，钛氧积随温度升高增加得很缓慢；当温度大于 1500℃ 时，随温度升高，钛氧积急剧增大，说明在相同氧含量下，平衡时铁水中钛含量迅速提高。所以从热力学上讲，铁水预处理脱钛的效率较高，脱钛率与温度的关系如图 2-11 所示。可以看出，随温度升高，脱钛率降低，低温有利于脱钛。

脱钛率与供氧量的关系：向熔池供氧量包括两部分，一是吹入的气体氧，二是加入的烧结矿等含有氧化铁的氧化剂。结果表明，在相同烧结矿用量下，吹氧量越大，脱钛率呈线性提高；相同吹氧量下，烧结矿用量越大，脱钛率也越高。还可以看出，不加烧结矿只吹氧时，脱钛率低于 70%。其原因是只吹氧时，渣中（FeO）含量上升慢，渣铁反应效率低，另一个原因是只吹氧使温度上升较快影响了氧化反应的进行。

脱钛过程中间钛和碳的关系：由于脱钛终点温度控制在 1333 ~ 1444℃，平均 1393℃。低温下铁水中钛、硅、锰的氧化反应都优先于碳，因此铁水碳的氧化很少，脱碳率波动在 0 ~ 6% 之间。终点钛与终点碳的关系如图 2-12 所示，可以看出脱钛与碳的氧化没有明显相关性，在脱钛后的铁水中仍然有足够的碳来保证后部工序氧化升温的需求，说明了采用铁水预处理脱钛的合理性和优越性。

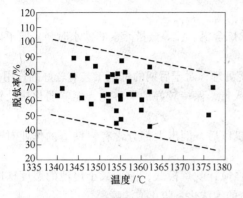

图 2-11 脱钛率与温度的关系

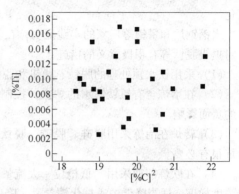

图 2-12 脱钛过程钛和碳的关系

所以含钛铁水冶炼的时候，对于冶炼的影响因素主要有：

（1）含 TiO_2 渣系的物性与发泡幅度。如果高炉冶炼钒钛矿时，铁水中钛的质量分数达到 0.15%~0.3%，与硅相当，转炉直接吹炼此含钛铁水，转炉渣将从传统的 CaO-MgO-SiO_2-FeO 四元渣系变为 CaO-MgO-SiO_2-FeO-TiO_2 五元渣系。转炉吹炼前期至中期的转换阶段，是泡沫喷溅的高发时期。含有 TiO_2 炉渣的发泡能力、储泡能力强于不含 TiO_2 的炉渣。二氧化钛含量对炉渣发泡幅度的影响如图 2-13 所示。炉渣中的 CO 反应性气泡使炉渣的发泡更加严重，贵州六盘水的水城钢铁公司的实践和研究证明，钛含量在 0.15%~0.3% 之间，极易引起转炉喷溅和溢渣事故。

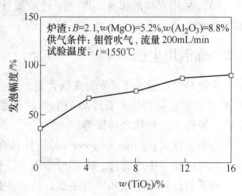

图 2-13 二氧化钛含量对炉渣
发泡幅度的影响

（2）含 TiO_2 渣系的黏度影响。TiO_2 对黏度的影响具有双重性。在碱性渣（R）大于 2.0 中，TiO_2 呈酸性，钛粒子半径小（0.068nm）且静电势大（5.88），TiO_2 与渣中碱性氧化物释放出来的 O^{2-} 离子结合，生成复合 TiO_4^{4-}、TiO_6^{7-}，这些阴离子会结合成更大的阴离子团，使炉渣黏度增加。另一方面，TiO_2 的存在会降低炉渣的熔点并促进 CaO 和 MgO 的溶解，减少渣中因过饱和而析出的 CaO、MgO 粒子数。二者共同作用的结果，使得在非还原气氛下炉渣黏度随 TiO_2 含量的增加而有所增大，造成转炉倒渣过程中下钢水的事故增加。

2.1.3.3 含铌铁水的冶炼

铌元素是一种炼钢的合金元素，炼铁过程中的铌元素进入铁液，如果不加处理，铌元素进入炉渣会被浪费。在炼钢以前，铁水进行提铌，然后将富含铌元素的炉渣用于提铌，是一种铁水预处理工艺。含铌铁水提铌炼钢，也存在铌和碳的选择氧化问题。[Nb]、[C] 氧化反应式可写为：

$$[Nb] + 2CO = \frac{1}{2}Nb_2O_4 + 2[C] \qquad \Delta G^{\ominus} = -125500 + 72.90T$$

根据上式可计算出 [C]、[Nb] 氧化的转化温度，一般为 1400℃。当温度高于 1400℃ 时，[C] 优先氧化；当温度低于 1400℃ 时，[Nb] 优先氧化。根据热力学的计算，当金属液中含硅量为 0.07% 时，[Si] 对 [Nb] 的氧化仍有抑制作用。因此，要提铌首先应彻底完成硅的氧化。

水钢钢厂和攀钢等厂家的实践证明，在转炉吹炼含钒、钛等微量元素的铁水时，采取了以下对提钒脱钛等有积极意义的措施：

（1）采用铁水预处理的脱钛、脱钒和脱铌提铌处理，对于后期的炼钢工艺有较好的作用。

（2）在冶炼含有钒钛铁水的炉次，控制好装入量，保持较好的炉容比，能够弱化钒钛铁水的负面影响。

（3）转炉在冶炼采用脱硅、脱磷、脱钛、脱钒以后，倒出大部分含有钒钛渣的作业对于冶炼很有必要。

（4）在吹炼前期采用"低枪位＋大流量"的强搅拌吹炼模式，能够减小熔池的温度梯度和浓度梯度，适当降低炉渣氧化铁含量，降低炉渣的泡沫化，防止泡沫喷溅。

（5）吹炼过程中根据熔池温度的变化，加入铁矿石、球团矿、污泥球等，以控制炉温，补充炉渣中的 FeO，防止炉渣"返干"，促使炉渣化透，提高炉渣的脱磷能力。

（6）采用双联的作业，即一座转炉脱钛脱钒以后，半钢倒入另外一座转炉进行冶炼的技术很有效。

2.2   炼钢用生铁

生铁是含碳量大于 2% 的铁碳合金，工业生铁含碳量一般在 2.5%~4%，并含 C、Si、Mn、S、P 等元素，是用铁矿石经高炉冶炼的产品。根据生铁里碳存在形态的不同，又可分为炼钢生铁、铸造生铁和球墨铸铁等。

炼钢生铁（pig iron for steelmaking）具有坚硬、耐磨、铸造性好的特点，但生铁脆，不能锻压，所以除了生产铸件，大部分是作为炼钢的原料加以使用。生铁可分为普通生铁和合金生铁，前者包括炼钢生铁和铸造生铁，后者主要是锰铁和硅铁。合金生铁作为炼钢的辅助材料，如脱氧剂、合金元素添加剂。普通生铁占高炉冶炼产品的 98% 以上，而炼钢生铁又占中国目前普通生铁的 80% 以上。

炼钢生铁里的碳主要以碳化铁的形态存在，其断面呈白色，通常又叫白口铁。铸造生铁中的碳以片状的石墨形态存在，它的断口为灰色，通常又叫灰口铁。由于石墨质软，具有润滑作用，因而铸造生铁具有良好的切削、耐磨和铸造性能。但它的抗压强度不够，故不能锻轧，只能用于制造各种铸件，如铸造各种机床床座、铁管等，在使用一定的周期后，报废作为炼钢的原料加以使用。

球墨铸铁里的碳以球形石墨的形态存在，其力学性能远胜于灰口铁而接近于钢，它具有优良的铸造、切削加工和耐磨性能，有一定的弹性，广泛用于制造曲轴、齿轮、活塞等高级铸件以及多种机械零件。

生铁块也叫冷铁，是铁锭、废铸铁件、包底铁和出铁沟铁的总称，其成分与铁水相近，但不含显热。它的冷却效应比废钢低，通常与废钢搭配使用。

2.2.1   炼钢生铁和铸造生铁的区别

生铁是含碳量大于 2% 并含有非铁杂质较多的铁碳合金，含碳 1.2%~2.5% 的铁缺乏实用性，一般不进行工业生产。生铁的杂质元素主要是硅、硫、锰、磷等。生铁质硬而脆，缺乏韧性，几乎没有塑性变形能力，因此不能通过锻造、轧制、拉拔等方法加工成形。但含硅高的生铁（灰口铁）的铸造及切削性能良好。生铁是高炉产品，按其用途可分为炼钢生铁和铸造生铁两大类。习惯上把炼钢生铁叫做生铁，把铸造生铁简称为铸铁。铸造生铁通过锻化、变质、球化等方法可以改变其内部结构，改善并提高其力学性能，因此，铸造生铁又可分为白口铸铁、灰口铸铁、可锻铸铁、球墨铸铁和特种铸铁等品种。

　　生铁都可以用于炼钢，但铸造生铁成本较高，用于炼钢不经济。炼钢生铁含硅量不大于1.7%，碳以 Fe_3C 存在，故硬而脆，断口呈白色。铸造生铁硅含量为 1.25%~3.6%，碳多以石墨状态存在，断口呈灰色，软、易切削加工。报废的铸件作为生铁使用，需要考虑其含有较高的硅含量，对于炼钢的影响。

2.2.2　炼钢生铁的来源和特点

　　炼铁的产品主要以高温铁水（1350~1400℃）的形式用于氧气顶吹转炉炼钢，随着电炉炼钢技术的进步和冶炼纯净钢的需要，现在电炉炼钢也使用占金属料30%以上的高温铁水。

　　用作炼钢原料的生铁，绝大部分是没有炼钢工艺的小高炉由铁水铸造而成，供没有炼铁的炼钢厂化铁炼钢。炼钢生铁的基本化学成分是铁（94%~95%），其余是碳、硅、锰、磷、硫5个常规元素，还有一些微量元素及某些特有元素。也有的钢铁企业在生产中，由于炼钢工艺环节与炼铁工艺环节脱节，如炼钢故障、铁水温度和成分不适合炼钢使用，这时候将铁水铸造成为铁块，作为废钢在炼钢过程中使用，也是一种炼钢生铁的来源。

　　炼钢生铁的成分波动较大。一般来讲，由于生铁中间的硅含量和碳含量高于普通的废钢，有的钢厂将配加生铁作为增加转炉化学热的一种工艺方法。

　　炼钢生铁含硅量按国家标准要控制在 1.25% 以下。随着炼钢和炼铁技术的发展，现在直接用铁水炼钢的生铁含硅量一般控制在 L08 的中下限 0.5%~0.6%。L10 大都是炉温波动产生的产品，但也有的是中小高炉的常规产品，它们被铸成铁块，供化铁炼钢。

2.2.3　炼钢用生铁的特点

　　炼钢生铁具有以下的特点：

　　（1）堆密度与废钢相比，远远大于废钢的堆密度。不同块度的生铁堆密度各不相同，铸造生铁块的堆密度在 3.2~4.5t/m³。

　　（2）炼钢生铁的熔点低于废钢，比热容大于废钢，两者的熔化热大致相等（1.35MJ/kg）。杨文远高工按照生铁块与废钢、铁水的化学成分差别，列表计算出转炉炼钢过程中元素氧化及成渣热的差别，见表2-4。

表 2-4　转炉炼钢过程中元素氧化及成渣热的差别　　　　　　　（MJ/kg）

反 应 名 称		生铁—废钢	生铁—铁水
碳氧化	CO	−34.487	0
	CO₂	−13.179	0
硅氧化（SiO₂）		−28.821	−19.124
磷氧化（P₂O₅）		−3.024	−0.882
SiO₂成渣热（2CaO·SiO₂）		−1.927	−1.308
P₂O₅成渣热（3CaO·P₂O₅）		−1.310	−0.424
加热石灰		+5.603（4.330kg）	+3.464（2.677kg）
加热氧气		+10.204（4.866m³）	+1.073（0.511m³）
总　计		−69.516	−18.535

　　计算出的结果表明，100kg 生铁块物理热较铁水少 135MJ，100kg 铁水的总热熔较生铁块多 110.47MJ。

　　（3）生铁的热容高于废钢，导热性与废钢相比，生铁的导热性较差。生铁与其他原料的热容见表 2-5。

表 2-5　生铁与其他原料的热容

项目	固态平均热容/kJ·(kg·K)$^{-1}$	熔化潜热/kJ·kg^{-1}	液气态平均热容/kJ·(kg·K)$^{-1}$
生铁	0.745	217.568	0.8368
钢	0.699	271.96	0.8368
炉渣		209.2	1.247
炉气			1.136
烟尘	1.0	209.2	
矿石	1.046	209.2	

　　基于生铁的导热性较差的特点，目前有钢厂在转炉出完钢以后，溅渣护炉工艺实施后，剩余的部分钢渣留在转炉炉内，然后加入部分的生铁，利用炉渣将这些生铁黏附在转炉的加料侧，用于防护炉衬，不被加料的废钢冲击，是一种积极的工艺方法。

2.2.4　生铁对于转炉冶炼的影响

2.2.4.1　生铁大量使用影响废钢熔化的速度

　　熔池液体温度与废钢（或生铁块）表面的温度差 Δt 是熔池热量流向废钢的动力。一部分热量用于废钢的熔化，另一部分用于残余废钢的加热。在转炉生铁块用量过大时，熔池温度低，Δt 值减小，向废钢传递的热量减少，废钢的熔化速度降低。由于熔池温度低，金属的黏度加大，吹氧反应区的热量向熔池其他部分的传递速度降低。生铁块加入量对于熔池温度的影响如图 2-14 所示。

　　所以过多加生铁块使熔池温度降低，减缓废钢的熔化速度，在一次拉碳时，有时有未熔废钢。

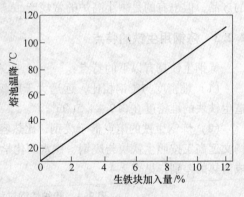

图 2-14　生铁块加入量对于熔池温度的影响

2.2.4.2　降低吹炼终点命中率

　　过多地加入生铁块，由于熔化速度的影响，使转炉吹炼终点（或一次倒炉时）温度不易控制，对转炉成渣过程有不利影响，吹炼终点钢中磷、硫含量波动大。

　　由于终点命中率不高，只能采取"高拉补吹"操作方式，这种方法增加倒炉次数，延长冶炼时间，降低钢的质量。中、小型转炉吹炼终点命中率一般为 30%~35%，加入生铁块比例过高时，终点命中率会降低到 30% 以下。外购生铁块中磷、硫含量都较高，如不能及时发现，会因此出现废品。

2.2.4.3　降低石灰的熔化速度

　　石灰加入转炉之后如果不能较快地熔化，其表层 CaO 与 SiO$_2$ 作用生成高熔点的 2CaO·SiO$_2$，

这层 $2CaO \cdot SiO_2$ 壳会阻止石灰的进一步熔化。熔池液体金属对石灰加热，使其继续煅烧，石灰细晶变细，更难熔化。转炉熔池温度高于石灰窑内的温度，石灰过烧进行得很快，使正常石灰变成过烧石灰。

加入生铁较多，由于在吹炼前期和中期熔池处于温度较低状态，石灰的熔化速度慢，炉渣较长时间处于低碱度状态，不利于脱磷和炉衬寿命。在吹炼到 10min 时（相当于总供氧时间的80%），炉渣碱度一般在 2.0 左右，炉渣矿相主要是镁硅钙石和橄榄石，这种酸性渣黏度很大（类似于玻璃），在熔池脱碳反应开始后极易"捕获"大量气泡，使炉渣体积膨胀，大量酸性炉渣由炉口溢出。当炉温和炉渣碱度升高，泡沫渣消失后炉渣又容易返干，产生金属喷溅。

由于吹炼前期溢渣严重，为了防止溢渣和喷溅，渣中氧化铁控制在较低范围，也是造成石灰不易熔化的一个原因。

2.2.4.4 生铁炼钢对于转炉消耗的影响

生铁应用于转炉炼钢的研究，杨文远高工得出的结论是：100kg 生铁块代替 100kg 铁水使转炉的热收入减少 110.47MJ，石灰消耗增加 2.67kg；100kg 生铁块代替 100kg 废钢使转炉热收入增加 69.516MJ，元素氧化损失增加 5.97kg，渣量增加 9.18kg，石灰消耗增加 4.33kg，氧耗增加 4.866m³，吹氧时间延长 1.2min。某厂所做的转炉使用 3 种不同的原料炼钢的物料消耗表见表 2-6。

表 2-6　1000kg 各物料的物料平衡计算总表

品名	钢水量/kg	炉渣量/kg	炉气量/kg	烟尘量/kg	耗氧量/kg	耗氧量/m³
废钢	962.12	34.38	20.19	33.93	13.80	19.74
生铁	915.51	84.97	189.61	32.29	63.78	91.21
DRI	836.91	271.71	23.29	29.56	9.70	6.77

2.2.5 生铁加入量确定原则

在废钢资源不足时，转炉配加钢铁料中也加入一部分生铁块。一般情况下，生铁块的加入量在 5% 以下，成分要稳定，硫、磷等杂质含量越低越好，最好硫小于 0.5%，磷小于 0.10%，硅的含量不能太高，要求铁块硅小于 1.25%，否则，增加石灰消耗量，对炉衬也不利。杨文远高工通过对于萍钢的转炉研究得出转炉炼钢使用生铁的结论有以下几点：

（1）当生铁块用量较正常情况多用 11.8% 时，吹炼过程中熔池温度降低 101.5℃。这对于成渣和废钢熔化都不利。

（2）应适当限制转炉炼钢中生铁块的加入量，一般不要超过钢铁料的 10%。

（3）对外购生铁块的成分要进行控制，硅、磷、硫含量过高的生铁块不得入厂。对于购入的生铁块要严格管理，减小入炉钢铁料的成分波动范围。

（4）根据转炉使用高比例生铁块时熔池温度和成分的特点，调整转炉的吹炼制度。例如用轻烧白云石代替生白云石或菱镁矿，适当减少第一批渣料加入量，控制渣中适量的氧化铁。

近年来国内一些中、小型转炉钢厂为了增加钢产量，在铁水量不足时，往转炉内加入小高炉生铁块。当生铁块加入过多时，转炉炼钢出现熔池温度低、石灰不易熔化、炉口溢渣、金属消耗增加、脱磷困难、终点命中率降低等问题。转炉炼钢大量加生铁块为小高炉生铁提供了市场，不利于淘汰落后设备。一座 210t 转炉对于生铁的要求见表 2-7 和表 2-8。

表 2-7　厂内生铁成分　　　　　　　　　　　　　　（%）

组成	C	Si	Mn	P	S
含量	4.00～4.50	<0.80	≥0.30	≤0.120	≤0.080

表 2-8　外购生铁成分　　　　　　　　　　　　　　（%）

组成	C	Si	Mn	P	S
含量	≥4.0	≤1.00	≥0.40	≤0.130	≤0.080

2.2.6　炼钢对于生铁块度的要求

基于生铁的特点，为了保证生铁入炉后的合理熔化，炼钢工艺过程中要求，每块生铁的单重应不大于45kg，单重大于30kg的铁块必须有两凹口，凹口处厚度不大于45mm。用铸铁机铸成的铁块应具有洁净的表面，但允许附有石灰和石墨；用铸床铸成的铁块应仔细清除表面的炉渣和砂粒，但允许附有石灰和石墨。块度要求见表2-9。

表 2-9　铸床铸成的铁块块度要求

类　别	各类典型举例	外形尺寸（mm）及单重（kg）		
一类废铁（灰口）	各类生铁机械零件，铸铁管道、管件及各连接部件，输电工程的各种铸铁、铸件等	≤300×500×300	≤300×400×300	≤100×150×500
二类废铁（白口）	火车轮圈、轧辊、犁铧铁、沟铁等	单重：100～300	单重：60～500	单重：≤60
生铁类	生铁块、废锭模、粗杂铁等	块度要求：<（50～70）×（170～300），单重：30～400 块度要求：<300×500×200，单重：<1000		

炼钢生铁的最新国标（YB/T 5296—2011）见表2-10。

表 2-10　炼钢生铁国标　　　　　　　　　　　　　　（%）

标准		原标准（YB/T 5296—2006）			现标准（YB/T 5296—2011）		
牌号		L04	L08	L10	L03	L07	L10
C		≥3.50			≥3.50		
Si		≤0.45	>0.45～0.85	>0.85～1.25	≤0.35	>0.35～0.70	>0.70～1.25
Mn	一组	≤0.40			≤0.40		
	二组	>0.40～0.85			>0.40～0.85		
	三组	>1.00～2.00			>1.00～2.00		
P	特级	≤0.100			≤0.100		
	一级	>0.100～0.150			>0.100～0.150		
	二级	>0.150～0.250			>0.150～0.250		
	三级	>0.250～0.400			>0.250～0.400		
S	特类	≤0.020			—		
	一类	>0.020～0.030			≤0.030		
	二类	>0.030～0.050			>0.030～0.040		
	三类	>0.050～0.070			>0.040～0.070		

2.3 直接还原铁

传统的炼铁方式是由焦化、烧结、高炉等工序组成，这种方式的不足之处是投资大、流程长、能耗高。在当今世界范围内焦煤供应紧张、价格不断上涨的情况下，这种耗费大量焦炭的炼铁工艺方法限制了它的进一步发展。

人们逐渐将眼光瞄准以非焦煤生产钢铁的工艺方法，于是铁直接还原技术便应运而生，直接还原技术是以气体、液体燃料或非焦煤为能源，在铁矿石（或含铁团块）软化温度以下进行还原得到金属铁的方法。直接还原技术最初用烟煤或天然气作还原剂，不用焦炭，不用庞大的高炉，直接还原在固态温度下进行，所得的产品呈多孔低密度海绵状结构，被称为直接还原铁（DRI，Direct Reduction Iron）或海绵铁。目前，直接还原法主要有气基直接还原法和煤基直接还原法两大类。

直接还原技术在节能、环保等方面具有优良的性能。随着世界钢铁工业的飞速发展和国际社会对环境保护的日益重视，铁矿石、焦炭、优质废钢资源的日益减少以及天然气等价格大幅上涨，直接还原技术在世界各地迅速发展。目前的直接还原铁生产大多以天然气为能源，其产量占总产量的90%以上。气基直接还原设备对环境污染小、耗水量少、噪声小、产生的CO_2也比用煤作还原剂少得多，所以具有很强的竞争力和发展潜力。某公司生产的气基直接还原铁的成分见表2-11。

表2-11 气基直接还原铁的成分 （%）

组成	SiO_2	Mn	S	P	Fe	FeO
含量	4.29	0.056	0.004	0.02	89.4	5~6.1

直接还原铁有三种外观形状：

（1）块状。块矿在竖炉或回转窑内直接还原得到的海绵状金属铁。

（2）金属化球团。使用精矿粉先造球，干燥后在竖炉或回转窑中直接还原得到的保持球团外形的直接还原铁。

（3）热压块铁 HBI。把刚刚还原出来的海绵铁或金属球团趁热加压成型，使其成为具有一定尺寸的铁块，一般尺寸多为 $100mm \times 50mm \times 30mm$，其密度一般高于海绵铁与金属化球团。HBI 的表面积小于海绵铁与金属化球团，使其在保管或运输过程中不易发生氧化，在电炉中使用时装料的效率高。

直接还原铁由过去的海绵铁（Sponge Iron）发展为现在的粒状直接还原铁（DRI）以及块状的热压块（HBI），由于直接还原铁中金属铁的含量较高，而且硫和磷的含量比较低，所以是生产纯净钢的重要钢铁原料的替代品。热铸型直接还原铁的实体照片和存放一段时间后产生锈蚀的块状直接还原铁如图2-15所示。

粒状直接还原铁的实体照片如图2-16所示。

2.3.1 生产直接还原铁的工艺和特点

直接还原铁生产工艺经过多年的发展，不断地进行工艺改进和装备水平的进步，截止到目前，已经诞生了以下几种工艺方法。

2.3.1.1 竖炉法

气基竖炉 Midrex 法、HYL 法在直接还原铁生产中占有绝对优势，该工艺有技术成熟、设

图 2-15　块状的直接还原铁

图 2-16　粒状直接还原铁的实体照片

备可靠、单位投资少、生产率高（容积利用系数可达 8～12t/（m³·d））、单炉产量大（最高达180 万吨/年）等优点。经过不断改进，其生产技术不断完善，实现规模化生产。

A　Midrex 技术

Midrex 法标准流程由还原气制备和还原竖炉两部分组成。还原气制备：将净化后含 CO 与 H₂约 70% 的炉顶气加压送入混合室，与当量天然气混合送入换热器预热，后进入 1100℃左右有镍基催化剂的反应管进行催化裂化反应，转化成 CO：4%～36%、H₂：60%～70%、CH₄：3%～6% 和 870℃的还原气后从风口区吹入竖炉。

竖炉断面呈圆形，分为预热段、还原段和冷却段。选用块矿和球团矿原料，从炉顶加料管装入，被上升的热还原气干燥、预热、还原。随着温度升高，还原反应加速，炉料在 800℃以上的还原段停留 4～6h。新海绵铁进入冷却段完成终还原和渗碳反应，同时被自下而上通入的冷却气冷却至小于 100℃。还原铁的排出速度用出铁器调节。产品中的 TFe 在 91%～93%，SiO₂在 5.5% 左右。工艺多用球团和块矿混合炉料。为放宽对矿石含硫要求，Midrex 法改用净化炉顶气作冷却气。在冷却海绵铁的同时被热海绵铁脱硫，从冷却段排出后再作为裂化剂，可容许用含硫 0.02% 矿石。

现今 Midrex 法作业指标为产品金属化率 86%～96%，有效容积利用系数 10t/（m³·d），能耗 10.47GJ/t，电耗 114kW·h/t，用水 1.64m³/t。

Arex 法是 Midrex 法的新改进，天然气被氧气（或空气）部分氧化后送入竖炉，利用新生热海绵铁催化裂化，省去了还原气重整炉。改进后吨铁电耗可降低 50kW·h。

B　HYL（罐式）法与 HYL-Ⅲ（竖炉）法

HYL 法由 4 座罐式反应炉和 1 座还原气重整炉构成。该工艺作业稳定、设备可靠。产品含碳 2% 左右，不易再氧化，不发生炉料黏结。由于该工艺的还原气要反复冷却、加热，系统热效率低，能耗偏高，气体消耗为20.93GJ/t，故1975年后再没建新厂，原有的工厂对HYL罐式法作出改革，保留原还原制备工艺，但将还原气重整转化与气体加热合一。4个罐式反应炉改为连续式竖炉，称HYL-Ⅲ竖炉法。该工艺采用高氢还原气，高还原温度（900~960℃）和高压作业（0.4~0.6MPa），改善还原动力学，加速还原反应，含硫气不通过重整炉，延长了催化剂和催化管使用寿命；还原和冷却作业分别控制，能对产品金属化率和含碳量进行大范围调节，产品平均金属化率90.9%、控制碳量1.5%~3.0%，质量稳定；配置 CO_2 吸收塔，选择性地脱除还原气中 H_2O 和 CO_2，提高还原气利用率。

2.3.1.2 气基流化工艺

A FINMET工艺

该工艺使用小于12mm粒度矿粉（脉石含量小于3%，低硅高铁），在流化床上干燥，被加热到100℃，送入反应器结构顶端的闭锁料斗系统中，加压1.1MPa后，通过4个串联液化床反应器，铁粉在重力作用下从上方反应器向下流动，与作为还原剂的重整天然气逆向而行。产品含铁92%，金属化率92%~95%，含碳0.5%~3.0%，以 Fe_3C 形式存在。现世界上已有三套这种装置，1999年奥钢联建第一套，第二套在西澳BNP公司，能力250万吨/年，埃及建的第三套，能力115万吨/年。该工艺的优点是成本低、质量好。

B Circored和Circofer工艺

两种工艺核心设备都包括一座循环液化床和一座普通流化床。Circored是用天然气为能源，Circofer以煤为能源。铁精矿粉经过预热后（约900℃）进入循环流化床参加反应，使动力学条件得到改善，在4个大气压条件下，铁矿与氢在630℃时可被还原（在气体环路中加入部分氢）。

2.3.1.3 转底炉法

转底炉直接还原的基本工艺：将铁矿粉、除尘灰、泥或含铁废弃物与煤粉按一定的配比配料。配比按照碳氧比例（C/O）1.0左右计算，再添加适量黏结剂，经过充分混合，然后用圆盘（或圆筒）造球机滚动成球，或用对辊压球机压制成型。生球（或压块）经过烘干，改善其强度，并可降低原料的损耗，同时有利于提高转底炉的生产率。干球通过布料机均匀地布在转底炉的炉底上，炉底沿顺时针方向运动，经过预热段和还原段，在1000~1500℃左右的高温下还原15~20min，完成金属化过程，还原生成的锌也同时被气化。在转底炉旋转一圈后，金属化球团用螺旋出料机排出炉外，随即进入圆桶状的一次冷却器。冷却器内通入氮气防止高温金属化球团氧化，圆筒外有水喷淋系统以热传导方式冷却圆筒内球团。一次冷却后成品球温度从1100℃降到300℃，再经过冷却机冷却到100℃以下，再经筛分，合格成品球进入成品料仓，运至高炉或直接用于炼钢，筛下物返回烧结。转底炉可用煤气作燃料，高温废气从烟道引出，首先经过余热锅炉生产蒸汽，再进入换热器预热助燃空气。经过换热后的废气，再用于生球烘干，最后通过除尘器从烟囱排入大气。富集了锌的粉尘可回收作为锌冶金的原料。其工艺示意图如图2-17所示。

2.3.2 直接还原铁的运输管理

直接还原铁生产出以后，大量热在直接还原铁中积聚。未经过处理的直接还原铁大量堆放，粉末状直接还原铁本身含有大量水分，直接还原铁在运输的过程中会自燃，自燃后形成过

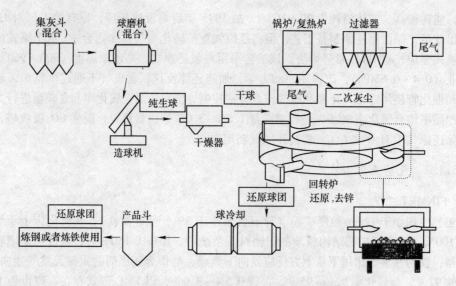

图 2-17　转底炉脱锌主要工序生产流程图

热和火灾的危险，引起燃烧、爆炸，具有一定的危险性，主要有以下的原因：

$$4Fe + 3O_2 \!=\!=\!= 2Fe_2O_3 + Q \text{（与空气反应）}$$

$$2Fe + 3H_2O \!=\!=\!= Fe_2O_3 + 3H_2 + Q \text{（遇水反应）}$$

$$2Fe + 2H_2O + O_2 \!=\!=\!= 2Fe(OH)_2 + Q \text{（遇水反应）}$$

"Ythan"是一艘日本散货船，建于 1984 年，加入英国劳氏船级社，最大载重量为 35310t。2004 年，在 1693 航次中，该船舶装载的是热铸型（HBI）和冷铸型（DRI），从委内瑞拉出发前往目的港中国。船上载有 33760t 直接还原铁。装货期间，码头天气良好，无雨。航行 10 天后，船上发生了爆炸，导致船长死亡，及轮机部 5 人失踪。事后调查证明，直接还原铁堆装在船舶货舱时，货物本身温度偏高，货舱内有水或潮湿水汽，与直接还原铁接触就会产生氢气和释放大量热量。当船舶货舱内温度升至足够高，且氢气含量与空气混合达到一定浓度范围时，遇到明火就会发生燃烧现象，导致货舱内压力升高，货舱内发生爆炸造成了这起事故。直接还原铁除了能够产生爆炸意外，还具有以下危险性：

（1）易燃气体积聚。散装直接还原铁在密封的空间内，比如货运货舱内，因发热使自身温度上升，当直接还原铁遇到水时，还会发生氧化还原反应，在这个反应中缓慢地释放出氢气和大量热量。特别是直接还原铁遇到含有盐分的水或与海水接触后，这个反应将会加剧。这样在舱内就会产生爆炸性混合气体。

（2）堆存空间会造成人员窒息。由于密封空间里的直接还原铁与空气发生氧化反应，消耗了大量的氧气，能够致使密闭空间里面的氧气减少，人员进入这些场所时会因氧气不足而窒息。所以进入运输仓储直接还原铁的货运区域以前，一定要测氧气含量。

（3）粉尘污染。直接还原铁与大多数散装货物相同，在装运过程中会产生粉尘。粉尘会对人体造成危害，当粉尘遇水后，会发生氧化还原反应，产生氢气及碱性物质。

（4）腐蚀。直接还原铁在运输过程中，由于与水蒸气接触，会发生氧化还原反应。在这个过程中，会产生氢氧化铁。氢氧化铁是一种弱碱性的物质，碱性物质对运输车辆和船舱有一定的腐蚀作用。

所以在运输直接还原铁，尤其是潮湿的热铸型直接还原铁矿，随着它们的干燥，其温度可以升高到60℃以上，并有少量的水蒸气及氢气产生。由于这些气体比空气轻，就会向上挥发。在正常气候条件下，运输直接还原铁需将直接还原铁敞开降温1~2天以上，直至铁矿干燥为止。

2.3.3 直接还原铁用于炼钢的工艺特点

直接还原铁与生铁的区别在于其中的含碳量和氧化铁的含量，直接还原铁中含有没有被还原的氧化铁，其中碳含量远远低于生铁中的碳含量，故直接还原铁具有以下特点：

（1）直接还原铁中含有部分的氧化铁，所以作为冷却剂的效应大于废钢和生铁。某厂使用的两种直接还原铁的理化性能见表2-12。

表2-12 某厂使用的两种直接还原铁的理化性能

组成元素	含量/%	组成的化学成分	含量/%
全铁	90~93	SiO_2	1~3
金属铁	80~86	Al_2O_3	0.5~2
金属化率	90~94	脉石（Al_2O_3、SiO_2、CaO、MgO）	2.7~5
C	0.2~1.4		
S	0.01~0.04	残余元素的总量	0.015~0.04
P	0.04~0.07	堆密度	2.7~2.9

（2）直接还原铁的导热性较差，加入过程中需要控制好入炉的量，直接还原铁堆积在一起，能够造成直接还原铁难以被熔化形成冷区，在炼钢过程中影响炼钢的工艺开展。在冶炼过程中由于不好熔化，会出现终点温度偏差较大的"假温度"。此外，没有熔化的直接还原铁黏附在炉壁，测温取样和出钢过程中，没有熔化的直接还原铁垮下来，冲击熔池中的钢液和炉渣，造成喷溅，危及设备和人员，影响安全生产。

（3）直接还原铁的［H］、［N］含量低于生铁，残余元素含量较低。

（4）作为一种新的钢铁料持续加入，特别是从高位料仓加入，是一种较为理想的钢铁料冷材。

（5）直接还原铁脉石含量（SiO_2）较高，大量加入，石灰的使用量增加，转炉的渣量增加，渣中流失的金属铁含量也会相应增加，即冶炼的铁耗增加。

（6）直接还原铁球团中含有一定量的氧化铁，加入转炉以后，冶炼期间的热效应表现为吸热，铁水温度和硅含量较低时，会影响转炉终点温度的控制，所以加入量应该根据铁水的情况做动态调整。

（7）直接还原铁球团中含有一定量的氧化铁，会增加化渣速度，可以促进转炉脱磷操作的优化，提高石灰的利用率，并且吹炼前期的硅锰氧化期时间会缩短，有利于脱碳反应的进行，转炉的氧耗将会降低。

（8）球团的密度介于钢、渣之间，在吹炼以后，超声速氧枪的冲击作用下，球团会在渣中富集，合理的加入量可以防止碳氧反应剧烈期间的炉渣返干现象，对于防止氧枪粘枪有积极的意义。

直接还原铁可以直接拉运到现场，然后由行车配加到废钢料斗，随废钢一起加入转炉。如果块度和粒度合适，上仓使用，也是一种加入方式。

由于矿石中的铁全部为铁的氧化物，还原球团中金属铁占大多数，氧化铁占到20%左右，所以，矿石加入过多以后，一是对温度控制影响较大，二是矿石加入量不合适，会增加喷溅等负面影响。因此，直接还原铁用于造渣控制在转炉上使用，具有一定的优势。

2.3.4 转炉炼钢过程中使用直接还原铁的优点

氧气转炉虽以高炉铁水为主要金属料，但仍需约 10% 的废钢作为冷却剂。美国钢铁公司通过大量试验发现，转炉炼钢适当使用直接还原铁带来如下好处：

（1）由于 DRI 中的磷、硫、氮、铜含量较低，使得钢水中磷、硫、氮、铜含量较低。在林茨第三炼钢厂 130t 转炉上用 3000t Midrex DRI 进行了 148 炉试验。试验中用 DRI 替代废钢的比例从 10% 增加到 100%，结果发现：

1）用 DRI 冷却时，钢中硫含量为 0.016%；用废钢冷却时，钢中硫含量为 0.022%。

2）铁水中铜含量为 0.02%，用 DRI 冷却时，钢中铜含量保持不变；但用废钢冷却时，钢中铜含量为 0.06%。

3）用 DRI 冷却时，钢中氮含量为 0.0024%；用废钢冷却，钢中氮含量为 0.0029%。

4）用 DRI 冷却时，钢中磷含量比只用废钢冷却时低 0.002%。

5）由于铁矿石含有少量的铬、镍、锡、砷，因此由铁矿石生产的 DRI 在成分上占有优势。在德国的 HYL 厂 100t 工业转炉上的 3 炉次试验中，铬含量为 0.01%、镍含量为 0.02%、锡含量为 0.03%。

（2）铸坯及成品的力学性能、表面质量和内部性能等均满足要求，且 DRI 中有一部分氧参与冶炼反应，使得氧气单耗下降。鞍钢第二炼钢厂转炉生产在未使用 DRI 时，吨铁耗氧量为 55.18m^3，使用 DRI 后吨铁耗氧量为 53.44m^3，比使用前下降了 1.74m^3。

（3）当 DRI 为粒状时，可以连续加料，从而使转炉熔池温度和成分连续变化，有利于连续测温和自动化炼钢。

2.4 炼钢用废钢铁料

作为一种载能原料，废钢在长流程炼钢工艺环节中和在短流程炼钢工艺环节中的功能是不同的，主要体现在以下几点：

（1）长流程工艺环节中，废钢铁主要为了平衡富余热作为冷材使用。没有废钢的冶炼可以采用冷球团、铁矿石、石灰石等冷材替代，有利于钢铁业的健康发展。长流程炼钢工艺过程中，也有的钢企是在铁水不足的情况下，为了增加产量，降低铁水消耗加以应用的。比如他热式转炉，废钢比可以高达 50% 以上，转炉完成脱磷和脱碳任务，在低于传统转炉的出钢温度情况下出钢，转炉出钢后，额外需要的热能由 LF 炉的电能补偿。

（2）短流程工艺环节中，废钢铁作为主要的炼钢金属铁料使用，没有足够废钢的电炉，也可以采用一定比例的热装铁水进行冶炼，但是二者的意义不同。装入铁水冶炼的电炉，主要的目的之一是降低冶炼的电耗和提高产能，但是电炉的特点和定位，主要是以环保和冶炼优特钢为主，所以废钢铁对于电炉来讲，是消化工业垃圾造福环境的重要金属铁料，不可或缺。

（3）转炉增加消化废钢的比例，有助于冶金企业在同等的产能条件下，降低铁水的产量，减少温室气体的排放量，减少冶金炉渣的量。但是与短流程电炉炼钢来比较，显然是不符合时代发展潮流的，尤其是废钢积蓄量充沛，工业化程度较高的地区和国家。

所以从环境友好和优化产业结构的角度上讲，转炉尽可能的不使用社会废钢和工业废钢，仅仅使用厂内自产废钢和各类厂内回收的金属铁料，是一种发展的趋势。而电炉采用废钢炼钢，对于消化社会垃圾，造福社会是一种发展的趋势。目前中国炼钢工艺过程中，钢材生产主要工艺功能单位的能耗（MJ/kg）见表 2-13。

表 2-13 钢材生产主要工艺功能单位的能耗 （MJ/kg）

主要工序	原料能	运输能耗	直接能耗（燃料）	间接能耗（燃料）	总能耗	直接能耗比重/%
焦化	1.11	0.24	0.06	0.05	1.46	3.98
烧结	2.31	6.43	2.15	2.11	13.01	16.54
炼铁	5.41	16.87	4.16	4.31	30.76	13.53
转炉	6.38	18.2	6.4	9.36	40.34	15.86
电炉	2.55	7.37	2.82	4.79	17.53	16.11
能耗	8.59	27.51	9.66	10.89	56.65	17.06

发达国家的电炉炼钢比例在 40%~65%，我国的电炉炼钢比例却在逐年的降低，扭转钢铁业结构的选择之一，就是增加电炉的钢产量的比例，减少转炉炼钢企业使用废钢的比例。

2.4.1 废钢铁的概念和定义

钢铁是一种能够无限循环再利用的基础材料。而熔炼用废钢铁是指不能按原用途使用且必须作为熔炼回收使用的钢铁碎料及钢铁制品，从环保的角度上讲是一种工业垃圾和社会垃圾。

这种垃圾是在钢铁生产过程中，工农业和制造业使用钢铁制品的过程中，城乡居民的生活中，不断产生的废钢铁，不能按原用途使用且必须作为熔炼回收使用的钢铁碎料及钢铁制品。

熔炼用废钢铁分为废钢和废铁两类。废铁的碳含量一般大于 2.0%。优质废铁的硫含量（质量分数）和磷含量（质量分数）分别不大于 0.07% 和 0.40%。普通废铁、合金废铁的硫含量（质量分数）和磷含量（质量分数）分别不大于 0.12% 和 1.00%。高炉添加料的含铁量应不小于 65.0%。在炼钢工艺中，转炉吹炼脱碳和脱磷的速度较快，而电炉吹炼的脱碳脱磷速度远远低于转炉，所以转炉炼钢工艺中间，对于废钢和废铁的区分要求要远低于电炉。废钢的碳含量一般小于 2.0%，硫含量、磷含量均不大于 0.050%。钢与生铁的成分见表 2-14。

表 2-14 钢与生铁的成分 （%）

元 素	生铁或铸铁	钢
C	2.5~4.5	0.002~1.2
Si	0.3~4.0	0.01~3.0
Mn	0.4~2.0	0.3~2.0
P	0.015~0.5	0.01~0.05
S	0.01~0.1	0.0005~0.04

熔炼用废钢铁是现代钢铁工业不可缺少的重要炼钢原料。废钢通过废钢加工企业的再加工处理，应用于炼钢过程，实现废钢铁的循环利用。废钢铁加工企业是以废钢铁回收—采购—加工—贸易—应用构成产业链的主体。废钢铁加工供应企业从国内城乡废钢铁回收网点及产生废钢企业或从境外采购批量废钢铁原料，经过废钢加工生产线按不同物品进行分选，按不同废钢品种分类后，进行加工、净化处理，按照国家或者企业的《废钢铁标准》加工生产出各种清洁的品种废钢，销售或配送给钢铁企业回炉炼钢。

废钢的采购也是一种产业。以废钢铁加工配送为生产主体，连接上游的废钢铁回收网点、下游的废钢铁应用企业，以及冶金渣、直接还原铁、钢铁尾矿渣、废钢加工设备等衍生产业，集科、工、贸为一体的一个相对独立的企业及科研群体，构成废钢铁产业。该产业的原料社会化收集采购、专业化生产加工、产品社会化销售、专业物流配送、定型产品、国家标准、政策法规等构成该产业的基本要素。

废钢铁回收利用有较高的经济、环保、社会效益，逐渐减少铁矿石比例和增加废钢比重，实现钢铁物流循环，实现废钢铁工业产品化，是该产业的终极目标，而非将其作为重要的牟利商业活动。

2.4.2　废钢铁的利用价值

"十二五"期间，我国加快了产业结构调整，改变了发展方式，发展低碳经济、循环经济，建设"资源节约型、环境友好型"社会。发展废钢铁，提高废钢供应能力，减少铁矿石的开采和应用，所以提高废钢消耗比，从资源配置的源头上规避碳排放，有着较高的实用价值和经济发展战略意义，主要体现在以下几个方面：

（1）废钢铁是一种载能资源，应用废钢炼钢可以大幅降低钢铁生产综合能耗。在大型的钢铁联合企业，从铁矿石进厂到焦化、烧结、炼铁、炼钢，整个工艺流程中能源消耗和污染排放主要集中在炼铁及前工序，一般占综合能耗的60%。也就是说和铁矿石相比，用废钢直接炼钢可节约能源60%，其中每多用1t废钢可少用1t生铁，可节约0.4t焦炭或1t左右的原煤。

（2）废钢铁是一种低碳资源，应用废钢炼钢可以大量减少"三废"产生，降低碳排放。短流程和长流程相比可减少炼铁、焦化、烧结等前工序的废水、废渣、废气的产生，在一般钢铁企业可减少排放 $CO/CO_2/SO_2$ 等废气86%、废水76%、废渣72%。若加上铁矿石选矿过程所产生的尾矿渣，炼焦和烧结过程中产生的粉尘等可减少排放废渣97%。换算成实物量每用1t废钢可减少炼铁渣0.35t、尾矿2.6t，加上烧结焦化产生的粉尘，约减少3t固体废物的排放。目前中国冶炼1kg钢对于环境的排放清单见表2-15。

表 2-15　中国冶炼 1kg 钢对于环境的排放清单　　　　　　　　　　（g）

名称	污染物	燃料生产	燃料使用	燃料运输过程	工艺过程	总　计
废气	CO	0.28	3.1	0.56	100	110
	CO_2	300	5200	630	2100	8200
	SO_x	0.91	44	0.59	5.8	51
	NO_x	0.44	14	0.6	1	16
	碳氢化合物	0.37	1.2	0.15	0.1313	1.9
	甲烷	18	0.008	—	<0.01	18.008
	H_2S	<0.01			0.087	0.087
	HCl	0.004	0.87		<0.001	0.874
排入水体物	悬浮物	0.54	—		120	120.54
	NH_4^+	0.71			0.28	0.99
	COD	0.022			0.26	0.282
	BOD	0.005			<0.001	0.005
	酚	0.005			<0.001	0.005
	Na^+	—			0.38	0.38
固废	矿渣	430			3500	3980
	工业混合固废	0.48			870	870
	粉尘、灰尘	5	100		190	295

（3）废钢铁是一种无限循环使用的再生资源，发展废钢铁、增加废钢铁供应能力是缓解对铁矿石依赖的重要途径。使用钢铁制造的设备等使用循环报废周期为 8～50 年，可无限循环反复使用，且自然损坏很低。大量应用废钢有利于减少原生资源的开采，有利于生态平衡，有利于人和自然的和谐。每多用 1t 废钢，可减少 1.7t 精矿粉的消耗，可以减少 4.3t 原矿的开采，减少 2.6t 钢铁尾矿渣的排出。我国沿海地区大部分的钢企，铁矿石有很大一部分依赖进口。2001 年我国进口铁矿石 9230 万吨，到岸价 27.12 美元/t；2009 年进口 6.3 亿吨，增长 6.8 倍；2008 年到岸价达 136.21 美元/t，增长 5 倍。其间，海运费也同步上涨。这导致钢铁成本大幅增加，利润空间越来越小，铁矿石进口长年处于被动的局面。据中国科学院生态环境研究中心的相关专家的研究结果表明，中国生产 1kg 普通钢材需要消耗能源 56.65MJ，而英国仅需 22.57MJ，前者是后者的 2 倍多，能源主要消耗于运输过程（包括燃料运输和原料及产品运输）。

（4）废钢铁是一种主要的不可缺少的优质炼钢原料，也是唯一可以逐步替代铁矿石的原料。废钢铁和其他再生资源不同，不会随着循环次数的增加而降低理化性能指标，降低产品质量。炼钢从某种意义上讲就是钢水净化过程，可以"百炼成钢"，其相对原生资源是一种优质的炼钢原料。

"逐渐减少铁矿石比例和增加废钢比重"应是我国钢铁产业发展政策的既定方针。我国虽然是世界钢铁大国，但废钢资源不足，钢铁结构不合理，对矿石的依赖尤其是对进口矿石的过度依存，使得我国钢铁生产原料 85% 以上靠矿石，其中进口矿在铁矿石原料中的比重超过 60%。世界一些国家如美国的炼钢工艺中，大力发展电炉短流程炼钢工艺，电炉钢比超过 60%，欧洲、印度等国家均超过 40%。随着全球钢铁积蓄量的不断增加，以及地球原生资源量的急剧减少，实现钢铁物流循环是全钢铁行业的终极目标。随着低碳经济的发展，废钢铁将日益彰显出其资源优势和主导趋向。

总之，废钢铁是钢铁工业不可缺少的主要炼钢原料，是节能减排的"绿色资源"，是可以无限循环使用的再生物资，在节能、环保、减少原生资源的开采、维护生态平衡方面有着极高的开发利用价值，将在发展"绿色钢铁"，发展低碳经济，建设"两型"社会中起着重要的支撑作用。

2.4.3 废钢的回收和加工概述

废钢加工的主要目的是将废钢加工到满足炼钢工艺要求的尺寸，去除影响炼钢工艺实施的杂质，消除废钢中含有的危险物质对于炼钢过程中产生的危害。废钢加工常用氧割、落锤破碎等方法，所以废钢加工行业对于社会环境存在一定的影响。废钢铁加工过程中，存在以下环境危害问题：

（1）氧割产生的烟尘排放对空气的污染。

（2）落锤加工造成的强烈震动和飞溅物对周围建筑物和人身产生的安全威胁；采用炸药爆破废钢所产生的噪声、冲击波的污染及事故隐患。

（3）废钢中所混入的废炮弹、武器、易燃易爆物和密封容器所隐藏的安全隐患。

（4）废钢加工过程中所产生的废物的排放，造成对环境的污染。其中包括废钢原料中所夹杂的废有色金属、橡胶、塑料、海绵、纤维、木块、树脂、渣土等非钢铁物质的排放造成的环境污染；废钢中所残留的有毒有害液体及对被浸蚀的器皿、管道清洗排出的清洗剂、污水的污染，这主要是在废汽车、废船拆解过程中所产生的残留汽油、机油、氟利昂、蓄电池对环境的污染；以及废电脑、废家电在拆解加工处理过程中所产生的废水、废酸、废碱、电子垃圾等带来的污染。

（5）露天料场受污染的雨水对地下水和周边的污染。

（6）混入废钢铁中的放射性超标的物质，或受放射物污染的废钢铁所造成的环境污染和人身安全隐患。

（7）渣钢进行净化研磨处理过程中所产生的扬尘、噪声，特别是水磨处理产生的废水对周边环境的污染。

（8）对依附在废钢表面或夹层中的油污、沥青、塑料、橡胶树脂、纤维等可燃物进行烘烤、燃烧处理过程中所产生气体的污染。

业内把这些统称为二次污染。这些污染主要集中在废钢铁的加工处理过程，表现形式是由待加工的废钢铁原料的来源、品种、加工工艺、装备水平和环保防控设施所决定的。上述污染源在一般的废钢回收、加工企业普遍存在，也是二次污染防治的重点。

2.4.3.1　我国的废钢主要回收渠道的简介

我国的废钢回收渠道主要有：社会废钢回收系统、拆船业、报废汽车拆解业和跨国废钢贸易回收交易等。废钢的加工回收环节，对于环境的危害较大，转变炼钢工艺对于废钢需求的理念，有助于废钢加工行业的良性发展。

A　社会废钢回收系统

该系统主要指城乡居民生活和其他加工、制造、运输、建筑等行业所产生的废钢资源的回收，主要由分布在全国城乡的废钢铁回收网点和拾零人员来完成。2001～2007年社会废钢铁回收总量为2.25亿吨，平均每年产生3213万吨，为废钢铁供应量的60%，2001年回收量为1900万吨，到2007年增长到4310万吨，增幅为127%，是我国废钢铁资源的主要来源。但我国社会废钢回收行业运行机制陈旧、管理散乱、装备落后、加工工艺粗放、产品质量低、二次污染控制能力差，不能满足市场发展和环境保护的需求。现急需深化体制改革，加快产业集中度，推动技术升级，提高装备水平，纳入科学发展的轨道。

B　拆船业

我国的拆船业已具规模，年拆解能力已达到250万吨，居世界前列。由于国内报废船只较少，多为内陆船只，且吨位较小，废船来源主要依赖进口。2007年全国拆船量约30多万吨，2015年已达684万载重吨，而且将拆解的旧船板直接改制和利用比例较大，全年向钢铁工业提供废钢20万吨左右，发展缓慢。内陆报废船只的拆解没有实施行业管理，自由拆解，存在诸多弊端和环保隐患，拆解的废钢规格和品种较多。

C　报废汽车拆解业

报废汽车拆解业是我国的新兴产业，规模小、布点分散、资源少、拆解技术比较落后。全国专业报废汽车拆解企业总数为367家，从业人员38万人。2007年我国汽车保有量约5000万辆左右，年报废汽车100万辆左右，产生废钢铁100万吨左右。到2015年，累计为187.4万辆。

D　机械行业

机械行业的加工过程中，产生的切屑、边角料、加工废品、报废的车床等，也是废钢行业的主要来源。机械行业的铸造件自从90年代后，由于焊接行业的发展，使得铸件的废品率下降，降低了机械行业的废钢产生量。

2.4.3.2　我国废钢铁加工处理技术及装备环保型发展的简介

钢产量的增加，炼钢工艺的更新，环境保护在生产管理中地位的提高，促进了废钢加工工艺的进步和加工设备的改革与环保型发展。我国对现代废钢加工设备的研制和应用起步较晚，大体分三个阶段：

（1）20 世纪 80 年代之前，我国废钢加工工艺以落锤、爆破、氧割为主，几家大型钢铁企业所拥有的几台打包机、剪切机都是进口设备，且价格昂贵。

（2）80～90 年代，国产打包机、鳄鱼剪断机和门式剪断机投入市场。

（3）2000 年以后，我国开始使用废钢破碎机。该设备是一种综合型、环保型的加工分选设备，经过该生产线加工处理的废钢清洁度高，而且加工的主要废钢原料是当前日益增多的报废家电、汽车、自行车、轻型厂房、棚架、护栏、器皿及钢材加工业所产生的轻型废钢。其中所含的废有色金属、塑料、橡胶、纤维、复合结构材料和其他附着物、渣土等夹杂物得到了自动分选和收集。加工过程中的扬尘、噪声、冷却水，都能得到很好的控制，有效地降低了二次污染。

通过技术引进、技术研发，我国的废钢加工设备制造业得到了快速的发展，国内拥有了一批自主知识产权的先进技术和设备。特别是代表着先进技术的打包机、剪切机、破碎机、抓钢机、电磁设备、防辐射设备、钢渣研磨设备，都取得了长足的进步，基本实现了国产化和系列定型产品。

废钢加工设备研制的快速发展和全行业装备水平的提高，为废钢的加工、净化处理及环境污染防治提供了保障。

2.4.3.3 废钢铁加工过程中二次污染的防治途径

目前我国所拥有的较先进的废钢加工处理技术、配套设备和专业化加工配送基地及管理体系等基本能够满足上述二次污染防治的需要。关键在于如何在全行业加快产业集中，培养组建专业化废钢加工配送公司，推广先进的技术工艺、设备及环保设施和环境保护管理体系，淘汰落后的，加强该领域的科研力度。实施行业技术升级、提升行业科技底蕴改革进程的快慢和普及面的大小，直接决定着二次污染的控制效果。从现代清洁化制造的角度讲，优化炼钢工艺对于废钢的加工要求，是减少废钢加工过程中二次污染的一种趋势。二次污染的主要控制方法如下：

（1）加工过程中对扬尘和噪声的控制。主要由设备的先进性来决定。国内普遍使用的进口和国产的主体加工设备，凡是正规厂家制造的，有标准的，在正常生产状态下都可达标，如剪切机、打包机、破碎机等。而生产过程中的废水基本没有排出，用水很少，主要用于降尘。

（2）易爆物资的处理主要依靠在采购废钢中的严格质检，认真分拣，认真清理。分拣出的废旧炸弹、武器一般集中交当地驻军和公安协助销毁处理。严格的验质和严谨的管理体系是防治的关键。

（3）对放射性污染物的防治，主要靠防辐射检测设备把关。20 世纪该设备在我国废钢加工处理现场应用较少，进入 21 世纪以后废钢来源日益复杂，曾发现多起放射性污染事故，引起业内的极大关注。被放射性物质污染的废钢在回炉炼钢、轧制、制造过程中，辐射不会消失，而是沿着生产工序和装运持续污染环境，对人的生命安全危害很大。国内大型的专业化废钢公司基本上都装备了防辐射检测设备。一般的处理方式为境外的退回境外，国内的在专业部门的指导下封存填埋，但中、小型废钢回收企业大部分对防辐射的认识还很淡薄，防辐射的检测还处于空白状态，应加强普及教育和建章立制。

（4）对废钢中夹杂物的处理，无论是人工或是用机器分选，都能把夹杂物分选出来。能否造成二次污染，关键是对这些夹杂物的去向如何处理。在大型的废钢公司里，由于产生量大，可将可利用的再生物资分类直接销售或加工成再生原料，供给专业生产厂家利用。如塑料、橡胶、有色金属等。不可再生利用的可以在不污染环境的前提下焚烧或集中填埋。

（5）对渣土的处理。有些发达国家不是填埋而是进一步综合利用。因为经过破碎机粉碎分选产生的渣土里还含有大量的塑料、橡胶、纤维、木材的碎屑可燃物，可以通过热能转换循环利用。经研究可加入一定的助燃剂（煤、油等）制成燃块用于发电。产生的灰粉用于生产墙体材料，最终实现"零排放"。按市场经济运作暂无利润可言，属于公益事业，需要政府给予政策和资金的扶持。

（6）对渣钢加工、分选处理过程中二次污染的控制要走专业化道路，对尾渣进行深加工和资源化转换，严格控制钢渣非终端产品的销售，取缔周边钢渣加工的"鸡窝群"，同时坚决取缔渣钢水磨加工处理工艺，遏制污染。

（7）报废电子产品回收加工处理过程中的二次污染防治技术和手段在我国还相当薄弱。必须加大科技和资金投入，加快新技术、新设备的推广应用，把污染降到最低，任重道远。

总之，废钢回收加工利用的二次污染防治是一个很大的专业课题，需要专门的科研机构和专业人才进行研究和开发。我国对该课题专项研究起步较晚，目前在这方面投入的资金和科研力量也非常薄弱，还未正式纳入国家的科研发展规划。全行业都达到上述防治目标需要漫长的过程，需要持续深入的探讨和研究、政策的支持、科技的进步以及科学发展观的落实。而炼钢工艺，尽可能的简化废钢的使用工艺，达到减轻废钢加工领域对于环境的危害，是钢铁企业转化为社会化工厂，解决社会废钢垃圾的绿色循环经济，是一种发展的必由之路。2012年，作者所在的钢铁企业，收购了医药行业制药报废的设备、炼油行业的废钢，累计5000t，由于硫高，无法消化，我们采用的电炉冶炼，大尺寸大量使用，解决了这一难题，得到了相关方的高度肯定，说明炼钢是能够消化社会难处理垃圾的工厂。炼钢不仅能够冶炼出优质的钢水，同时也是利用社会垃圾的生产工厂。但是炼钢使用过程中，使用的废钢尺寸和质量，必须能够满足炼钢的安全性、经济性和可操作性的需要。

2.4.4　炼钢使用废钢的基础知识

2.4.4.1　废钢的导热能力

废钢的熔化的主要方式为受热熔化，热量来源于转炉吹炼过程中铁水的物理热和化学热的集体作用，不同的废钢，尺寸不同，导热系数不同，熔化的速度也不相同。废钢的导热能力可用导热系数来表示，即当体系内维持单位温度梯度时，在单位时间内流经单位面积的热量。钢的导热系数（热导率）用符号 λ 表示，单位为 $W/(m \cdot ℃)$。

影响钢导热系数的因素主要有钢液的成分、组织、温度、非金属夹杂物含量以及钢中晶粒的细化程度等。通常钢中合金元素越多，钢的导热能力就越低。具体表现在以下几方面：

（1）各种合金元素对钢的导热能力影响的次序为：C、Ni、Cr 最大，Al、Si、Mn、W 次之，Zr 最小。合金钢的导热能力一般比碳钢差，高碳钢的导热能力比低碳钢差。导热系数与碳含量的关系如图 2-18 所示。

（2）具有珠光体、铁素体和马氏体组织的钢，导热能力加热时都降低，但在临界点以上加热将增加。

（3）各种钢的导热系数随温度变化规律不一样，800℃以下碳钢随温度的升高而下降，800℃以上则略有升高，温度对钢导热系数的影响如图 2-19 所示。

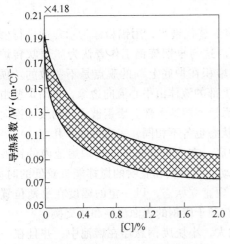

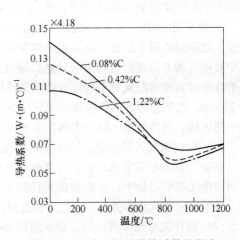

图 2-18 导热系数与碳含量的关系　　　　图 2-19 温度对钢的导热系数的影响

2.4.4.2 具有奥氏体组织的废钢的无磁性原因

废钢的加入，一般是采用电磁盘吸起废钢，加入到废钢斗子内，然后通过废钢料斗加入转炉，但是经常在生产中会遇到废钢电磁盘吸不起来的现象，这主要与废钢没有磁性有关系。

废钢吸不起来的类型，主要有高锰钢、不锈钢以及温度较高的废钢。温度较高的厂内返回废钢在冷却后，使用电磁盘就可以正常吸起来。具有奥氏体组织的高锰钢与不锈钢则不同。根据材料物理学的研究，金属的磁性来源于电子自旋的结构，电子自旋属于量子力学性能，既可以向上，也可以向下。在铁磁性金属中，电子会自动按照同一方向进行旋转，而反铁磁性金属材料中，一些电子按照规则的模式进行，而相邻电子则朝着相反方向或反平行自旋，但对于三角形晶格中的电子来说，由于每个三角形中的两个电子都必须按照相同方向自旋，因此自旋结构已经不存在，所以没有磁性。

2.4.4.3 废钢铁在转炉炼钢过程中的熔化

废钢是通过废钢料斗加入转炉的，可以在兑加铁水之前加入，也可以在兑加铁水之后加入转炉，某厂加入废钢和铁水的示意图如图 2-20 所示。

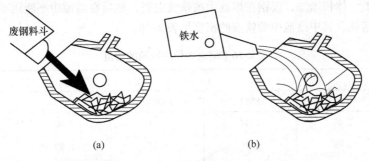

图 2-20 某厂加入废钢和铁水的示意图
（a）加废钢；（b）加铁水

废钢在转炉炼钢吹炼过程中的熔化已有专家做了相应的研究，研究结果以废钢在铁液之间的存在形式和熔化机理两方面说明。

A 废钢在转炉吹炼状态下的存在形式

20 世纪 70 年代，日本冶金工作者用丙三醇水溶液替代钢水，用铝粉作为示踪剂进行模拟试验，观察到的钢水运动方向是由外侧流向中心区。这与早期炼钢工作者认为"顶吹转炉熔池中液体流动方向是由内侧流向外侧，熔池中废钢堆积在炉底上"的观点是不一致的。顶吹转炉吹炼时，顶吹射流对于熔池的切向力使得熔池上部的液体由中心流向边缘，再沿炉壁由上向下运动，而熔池下部的铁液由边缘流向中心，然后返回熔池上部。废钢被流动的液体推向熔池中部区域，搅拌情况不同，废钢在熔池中的运动状态也各不相同，表现为以下几点：

（1）从废钢加入转炉后，呈无序状态堆积在炉底，在冶炼状态下，转炉熔池内的铁液是以"涌泉"状的形式形成环流，并且推动废钢的运动。当顶吹和底吹的搅拌能量较低的时候，废钢向熔池的中心集中，不论废钢是任何形状都呈现直立状态，以一定的幅度在平衡位置振动，废钢之间都有液体流过。流过废钢之间的液体有利于废钢的表面渗碳和热交换。

（2）搅拌能量继续增加后，废钢的振动幅度加大，小块废钢悬浮在熔池中，并且在一定的范围内旋转，废钢回旋区铁液有旋涡流动。

（3）搅拌能量进一步增加后，各种不同块度的废钢全部悬浮在熔池中，废钢块大幅度的震荡，相互之间产生撞击，或者在一定的区域内快速的旋转，有的废钢甚至可以飞出熔池。此时熔池内出现强烈的涡旋运动，流动状态比较复杂。

B 废钢的熔化方式

顶吹氧枪 O_2 出口速度通常可达 300 ~ 350m/s，射流与熔池作用，将动量传递给金属液。研究表明，废钢在熔池中呈现悬浮状态时，熔化的动力学条件最好。金属熔池产生循环运动的方式如图 2-21 所示。

废钢在熔池内初期，表面凝固一层铁液，渗碳和升温后，开始溶解。废钢的熔化有以下的途径：

（1）转炉氧枪的射流与铁液中间的 Si、Mn、P、C 等元素反应，反应热将集中在反应区，反应区的热量向熔池传递，同时熔池

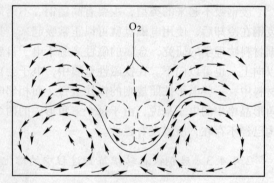

图 2-21 吹氧状态下铁液的运动方式

铁液的密度降低，体积增加，废钢在熔池中被铁液包裹，然后在熔池中不断运动，逐步地渗碳和逐步地受热熔化，其中熔池中的铁液的密度见表 2-16。

表 2-16 熔池中间的铁液的密度 （g/cm³）

[C] /%	密 度				
	1500℃	1550℃	1600℃	1650℃	1700℃
0.00	7.46	7.04	7.03	7.00	6.93
0.10	6.98	6.96	6.95	6.89	6.81
0.20	7.06	7.01	6.97	6.93	6.81
0.30	7.14	7.06	7.01	6.98	6.82
0.40	7.14	7.05	7.01	6.97	6.83
0.60	6.97	6.89	6.84	6.80	6.70

[C] /%	密 度				
	1500℃	1550℃	1600℃	1650℃	1700℃
0.80	6.86	6.78	6.73	6.67	6.57
1.00	6.78	6.70	6.65	6.59	6.50
1.20	6.72	6.64	6.61	6.55	6.47
1.60	6.67	6.57	6.54	6.52	6.43

（2）废钢在熔池内受热后，直接与氧气射流反应，被钢中的元素氧化热熔化。

（3）废钢运动到射流点火区，点火区的高温迅速使得废钢熔化，射流冲击作用区的温度 2200~2700℃。

不同碳含量的射流冲击区示意图如图 2-22 所示。

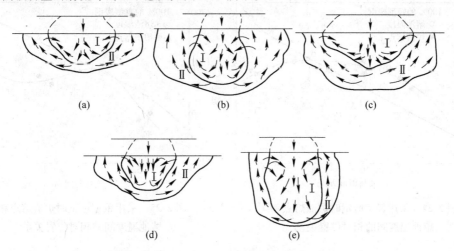

图 2-22 不同碳含量的射流冲击区示意图
(a) 生铁；(b) 2.0%C；(c) 1.0%C；(d) 0.5%C；(e) <0.1%C

氧气射流区的温度和流场示意图如图 2-23 所示。

C 影响废钢熔化的因素

在面临着铁水不足的情况，转炉多吃废钢成为这些厂家作为增加钢产量和降低钢铁料消耗的一个主要手段，而废钢对于控制转炉温度有着非常重要的作用。轻、重废钢的熔化特点有很大差别，根据对这种差异给转炉熔池升温化渣乃至整个冶炼效果带来的影响的已有研究成果，提出了轻、重废钢的合理配比。前面提到，废钢在熔池中呈现悬浮状态时，熔化的动力学条件最好，所以达到这一目的，需要加入的废钢能够满足这种动力学条件。

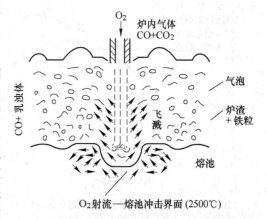

图 2-23 氧气射流区的温度和流场示意图

试验表明，重废钢的熔化明显受轻废钢存在的影响。在轻废钢几乎完全熔化后重废钢开始熔化。在吹炼初期，轻废钢熔化大量吸热，在相对较冷的重废钢表面会产生铁水的凝固。熔池升温后这个凝固层会很快熔化。由于废钢的熔点高于熔池温度，废钢要经过表面渗碳才能熔化，此阶段熔化速度降低。

各种类型的废钢对熔池温度的冷却效果差异很大，开吹时传质过程为废钢熔化的限制性环节。显然轻型废钢传质、传热的动力学条件较好，在开吹后不久即迅速熔化，因此其对熔池的降温作用在吹炼前期就明显地反映了出来。而重型废钢则由于其传质、传热条件较差，因此它要到吹炼中、后期（这时候废钢的熔化速度受由熔池向废钢表面的传热过程所控制）方能迅速大量地溶解，所以重型废钢对熔池所产生的冷却效果则要在吹炼中、后期才能显示出来。至于混合型废钢对熔池温度的影响主要决定于轻、重废钢的配合比例，合理选择其比例则是关键。有学者对于鞍钢180t的顶底复吹转炉的研究结果表明，熔池温度与炉渣熔点间的相对位置关系分别如图2-24～图2-27所示。

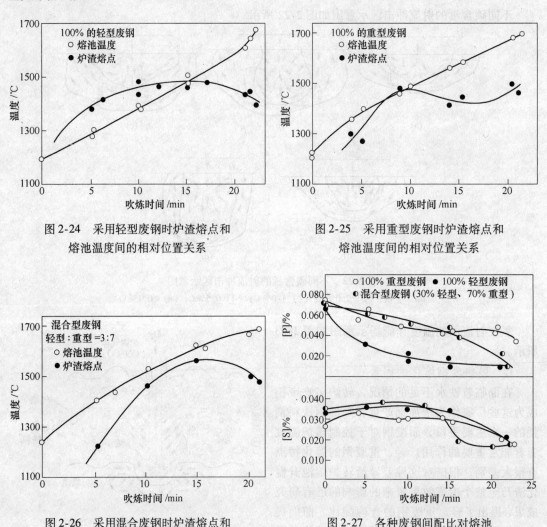

图2-24　采用轻型废钢时炉渣熔点和
熔池温度间的相对位置关系

图2-25　采用重型废钢时炉渣熔点和
熔池温度间的相对位置关系

图2-26　采用混合废钢时炉渣熔点和
熔池温度间的相对位置关系

图2-27　各种废钢间配比对熔池
脱磷、脱硫反应的影响

从以上的研究结果可以看出：当复吹转炉采用10%的重型废钢时，熔池的前期温度高、脱磷效果差；当装入100%的轻型废钢时，熔池的前期温度较低，这虽有利于脱磷但不利于化渣和脱硫;因此上述两种废钢装入制度都不宜采用。当转炉装入混合型废钢时,熔池在吹炼前、中期的化渣状况较好,这就保证了炉渣在吹炼中、后期具有很强的活性和很强的脱磷、脱硫能力,因而能够同时获得较好的脱磷脱硫效果。所以从冶金反应的效果来说,采用混合型废钢是合理的。从废钢对熔池温度、化渣和冶金反应的效果来看,复吹转炉上不宜采用一种类型废钢,而应采用混合型废钢。

2.4.5 转炉废钢比的计算

转炉炼钢的热能主要有物理热和化学热两部分。铁水温度是铁水带入物理热多少的标志,其热量约占转炉热收入的一半以上。铁水成分决定转炉化学热的多少,它取决于元素的发热能力和数量。在元素氧化放热中,C、Si、P 都是重要的发热元素,其中 C 占有主要地位。对于普通铁水,碳氧化放热量占元素氧化总放热量的一半以上。通过计算,C、Si、P 氧化放热分别占元素氧化总放热量的 58.2%、23.8% 和 3.5%。如果按照正常的造渣工艺来进行吹炼作业,转炉前期的硅锰氧化完毕,熔池的温度已经很高,转炉早期的脱磷操作的热力学条件变差,不利于脱磷操作,在脱碳结束以后,熔池的温度将会很高。据作者的测算,铁水温度为1300℃的常规铁水(C: 4.2%、Si: 0.6%、Mn: 0.5%、P: 0.05%),吹炼结束熔池的温度最高可达 1850℃,对于转炉的炉衬寿命危害很大,所以氧气转炉炼钢过程中多余的化学热通常是通过加入废钢和铁矿石来平衡,使吹炼过程有正常的熔池升温制度和所需的出钢温度。当废钢加入比提高 1%,钢液温度将降低 22℃;当铁水温度提升 50℃,则钢液温度将提升44℃。因此在实际生产过程中,可以通过改变冷料加入比来保证出钢温度。如果铁水温度低则可以少加冷料;如果铁水温度高则需要多加冷料。对于一座 100t 转炉,一般需要的出钢温度是 1640℃,则最佳废钢加入比在铁水 1250℃ 和 1300℃ 时分别为 15% 和 17%,铁水温度每提高 25℃,可以多加 1% 的废钢。铁水到达炼钢工位的温度大约是 1300℃,废钢加入比为 17% 为最佳。

冷却剂对熔池热量的影响取决于冷却效果、加入量和质量。不同的冷却剂冷却效果不一样,在冶炼过程中,轻废钢熔化得快,重废钢熔化得慢,因此废钢质量对熔池的冷却效果也不一样。100t 转炉冶炼钢液温度与废钢比的关系如图 2-28所示。

转炉炼钢的钢铁料组成由钢铁厂内炼铁与炼钢能力比、铁水成分、转炉容量、所炼钢种、废钢价格等多种因素所决定。我国 100t 以上的大型转炉铁水比为 80%~85%(其中生铁块含量小于 5%)。80t 以下的中、小型转炉铁水比为

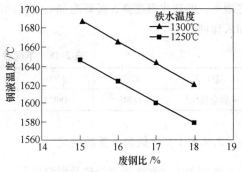

图 2-28　100t 转炉冶炼钢液
温度与废钢比的关系

71.7%~90.7%。中、小转炉厂的铁水比波动大,主要是这些钢厂在炼钢过程中大量加入小高炉生铁块,增加了炉料的化学热,使冷料比较高。

在实际生产中,铁水出炉温度通常为 1340~1450℃,入炉温度为 1300~1400℃,有的企业甚至达不到 1300℃,而出钢温度一般为 1640~1700℃,入炉温度较低而出钢温度较高导致转炉炼钢废钢比较低,故多数企业都有潜力提高入炉铁水温度和降低出钢温度。为此,从转炉物料平衡和热平衡角度,是计算转炉炼钢过程中,根据入炉铁水温度和出钢温度得出合理废钢比的依据。

不同文献中，转炉炼钢热平衡计算的收支项不尽相同，热收入项和热支出项见表 2-17。

表 2-17　热平衡计算中的收入项与支出项

收　入　项	支　出　项
铁水物理热	钢水物理热
元素氧化放热和成渣热（化学热）	炉渣物理热
C	矿石物理热
Si	烟尘物理热
Mn	炉气物理热
P	铁珠物理热
Fe	喷溅金属物理热
P_2O_5	白云石分解热
SiO_2	其他热损失
烟尘氧化热	剩余热

根据上表中的物料收支情况，以及铁水中各元素氧化放热表，计算不同入炉铁水温度下的热收入 $Q_入$、热支出 $Q_出$，继而计算富余热量，即剩余热 $Q_{剩余}$，计算公式如下：

$$Q_{剩余} = Q_入 - Q_出$$

剩余热的概念，是指不加冷却剂时转炉收入总热量与金属料脱碳脱磷升温精炼到终点温度所需热量、转炉热损失支出热量之间的差值。因为热量的富余才使转炉炼钢加冷却剂成为可能，为节能降耗创造更多的条件。

根据以上公式，假定出钢温度为 1658℃ 时，计算入炉铁水温度在 1250℃ 到 1500℃ 之间变化时分别产生的剩余热，见表 2-18。从表中结果可见，随着入炉铁水温度的升高，剩余热也随之增多，即铁水温度高，需要配加一定量的废钢平衡，依据这一计算，确定废钢的加入量或者加入比例。

表 2-18　不同铁水温度下对应的剩余热

温度/℃	1250	1300	1350	1400	1450	1500
剩余热/kJ	14949	18925	22901	26877	30853	34829

2.4.5.1　废钢加入量的确定

废钢加入量取决于剩余热及废钢物理热，即废钢冷却效应，计算公式如下：

$$G_{废钢} Q_{废钢} = Q_{剩余}$$

式中　$G_{废钢}$——废钢加入量；

　　　$Q_{废钢}$——废钢冷却效应。

$Q_{废钢}$ 计算方法如下：

$$Q_{废钢} = C_{固态比热容}(t_{熔化温度} - t_{废钢初始温度}) + \lambda_{熔化潜热} + C_{液态比热容}(t_{出钢温度} - t_{废钢熔化温度})$$

式中，$t_{出钢温度} = 1658℃$。

由以上公式及表中的相关数据结果，可计算出在出钢温度为 1658℃ 时入炉铁水温度由 1250℃ 变化到 1500℃ 时，1t 钢废钢加入量和废钢比（废钢比为转炉炼钢废钢加入量与钢铁料消耗之比），结果见表 2-19。

表 2-19 不同入炉铁水温度下的废钢消耗量

温度/℃	1250	1300	1350	1400	1450	1500
废钢量/kg·t⁻¹钢	103.6	127.6	150.4	172.1	192.6	212.2
废钢比/%	9.45	11.67	13.78	15.79	17.72	19.55

由表 2-19 中结果可见，随着入炉铁水温度的线性升高，废钢比也呈线性增长，并且可计算出，铁水温度每变化 10℃，废钢量变化 3.8~5kg/t 钢。

2.4.5.2 出钢温度对废钢比的影响

出钢温度过高是现代转炉炼钢普遍存在的问题，而过高的钢水温度，对于炉料的消耗，炉衬的毁损，钢水的质量均有害，还延长了作业时间，增加了钢的冶炼成本。因此，降低转炉出钢温度是减少原材料消耗，提高炉龄和废钢比，降低钢的成本的重要途径。根据热平衡计算原理，计算了在入炉铁水温度为 1300℃时，出钢温度变化 5℃时的废钢加入量，见表 2-20。

表 2-20 1300℃入炉铁水温度条件下不同出钢温度的变化对于废钢比的影响

温度/℃	1658	1653	1648	1643	1638	1633	1628
废钢量/kg·t⁻¹钢	127.62	130.72	133.82	136.91	140	143.08	146.16
废钢比/%	11.67	11.95	12.24	12.53	12.81	13.1	13.38

表 2-20 的结果显示，入炉铁水温度为 1300℃时，出钢温度每降低 5℃，废钢加入量可增加 3~4kg/t 钢，废钢比可提高 0.28%~0.29%。当入炉铁水温度不同时，出钢温度对废钢比的影响也不同。因此，为了降低出钢温度，减小过程温降是关键。

2.4.6 转炉配加废钢技术的一些关键因素

转炉配加废钢主要考虑的关键性因素如下：

（1）进行物料平衡和热平衡的测定，根据吹炼工艺的要求确定加入冷却剂的种类、数量（如矿石、氧化铁皮、废钢、生铁块等）以及合适的加入时间。

（2）根据吹炼制度和废钢的情况进行转炉废钢熔化速度的研究，以确定合理的轻、重废钢比例、装入方式和废钢最大（厚度）尺寸。

（3）深入研究转炉炼钢过程冶金反应，正确地描述炼钢过程中熔池成分和温度变化与吹炼时间的函数关系，为建立废钢熔化速度模型和确定合理温度制度提供依据。

（4）提高入炉铁水温度是提高废钢比的关键，钢铁厂应当想方设法降低铁水从出高炉到入转炉过程中的温降。

（5）降低出钢温度有利于提高废钢比，出钢温度每变化 5℃，废钢加入量变化 3~4kg/t 钢；降低钢水从出炉到精炼过程中的温降是降低出钢温度的有效途径。

2.4.7 转炉炼钢用废钢尺寸和夹杂物的确定

社会回收的废钢和自产废钢等，有的原始尺寸较大，废钢的加工基本上采用机械切割或者氧气切割，尺寸越小，加工过程中的工作量越大，割损越多；另外一方面，在面临着铁水不足的情况，转炉多吃废钢成为这些厂家作为增加钢产量和降低钢铁料消耗的一个主要手段。轻、重废钢的熔化特点有很大差别，对于控制转炉温度有着非常重要的作用。加入转炉的废钢料型不同，冶炼过程中的工艺控制效果也各不相同，影响转炉的前期化渣操作，对于冶炼过程中的脱磷效果和产生喷溅的几率均有影响。所以优化废钢的尺寸，是一项事关环境和成本的核心问题，废钢尺寸的大小，应该考虑以下的几个关键的因素：

（1）废钢首先必须满足入炉的尺寸需要，即废钢必须能够通过废钢斗子加入到转炉的炉内，尺寸也不能够太小，因为有的废钢是通过高位料仓加入转炉的，尺寸太小，会被除尘系统的烟气抽吸到除尘系统，造成浪费。一般来讲，废钢的入炉尺寸最大部分应该小于炉口直径的一半，比较有利于废钢的加入。

（2）废钢料斗容积的大小决定于每炉废钢的装入量，对于废钢需要量比较大的大型转炉，也可考虑分成几个料斗，但一般是废钢一次一斗装入。废钢料斗容积 V 计算如下：

$$V = \frac{q}{\eta \rho f}$$

式中　q——每炉加入废钢量；

　　　η——料斗装满系数，取 0.8；

　　　f——每炉加入废钢的斗数，取 1；

　　　ρ——废钢堆积密度，t/m^3。

（3）转炉吹炼过程中，废钢的尺寸太大，氧枪开吹时，射流如果吹在废钢上，射流的反射有可能造成氧枪被射流烧坏漏水，所以转炉废钢的最大入炉尺寸不能够大于转炉冶炼的熔池高度。

（4）尺寸较大，单重较重的废钢，在转炉熔池内超过了转炉的搅拌能力，废钢传热会受到影响，废钢的熔化较慢，一是影响转炉的终点成分与温度，二是影响转炉的出钢量，影响成分的控制，所以废钢的最大单重应该与加入的铁水量，底吹气体的流量，炉容比等因素综合考虑。

（5）黏附有泥土钢渣或者耐火材料的废钢，单块质量过大的废钢沉在炉底上，黏附物的隔热作用，使得大块废钢相当于单面受热，其熔化速度远远低于正常的废钢，在大块废钢上黏附有耐火材料的时候，这种矛盾尤为突出。这种大块的废钢黏附在炉壁上，在出渣或者出钢过程中突然垮塌，造成钢水或者钢渣喷溅，安全风险很大，所以转炉使用的废钢大块上不能够黏附有连续的耐火材料或者钢渣等杂物。

（6）单重较大的废钢，入炉的时候，对于炉衬的破坏作用很大，所以要限制废钢的尺寸，或者不限制单重，但是要考虑加入方式。

（7）废钢中黏附渣土较多，会增加转炉的石灰消耗量和渣量，相应流失的金属铁也越多，所以入炉废钢必须尽可能地限制其黏附的渣土量。

（8）废钢上黏附的油脂过多，有可能造成先加废钢后兑铁水时，造成喷火或者喷溅事故，也有可能对冶炼现场造成污染，所以对于油脂黏附较多的废钢，需要减量化入炉，或者采用其他的措施。

此外入炉废钢的轻重比例要搭配合理，如果重型废钢太多，重废钢堆积在一起，废钢的间隙内渗入铁水，形成一个大的废钢实体，不利于废钢的熔化，对于吹炼的喷溅和氧枪结冷钢有影响。所以转炉的废钢搭配不仅要尺寸合理，还要考虑好料型结构。比如对于 300t 复吹转炉，当顶吹氧流量达到 $60000m^3/h$，底吹供气量达到 $1080m^3/min$，废钢块的单重不超过 1500kg，废钢在熔池中可以呈悬浮状态，根据冶金过程的相似原理推算出，120t 转炉的最佳的重型废钢单重为 850kg，最大单重不宜超过 1.2t，在转炉后期底吹效果不佳的情况下，重型废钢不宜加入过多。300t 转炉的装料技术条件的要求见表 2-21，250t 转炉的受料的技术条件见表 2-22。

表 2-21 300t 转炉的装料技术条件的要求

类别	各类典型举例	供应状态	尺寸及单重
生铁类	生铁块	块状	块度要求：< 50 ~ 70mm × 170mm × 800mm，单重 0.03 ~ 0.04t
	废锭模、粗杂铁	块状	块度要求：< 300mm × 500mm × 1500mm，单重 ≤ 1.0t
	热压铁块（球）	块（球）状	块度要求：90mm × 58mm × 29mm（块状），≤ 60mm × 60mm × 60mm（球状）
重废钢	废钢锭、初轧废坯及头尾重铸钢件	块状	块度要求：< 300mm × 500mm × 1500mm，单重 ≤ 2.0t
中废钢	各种机器废钢件、零部件、螺纹钢切头等	块条及异形状	块度要求：< 300mm × 500mm × 1500mm，单重 ≤ 1.0t
轻废钢	各种成品废钢、切头边、中注管、场道等	块条及异型状	块度要求：< 300mm × 800mm × 1800mm，单重 ≤ 1.0t
渣钢	厂内回收	异型状	最大长度在 1200 ~ 1500mm 时，最大宽度 ≤ 1000mm、平板形渣钢厚度 ≤ 350mm、锥形渣钢高度 ≤ 350mm；最大长度在 ≤ 1200mm 时，最大宽度 ≤ 1200mm、平板形渣钢厚度 ≤ 350mm、锥形渣钢高度 ≤ 350mm。重量 ≤ 1.2t/块，但重量 1.0 ~ 1.2t/块的渣钢数量不得超过渣钢总量的 30%
高纯渣钢	厂内回收	异型状	重量 ≤ 1.2t/块，最大长度 ≤ 1000mm，最大宽度 ≤ 900mm、平板形渣钢厚度 ≤ 300mm、锥形渣钢高度 ≤ 300mm
高纯渣铁	厂内回收	异型状	最大长度 ≤ 1000mm，最大宽度 ≤ 900mm、平板形渣铁厚度 ≤ 300mm、锥形渣铁高度 ≤ 300mm

表 2-22 250t 转炉的受料的技术条件

牌号	形状	单重/kg	外形尺寸（max）/m	种 类
重型废钢	块状	≤ 2000	1.5 × 0.5 × 0.3	钢锭、钢坯及切头、切尾、重型机械零部件及钢铸件等
小型废钢	块、板、条及异形	1 ~ 500	1.5 × 0.4 × 0.3 厚度 ≤ 4mm	各种钢材及切头、切尾、机器废钢件、镐斧、锄头、撬棒、铁路道钉等
轻型废钢	薄板、丝条块	≤ 1000	1.5 × 0.5 × 0.4	各种薄板材加工厂回收料，建筑钢材回收料等
打包废钢	块状	密度 > 2.5t/m³ 单重 ≤ 1.2t	0.8 × 0.6 × 0.6	薄板、钢丝、盘条及民用轻薄钢材等
统废	块、板、条	1 ~ 1000	1.5 × 1.0 × 0.5	各种机械废钢及其他混合废钢等
剪切料	薄板、块、条状	1 ~ 500	0.8 × 0.8 × 0.4	各种薄板加工厂回收料，建筑钢材回收料。薄板、钢线、盘条及民用轻薄钢材。各种机械废钢及其他混合废钢

2.4.8 不同来源的废钢特点

2.4.8.1 社会回收废钢

我国是一个农业大国，虽然奋力追赶，但是从工业化发展的一些标准来看，还不是一个工业大国，更不是一个工业强国，所以社会回收的废钢来源比较散乱，社会回收的废钢具有以下的特点：

（1）我国50年代到80年代，炼钢的技术落后，受极左思想的影响，炼钢的主流工艺以平炉为主，钢产量有限，所以铸件的金属制品占有的一定的比例，报废后，一般锈蚀严重，表面黏附渣土较多，不适合电炉规模化的消化。

（2）社会回收的废钢，来源复杂，尺寸参差不齐、不规则，加工的难度较大。比如某一个地区的回收废钢，固定的类型较少，杂质含量较多。典型的是回收的废旧炊具、易拉罐、铁皮等。

（3）社会回收的废钢，有害物质的含量、有毒物质的含量、有危害性的物质均存在风险。有的废弃医疗垃圾、废弃锅炉排管等，均含有对于环境和冶炼有害的元素。目前国民的整体文化素质和社会结构，是造成这一现象的主要原因。某厂社会回收的废钢实体照片如图 2-29 所示。

图 2-29　某厂社会回收的废钢实体照片

（4）社会回收的废钢，基本上以盈利为目的，社会上一些遗弃和废弃的有危害性的钢铁容器、散落的武器、失效的哑弹均有可能进入社会废钢流入钢铁厂。某钢铁厂在加工社会回收废钢的过程中，先后发生不明爆炸物爆炸造成工人伤亡的惨剧。

（5）社会回收进口的废钢，会导致一些国家和地区的有害废钢流入钢企，就像有的企业进口电子垃圾和医药垃圾，饮鸩止渴，后患无穷。某口岸进口的某国的核试验效应物后发生过较严重的辐射污染问题，就是一个典型的案例，所以社会回收进口的废钢，考察其来源，评估其危险性是重要的安全手段。

2.4.8.2 机械行业的废钢

所谓机械行业，只要是与机械有关的行业都可以说是机械行业，这个分为广义的机械行业与狭义的机械行业。机械行业的行业特征是机械制造业具有以离散为主、流程为辅、装配为重点的主要特点。以设备制造为例，生产方式一般为单独的零部件组成最终产成品，这属于典型的离散型工业。汽车制造业虽然其中诸如压铸、表面处理等过程属于流程型范畴，不过绝大部分的工序还是以离散为特点的。机械行业的主要产品包括以下 12 类：

（1）农业机械：拖拉机、播种机、收割机械等。

（2）重型矿山机械：冶金机械、矿山机械、起重机械、装卸机械、工矿车辆、水泥设备等。

（3）工程机械：叉车、铲土运输机械、压实机械、混凝土机械等。

（4）石化通用机械：石油钻采机械、炼油机械、化工机械、泵、风机、阀门、气体压缩机、制冷空调机械、造纸机械、印刷机械、塑料加工机械、制药机械等。

（5）电工机械：发电机械、变压器、高低压开关、电线电缆、蓄电池、电焊机、家用电器等。

（6）机床：金属切削机床、锻压机械、铸造机械、木工机械等。

（7）汽车：载货汽车、公路客车、轿车、改装汽车、摩托车等。

（8）仪器仪表：自动化仪表、电工仪器仪表、光学仪器、成分分析仪、汽车仪器仪表、电料装备、电教设备、照相机等。

（9）基础机械：轴承、液压件、密封件、粉末冶金制品、标准紧固件、工业链条、齿轮、模具等。

（10）包装机械：包装机、装箱机、输送机等。

（11）环保机械：水污染防治设备、大气污染防治设备、固体废物处理设备等。

（12）矿山机械。

从以上的分类可以看出，机械行业企业产生的废钢主要有以下的几个特点：

（1）各种加工切屑、边角料并存，不同成分的废钢混合，难以区分。

（2）机械行业产生的废钢尺寸与质量均能够适应现代转炉和电炉的入炉要求。

（3）机械行业产生的部分铸件，为了改善铸件的可浇性和钢水的流动性，磷含量较高。

（4）机械行业的切屑料，有的是易切削钢的切屑，硫含量和铅含量有异常的风险。

（5）部分的机械行业产生的废钢，其中的镀层会含有 Zn、Sn、Cu 等，集中使用有可能造成某些炉次的钢水残余有害元素超标，造成铸坯产生网状裂纹和红脆等缺陷。

其中产生量最大的是碳素结构钢，也即优质碳素结构钢，具有较好的力学性能和加工性能。其主要用于各种机械结构件、金属制品及各类工具，建造厂房、桥梁、锅炉、船舶等。常见的碳素结构钢的成分见表 2-23。

表 2-23　优质碳素结构钢的牌号及化学成分（摘自 GB/T 699—1999）　（%）

牌　号	C	Si	Mn	P	S	Cr	Ni
08F	0.05 ~ 0.11	≤0.03	0.25 ~ 0.50	≤0.035	≤0.035	≤0.15	≤0.25
8	0.05 ~ 0.12	0.17 ~ 0.37	0.35 ~ 0.65	≤0.035	≤0.035	≤0.10	≤0.25
10F	0.07 ~ 0.14	≤0.07	0.25 ~ 0.50	≤0.035	≤0.035	≤0.15	≤0.25
10	0.07 ~ 0.14	0.17 ~ 0.37	0.35 ~ 0.65	≤0.035	≤0.035	≤0.15	≤0.25
15F	0.12 ~ 0.19	≤0.07	0.25 ~ 0.50	≤0.035	≤0.035	≤0.25	≤0.25
15	0.12 ~ 0.19	0.17 ~ 0.37	0.35 ~ 0.65	≤0.035	≤0.035	≤0.25	≤0.25
20	0.17 ~ 0.24	0.17 ~ 0.37	0.35 ~ 0.65	≤0.035	≤0.035	≤0.25	≤0.25
25	0.22 ~ 0.30	0.17 ~ 0.37	0.50 ~ 0.80	≤0.035	≤0.035	≤0.25	≤0.25

牌　号	C	Si	Mn	P	S	Cr	Ni
30	0.27 ~ 0.35	0.17 ~ 0.37	0.50 ~ 0.80	≤0.035	≤0.035	≤0.25	≤0.25
35	0.32 ~ 0.40	0.17 ~ 0.37	0.50 ~ 0.80	≤0.035	≤0.035	≤0.25	≤0.25
40	0.37 ~ 0.45	0.17 ~ 0.37	0.50 ~ 0.80	≤0.035	≤0.035	≤0.25	≤0.25
45	0.42 ~ 0.50	0.17 ~ 0.37	0.50 ~ 0.80	≤0.035	≤0.035	≤0.25	≤0.25
50	0.47 ~ 0.55	0.17 ~ 0.37	0.50 ~ 0.80	≤0.035	≤0.035	≤0.25	≤0.25
55	0.52 ~ 0.60	0.17 ~ 0.37	0.50 ~ 0.80	≤0.035	≤0.035	≤0.25	≤0.25
60	0.57 ~ 0.65	0.17 ~ 0.37	0.50 ~ 0.80	≤0.035	≤0.035	≤0.25	≤0.25
65	0.62 ~ 0.70	0.17 ~ 0.37	0.50 ~ 0.80	≤0.035	≤0.035	≤0.25	≤0.25
70	0.67 ~ 0.75	0.17 ~ 0.37	0.50 ~ 0.80	≤0.035	≤0.035	≤0.25	≤0.25
75	0.72 ~ 0.80	0.17 ~ 0.37	0.50 ~ 0.80	≤0.035	≤0.035	≤0.25	≤0.25
80	0.77 ~ 0.85	0.17 ~ 0.37	0.50 ~ 0.80	≤0.035	≤0.035	≤0.25	≤0.25
85	0.82 ~ 0.90	0.17 ~ 0.37	0.50 ~ 0.80	≤0.035	≤0.035	≤0.25	≤0.25

较高含锰量钢的成分见表 2-24。

表 2-24　较高含锰量钢的成分　　　　　　　　　　　　（%）

牌　号	C	Si	Mn	P	S	Cr	Ni
15Mn	0.12 ~ 0.19	0.17 ~ 0.37	0.70 ~ 1.00	≤0.035	≤0.035	≤0.25	≤0.25
20Mn	0.17 ~ 0.24	0.17 ~ 0.37	0.70 ~ 1.00	≤0.035	≤0.035	≤0.25	≤0.25
25Mn	0.22 ~ 0.30	0.17 ~ 0.37	0.70 ~ 1.00	≤0.035	≤0.035	≤0.25	≤0.25
30Mn	0.27 ~ 0.35	0.17 ~ 0.37	0.70 ~ 1.00	≤0.035	≤0.035	≤0.25	≤0.25
35Mn	0.32 ~ 0.40	0.17 ~ 0.37	0.70 ~ 1.00	≤0.035	≤0.035	≤0.25	≤0.25
40Mn	0.37 ~ 0.45	0.17 ~ 0.37	0.70 ~ 1.00	≤0.035	≤0.035	≤0.25	≤0.25
45Mn	0.42 ~ 0.50	0.17 ~ 0.37	0.70 ~ 1.00	≤0.035	≤0.035	≤0.25	≤0.25
50Mn	0.48 ~ 0.56	0.17 ~ 0.37	0.70 ~ 1.00	≤0.035	≤0.035	≤0.25	≤0.25
60Mn	0.57 ~ 0.65	0.17 ~ 0.37	0.70 ~ 1.00	≤0.035	≤0.035	≤0.25	≤0.25
65Mn	0.62 ~ 0.70	0.17 ~ 0.37	0.90 ~ 1.20	≤0.035	≤0.035	≤0.25	≤0.25
70Mn	0.67 ~ 0.75	0.17 ~ 0.37	0.90 ~ 1.20	≤0.035	≤0.035	≤0.25	≤0.25

机械行业常见合金结构钢的主要用途见表 2-25。

表 2-25　机械行业常见合金结构钢的主要用途

牌　号	用　途　举　例
20Mn2	一般用作较小截面的零件，与 20Cr 钢相当，可做渗碳小齿轮、小轴、钢套、活塞销、柴油机套筒、气门顶杆等；也可作调质钢用，如冷镦螺栓或较大截面的调质零件
30Mn2	经调质后用作小截面的紧固件，变速箱齿轮、轴、冷镦螺栓、对心部强度要求较高的渗碳件等
35Mn2	用作连杆、心轴、曲轴、操纵杆、螺钉、冷镦螺栓等，在制造小断面的零件时，可与 40Cr 钢互用
40Mn2	用作重负荷下工作的调质零件，如轴、螺杆、蜗杆、活塞杆、操纵杆、连杆、承载螺栓等。直径40mm 以下的小断面重要零件，可代替 40Cr

牌　号	用　途　举　例
45Mn2	用来制造较高应力与磨损条件下的零件，在用直径 60mm 以下零件时，与 40Cr 钢相当，在汽车、拖拉机和一般机械制造中，用于万向接头轴、车轴、连杆盖、摩擦盘、蜗杆、齿轮、齿轮轴、电车和蒸汽机车车轴、车轴箱、重载荷机械以及冷拉的螺栓螺帽等
50Mn2	用在高应力承受强烈磨损条件下工作的零件，如万向接轴、齿轮、曲轴、连杆、各类小轴等；重型机械的主大型轴、大型齿轮、汽车上传动花键轴及承受大冲击负荷的心轴等；也可用作板簧及平卷簧
20MnV	相当于 20CrNi 钢，可用于制造锅炉、高压容器、管道等
30Mn2MoW	可代替 30CrNi4Mo（法国 30NCD16）及 25CrNiW 钢，制造轴、杆类调质件
27SiMn	用作高韧性和耐磨热冲压零件，拖拉机的履带销，也可作铸件用
35SiMn	用作中等速度、中负荷或高负荷而冲击不大的零件，如传动齿轮、心轴、连杆、蜗杆、车轴、发动机、飞轮、汽轮机的叶轮，400℃ 以下的重要紧固件。这种钢除了要求低温（−20℃ 以下）冲击韧性很高的情况外，可全部代替 40Cr 作调质钢，也可部分代替 40CrNi 钢
42SiMn	可代替 40Cr、40CrNi 钢作轴类零件，也可用来制造截面较大及表面淬火的零件
20SiMn2MoV	可代替 12CrNi4 钢
25SiMn2MoV	可代替 25CrNi4 钢作调质零件
37SiMn2MoV	用于制造连杆、曲轴、电车轴、发动机轴等，也可用于表面淬火的零件
40B	可用作齿轮、转向拉杆、轴、凸轮等；在制造要求不高的零件时，可与 40Cr 钢互代
45B	用作拖拉机曲轴柄，在制造小尺寸而要求不高的零件时，可代替 40Cr 钢
50B	用于制造齿轮、转向轴拉杆、轴、凸轮、轴柄等
40MnB	用作汽车转向臂、转向节、转向轴、半轴、蜗杆、花键轴、刹车调整臂等，也可代替 40Cr 钢制造较大截面的零件
45MnB	可代替 40Cr、45Cr 钢制造较耐磨的中、小截面调质零件，如机床齿轮、钻床主轴、拖拉机拐轴、曲轴齿轮、惰轮、分离叉、花键轴和轴套等
20Mn2B	代替 20Cr 钢制造尺寸较大，形状较简单、受力不复杂的渗碳零件，如轴套、齿轮、汽车汽阀挺杆、楔形销、转向滚轮轴、调整螺栓等；用在小截面时，性能与 20CrMnTi、15CrMnMo、12Cr2Ni4A 等钢相似

常见的合金结构钢的成分见表 2-26 ~ 表 2-29。

表 2-26　常见的合金结构钢的成分（1）　　　　　　　　　　　　（%）

牌　号	C	Si	Mn	Mo	V
20Mn2	0.17 ~ 0.24	0.17 ~ 0.37	1.40 ~ 1.80		
30Mn2	0.27 ~ 0.34	0.17 ~ 0.37	1.40 ~ 1.80		
35Mn2	0.32 ~ 0.39	0.17 ~ 0.37	1.40 ~ 1.80		
40Mn2	0.37 ~ 0.44	0.17 ~ 0.37	1.40 ~ 1.80		
45Mn2	0.42 ~ 0.49	0.17 ~ 0.37	1.40 ~ 1.80		
50Mn2	0.47 ~ 0.55	0.17 ~ 0.37	1.40 ~ 1.80		
20MnV	0.17 ~ 0.24	0.17 ~ 0.37	1.30 ~ 1.60		0.07 ~ 0.12
27SiMn	0.24 ~ 0.32	1.10 ~ 1.40	1.10 ~ 1.40		
35SiMn	0.32 ~ 0.40	1.10 ~ 1.40	1.10 ~ 1.40		
42SiMn	0.39 ~ 0.45	1.10 ~ 1.40	1.10 ~ 1.40		
20Mn2MoV	0.17 ~ 0.23	0.92 ~ 1.20	2.20 ~ 2.60	0.30 ~ 0.40	0.05 ~ 0.12

表 2-27　常见的合金结构钢的成分（2）　　　　　　（%）

牌号	C	Si	Mn	Mo	Cr	V	Ti	B	其他
20MnMo	0.16~0.22	0.17~0.37	0.90~1.20	0.20~0.30			0.40~0.10	0.0005~0.0035	
15MnVB	0.12~0.18	0.17~0.37	1.20~1.60			0.07~0.12	0.40~0.10	0.0005~0.0035	
20MnVB	0.17~0.23	0.17~0.37	1.20~1.40			0.07~0.12		0.0005~0.0035	
40MnVB	0.37~0.44	0.17~0.37	1.10~1.40			0.05~0.10		0.0005~0.0035	
20MnTiBRE	0.17~0.24	0.17~0.34	1.30~1.60					0.0005~0.0035	
25MnTiBRE	0.22~0.28	0.20~0.45	1.30~1.60					0.0005~0.0035	RE：0.05
15Cr	0.12~0.18	0.17~0.37	0.40~0.70		0.70~1.00				
20Cr	0.17~0.24	0.17~0.37	0.50~0.80		0.70~1.00				
30Cr	0.27~0.34	0.17~0.37	0.50~0.80		0.80~1.10				
35Cr	0.32~0.39	0.17~0.37	0.50~0.80		0.80~1.10				
40Cr	0.37~0.44	0.17~0.37	0.50~0.80		0.80~1.10				
45Cr	0.42~0.49	0.17~0.37	0.50~0.80		0.80~1.10				
50Cr	0.47~0.54	0.17~0.37	0.50~0.80		0.80~1.10				
38CrSi	0.35~0.43	1.00~1.30	0.30~0.60		1.30~1.60				
12CrMo	0.08~0.15	0.17~0.37	0.40~0.70	0.40~0.55	0.40~0.70				
15CrMo	0.12~0.18	0.17~0.37	0.40~0.70	0.40~0.55	0.80~1.10				
20CrMo	0.17~0.24	0.17~0.37	0.40~0.70	0.15~0.25	0.80~1.10				

表 2-28　常见的合金结构钢的成分（3）　　　　　　（%）

牌号	C	Si	Mn	Mo	Cr	V	其他
30CrMo	0.26~0.34	0.17~0.37	0.40~0.70	0.15~0.25	0.80~1.10		
35CrMo	0.32~0.40	0.17~0.37	0.40~0.70	0.15~0.25	0.80~0.70		
42CrMo	0.38~0.45	0.17~0.37	0.50~0.80	0.15~0.25	0.90~1.20		
12CrMoV	0.08~0.15	0.17~0.37	0.40~0.70	0.25~0.35	0.30~0.60	0.15~0.30	
35CrMoV	0.30~0.38	0.17~0.37	0.40~0.70	0.20~0.30	1.00~1.30	0.10~0.20	
12CrMoV	0.08~0.15	0.17~0.37	0.40~0.70	0.25~0.35	0.90~1.20	0.15~0.30	
25CrMoVA	0.22~0.29	0.17~0.37	0.40~0.70	0.25~0.35	1.50~1.80	0.15~0.30	
25CrMo1VA	0.22~0.29	0.17~0.37	0.50~0.80	0.90~1.10	2.10~2.50	0.30~0.50	
38CrMoAl	0.35~0.42	0.20~0.45	0.30~0.60	0.15~0.25	1.35~1.65		Al：0.70~1.10
40CrV	0.37~0.44	0.17~0.37	0.50~0.80		0.80~1.10	0.10~0.20	
50CrVA	0.47~0.54	0.17~0.37	0.50~0.80		0.80~1.10	0.10~0.20	
15CrMn	0.12~0.18	0.17~0.37	1.10~1.40		0.40~0.70		

表 2-29　常见的合金结构钢的成分（4）　　　　　　（%）

牌号	C	Si	Mn	Mo	Cr	Ni	V	Ti	其他
20CrMn	0.17~0.23	0.17~0.37	0.90~1.20						
40CrMn	0.37~0.45	0.17~0.37	0.90~1.20		0.90~1.20				
20CrMnSi	0.17~0.23	0.90~1.20	0.80~1.10		0.80~1.10				
25CrMnSi	0.22~0.29	0.90~1.20	0.80~1.10		0.80~1.10				
30CrMnSi	0.27~0.34	0.90~1.20	0.80~1.10						
35CrMnSiA	0.32~0.39	1.10~1.40	0.80~1.10		1.10~1.40				

牌　号	C	Si	Mn	Mo	Cr	Ni	V	Ti	其他
20CrMnMo	0.17~0.23	0.17~0.37	0.90~1.20	0.20~0.30	1.10~1.40				
40CrMnMo	0.37~0.45	0.17~0.37	0.90~1.20	0.20~0.30	0.90~1.20				
20CrMnTi	0.17~0.23	0.17~0.37	0.80~1.10		1.00~1.30			0.40~0.10	
30CrMnTi	0.24~0.32	0.17~0.37	0.80~1.10		1.00~1.30			0.40~0.10	
20CrNi	0.17~0.23	0.17~0.37	0.40~0.70		0.45~0.75	1.00~1.40			
40CrNi	0.37~0.44	0.17~0.37	0.50~0.80		0.45~0.75	1.00~1.40			
45CrNi	0.42~0.49	0.17~0.37	0.50~0.80		0.45~0.75	1.00~1.40			
50CrNi	0.47~0.54	0.17~0.37	0.50~0.80		0.45~0.75	1.00~1.40			
12CrNi2	0.10~0.17	0.17~0.37	0.30~0.60		0.60~0.90	1.50~2.00			
12CrNi3	0.10~0.17	0.17~0.37	0.30~0.60		0.60~0.90	2.75~3.25			
20CrNi3	0.17~0.24	0.17~0.37	0.30~0.60		0.60~0.90	2.75~3.25			
30CrNi3	0.27~0.34	0.17~0.37	0.30~0.60		0.60~0.90	2.75~3.25			
37CrNi3	0.34~0.41	0.17~0.37	0.30~0.60		1.20~1.60	3.00~3.50			
12Cr2Ni4	0.10~0.17	0.17~0.37	0.30~0.60		1.25~1.75	3.25~3.75			
20Cr2Ni4	0.17~0.23	0.17~0.37	0.30~0.60		1.25~1.75	3.25~3.75			
20CrNiMo	0.17~0.23	0.17~0.37	0.60~0.95	0.20~0.30	0.40~0.70	0.35~0.75			
40CrNiMoA	0.37~0.44	0.17~0.37	0.50~0.80	0.15~0.25	0.60~0.90	1.25~1.75			
45CrNiMoVA	0.42~0.49	0.17~0.37	0.50~0.80	0.20~0.30	0.80~1.10	1.30~1.80	0.10~0.20		
18Cr2Ni4WA	0.13~0.19	0.17~0.37	0.30~0.60		1.35~1.65	4.00~4.50			W: 0.80~1.20
25Cr2Ni4WA	0.21~0.28	0.17~0.37	0.30~0.60		1.35~1.65	4.00~4.50			W: 0.80~1.20

常见的轴承钢的成分见表2-30。

表2-30　常见的轴承钢的成分

	牌　号	化学成分/%											
		C	Si	Mn	Cr	Mo (≤)	P (≤)	S (≤)	Ni (≤)	Cu (≤)	Ni+Cu (≤)	O(≤)	
												模铸	连铸
高碳铬轴承钢 GB/T 18254—2002	GCr4	0.95 1.05	0.15 0.3	0.15 0.3	0.35 0.5	0.08	0.025	0.02	0.25	0.2		0.0015	0.0012
	GCr15	0.95 1.05	0.15 0.35	0.25 0.45	0.35 0.5	0.1	0.025	0.025	0.3	0.25	0.5	0.0015	0.0012
	GCr15SiMn	0.95 1.05	0.45 0.75	0.95 1.25	1.4 1.65	0.1	0.025	0.025	0.3	0.25	0.5	0.0015	0.0012
	GCr15SiMo	0.95 1.05	0.45 0.75	0.95 1.25	1.4 1.65	0.1	0.025	0.02	0.3	0.25	0.5	0.0015	0.0012
	GCr18Mo	0.95 1.05	0.45 0.75	0.95 1.25	1.4 1.65	0.1	0.025	0.025	0.3	0.25	0.5	0.0015	0.0012

另：根据需方要求，并在合同中注明，供方应分析 Sn、As、Sb、Pb、Al 等残余元素，具体指标双方协商。轴承管用钢 Cu≤0.20%，盘条用钢 S≤0.020%，钢坯及钢材的化学成分允许偏差 C±0.03、Si±0.02、Mn±0.03、Cr±0.05、P+0.005、S+0.005、Ni±0.03、Cu±0.02。Mo≤0.10% 时，允许偏差为±0.01；Mo>0.10% 时，允许偏差为±0.02。需方可按炉批对钢坯及钢材进行成品分析

	牌　号	化学成分/%											
		C	Si	Mn	Cr	Mo (≤)	P (≤)	S (≤)	Ni (≤)	Cu (≤)	Ni+Cu (≤)	O(≤) 模铸	O(≤) 连铸
渗碳轴承钢 GB/T 3203—1982	G20CrMo	0.17 0.23	0.2 0.35	0.65 0.95	0.35 0.65	0.08 0.15	0.03	0.03		0.25			
	G20CrNiMo	0.17 0.23	0.15 0.4	0.6 0.9	0.35 0.65	0.15 0.3	0.03	0.03	0.4 0.7	0.25			
	G20CrNi2Mo	0.17 0.23	0.15 0.4	0.4 0.7	0.35 0.65	0.2 0.3	0.03	0.03	1.6 2	0.25			
	G20Cr2Ni4	0.17 0.23	0.15 0.4	0.3 0.6	1.25 1.75		0.03	0.03	3.25 3.75	0.25			
	G10CrNi3Mo	0.08 0.13	0.15 0.4	0.4 0.7	1 1.4	0.08 0.15	0.03	0.03	3 3.5	0.25			
	G20Cr2Mn2Mo	0.17 0.23	0.15	1.3 1.6	1.7 2	0.2 0.3	0.03	0.03	≤0.30	0.25			

另：渗碳轴承钢按高级优质钢生产时，其硫、磷含量应≤0.020%，钢材的化学成分允许偏差 C±0.02、Si±0.03、Mn±0.04、Cr±0.05、P+0.005、S+0.005、Ni±0.05、Cu±0.05、Mo±0.02

	牌　号	C	Si	Mn	Cr	Mo	P(≤)	S(≤)	Ni(≤)	Cu(≤)	Ni+Cu(≤)		
不锈轴承钢 GB/T 3806—1982	9Cr18	0.9 1	≤0.80	≤0.80	17 19		0.035	0.03	0.3	0.25	0.5		
	9Cr18Mo	0.95 1.1	≤0.80	≤0.80	16 18	0.4 0.7	0.035	0.03	0.3	0.25	0.5		

另：钢坯及钢材的化学成分允许偏差 Cr±0.15、Mo±0.03

	牌　号	C	Si	Mn	Cr	Mo	P	S	Ni	Cu		V	
中碳轴承钢	37CrA	0.34 0.41	0.17 0.37	0.05 0.80	0.80 1.10								
	65Mn	0.62 0.70	0.17 0.37	0.90 1.00	0.25		0.3	0.25					
	50CrVA	0.47 0.54	0.17 0.37	0.50 0.80	0.80 1.10							0.10~0.20	
	50CrNi	0.47 0.54	0.17 0.37	0.50 0.80	0.45 0.75				1.0 1.4				
	55SiMoVA												
	50CrNiMo												

	牌号	化学成分/%										O(≤)	
		C	Si	Mn	Cr	Mo(≤)	P(≤)	S(≤)	Ni(≤)	Cu(≤)	Ni+Cu(≤)	模铸	连铸
高碳铬轴承钢 YJZ84	GCr6	1.05~1.15	0.15~0.35	0.2~0.4	0.4~0.7	0.1	0.025	0.025	0.3	0.25	0.5		
	GCr9	1~1.1	0.15~0.35	0.25~0.45	0.9~1.2	0.1	0.025	0.025	0.3	0.25	0.5		
	GCr9SiMn	1~1.1	0.45~0.75	0.95~1.25	0.9~1.2	0.1	0.025	0.025	0.3	0.25	0.5		
	GCr15	0.95~1.05	0.15~0.35	0.25~0.45	0.35~0.5	0.1	0.025	0.025	0.3	0.25	0.5		
	GCr15SiMn	0.95~1.05	0.45~0.75	0.95~1.25	1.4~1.65	0.1	0.025	0.025	0.3	0.25	0.5		
	另：钢坯及钢材的化学成分允许偏差 C±0.03、Si±0.02、Mn±0.03、Cr±0.05、P+0.005、S+0.005、Ni±0.03、Cu±0.02。Mo≤0.10% 时，允许偏差为 ±0.01；Mo>0.10% 时，允许偏差为 ±0.02。需方可按炉批对钢坯及钢材进行成品分析												
高温轴承钢	8Cr4Mo4V	0.75~0.85	≤0.35	≤0.35	3.75~4.25	4.0~4.5	0.015	0.008	0.2	0.2	V 0.90~1.10		
	G13CrMo4-NiV	0.11~0.15	0.10~0.25	0.15~0.35	4.00~4.25	4.0~4.5	0.015	0.01			V 1.13~1.33		

2.4.8.3　汽车拆解行业产生的废钢

A　典型的废旧汽车拆解业务流程图

典型的废旧汽车拆解业务流程图如图 2-30 所示。

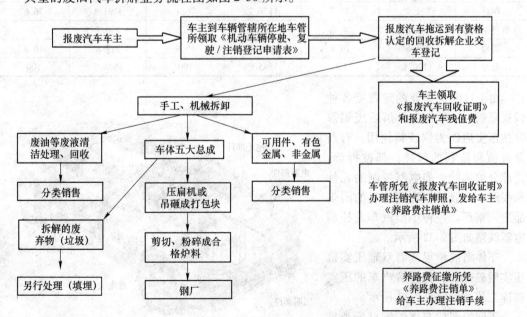

图 2-30　典型的废旧汽车拆解业务流程图

废旧汽车拆解主要工艺流程如图 2-31 所示。

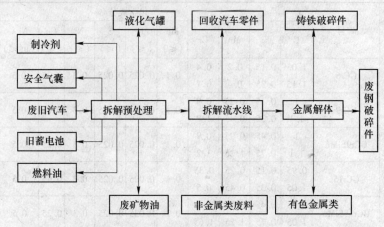

图 2-31　废旧汽车的拆解工艺流程

B　报废汽车金属材料构成

一辆报废汽车中，金属材料占 80% 左右，其中有色金属占 3%~4.7%。汽车上使用的金属材料主要可分为黑色金属和有色金属。黑色金属有灰铸铁、球墨铸铁、可锻铸铁，碳素钢（普通碳素钢、优质碳素钢）、合金钢；有色金属有铝、镁、铜合金、少量的锌、铅及轴承合金。铝的含量最多，主要以铝合金的形式应用。一部车各种材料的组成见表 2-31。

表 2-31　一部车各种材料的组成

项目	轿　车		卡　车		公 共 汽 车	
	kg/台	百分比/%	kg/台	百分比/%	kg/台	百分比/%
生铁	35.7	3.2	50.8	3.3	191.1	3.9
钢材	871.2	77.7	1176.7	76.1	3791.1	76.6
有色金属	52.4	4.7	72.3	4.7	146.7	3
其他	161.8	14.4	246.1	15.9	817.8	16.3
合计	1120.1	100	1545.9	100	4946.7	100

由于目前拆解业的运营受各种因素限制，一般汽车拆解后废钢部分被压实后作为钢铁料使用，有商业价值和盈利的部件，都被拆解，而部分的鸡肋，如电器控制的元件和线路，一般被作为钢铁料的附带品进入钢厂。一种小型汽车的控制电器线路如图 2-32 所示。

车体则被单辊或者双辊压实机压实后破碎，一种拆解汽车的压实破碎工艺过程如图 2-33 所示。

不同的部位车体的钢材分类情况如图 2-34 所示。

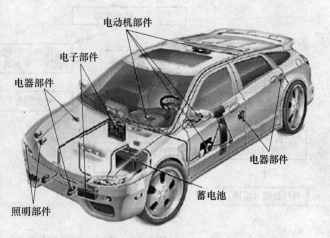

图 2-32　某款汽车的电器电子件位置

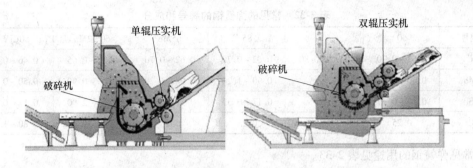

车体压实

图 2-33 一种拆解汽车的压实破碎工艺过程

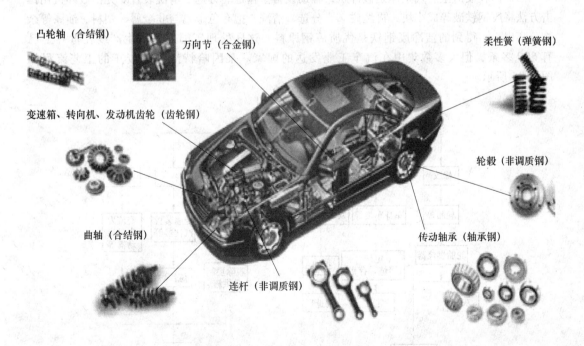

图 2-34 不同的部位车体的钢材分类情况

其中常见的弹簧钢的牌号和成分见表 2-32。

表 2-32　常见的弹簧钢的牌号和成分　　　　　　　　　（%）

钢号	60	75	85	65Mn	60Si2Mn	50CrVA
C	0.62 ~ 0.70	0.72 ~ 0.80	0.62 ~ 0.70	0.62 ~ 0.70	0.57 ~ 0.65	0.46 ~ 0.54
Mn	0.50 ~ 0.80	—	0.90 ~ 1.20	0.90 ~ 1.20	0.60 ~ 0.90	0.50 ~ 0.80
Si	0.17 ~ 0.37	—	0.17 ~ 0.37	0.17 ~ 0.37	1.50 ~ 2.00	0.17 ~ 0.80
Cr	0.25	—	0.25	0.25	0.30	0.80 ~ 1.10

常见弹簧钢的用途见表 2-33。

表 2-33　常见弹簧钢的用途

牌　号	用　途　举　例
60、70 号	火车车厢的螺旋弹簧，一般机器上的圆、方螺旋弹簧，小型机械的弹簧
85	铁路车辆、汽车、拖拉机上承受震动的圆螺旋弹簧，板簧
65Mn	用于较大尺寸的各种扁、圆弹簧，如座垫板簧、弹簧发条、弹簧环、气门弹簧及轻载荷汽车和小汽车的离合器弹簧与制动弹簧等
55Si2M	汽车、拖拉机、铁道车辆的板簧，螺旋弹簧，车辆止回阀簧及其他高应力下工作的重要弹簧
55Si2MnB	汽车前后簧、副簧
60Si2Mn 和 60Si2MnA	汽车、拖拉机、铁道车辆上的板簧，螺旋弹簧，安全阀止回阀簧，制造承受交变负荷及在高应力下工作的大型重要卷制弹簧和受剧烈磨损的零件

国外回收废旧生产线主体是破碎机，辅助设备室输送、分选、清洗装置。先由破碎机用锤击方法将废钢铁破碎成小块，再经磁选、分选、清洗，把有色金属与非金属、塑料、油漆等杂物分离出去，得到的洁净废钢铁是优质炼钢原料。这样处理废旧汽车的生产线在世界上已有 600 多条，但大多数集中在汽车工业发达的国家。莱因哈特法处理废车的工艺流程如图 2-35 所示。

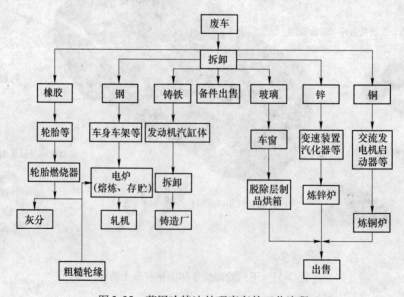

图 2-35　莱因哈特法处理废车的工艺流程

汽车拆解业产生的废钢特点如下:

(1) 多种成分的废钢掺杂其中,汽车拆解下来的有 IF 钢,轴承钢、齿轮钢、非调质钢、弹簧钢、易切削钢等诸多钢种,不适合用于冶炼对重金属元素有限制的优钢使用。

(2) 废钢中间掺杂的镀层、涂层、橡胶、海绵等化纤物质、化学物质较多,转炉使用,需要减量化使用,防止加废钢兑加铁水过程中的冒烟和喷火事故。电炉使用,是一种相对优化的工艺。

(3) 拆解汽车的废钢,尤其是含油较多的废钢,对于转炉的冶炼负面影响较多,电炉使用,能够转化不利的因素。

2.4.8.4 军工废钢

军工废钢产生的量较少,军工用钢的特点如下:

(1) 厚壁大口径火炮身管用钢。火炮身管承受着很复杂的应力。由于要经受射击参量(如炮弹初速度可达 $500 \sim 3000 \mathrm{m/s}$),高温、高压、高速火药气体对管壁的作用和冲击,炮弹对管壁的挤压,形成了很高的切向应力;而且身管表面经受着交替地快速加热(以 $10℃/s$ 的加热速率使温度升高到 $710℃$ 以上)和快速冷却($10℃/s$),使钢的组织产生了奥氏体和马氏体的反复相变,形成了很大的组织应力和热梯度。苛刻的服役条件对火炮身管用钢提出了很高的要求,所以炮钢应具有如下性能:高横向比例极限或高屈服强度,在射击时不产生永久变形;高横向室温和 $-40℃$ 的低温韧性,在射击时不发生脆性断裂;低裂纹扩展速率,高的周期疲劳次数,从而具有很长的使用寿命。为使身管用钢在射击条件下不软化胀膛,还应具有高的高温强度。为保证大口径火炮身管用钢良好的综合性能,在合金设计上,世界各国普遍都采用镍铬钼钒系列。为保证钢的淬透性和改善钢的低温韧性,都添加较高的镍,通常为 $3.0\% \sim 3.5\%$。但可看出,美国的 155mm 身管用钢与 175mm 身管用钢相比,在合金设计上是有差异的。155mm 身管用钢的碳含量约降低了 0.05%,这有利于韧性的提高;铬含量约降低了 0.6%,有利于细化晶粒提高韧性;钒含量约增加 0.10%,对韧性是不利的。各国大口径火炮身管用钢的化学成分见表 2-34。

表 2-34 大口径火炮身管用钢的化学成分 (%)

国别	火炮名称	标准	C	Mn	Si	P	S	Ni	Mo	Cr	V	Cu
美国	155mm 加农炮	MIL-S-46 119B S. R. C. -155-76	0.3 ~ 0.35	0.6 ~ 0.8	≤ 0.35	≤ 0.015	≤ 0.015	3.0 ~ 3.5	0.50 ~ 0.75	0.40 ~ 0.80	0.15 ~ 0.25	≤ 0.25
美国	175mm 加农炮	4330	0.37	0.48	0.12	0.009	0.006	3.12	0.53	1.19	0.12	
英国	120mm 线膛炮		0.36	0.46	0.23	0.013	0.010	2.96	0.53	0.89		
中国	加农炮	PCrNi3MoV	0.32 ~ 0.42	0.25 ~ 0.50	0.17 ~ 0.37	≤ 0.025	≤ 0.025	3.0 ~ 3.5	0.35 ~ 0.45	1.20 ~ 1.50	0.15 ~ 0.25	
中国	加农炮	按美国标准	0.30	0.69	0.30	0.007	0.004	3.23	0.59	0.47	0.22	0.05

(2) 炮弹弹体用钢。炮弹种类很多,主要用于杀伤敌人的有生力量,破坏作战坦克等。为保证炮弹具有很大的杀伤威力,因此炮弹弹体用钢,通常都采用高强度、低韧性的钢。在合金设计中,通常都采用高碳、高锰、高硅和其他脆性元素,使钢中碳化物数量增加、回火脆性倾向增大、奥氏体晶粒粗大化,以保证弹体钢具有很高的破片率,从而增大杀伤威力。

由于炮弹是消耗品，用量大，成本要低。一般使用中碳钢或中碳合金结构钢，如 50Mn、58SiMn 和 60MnMo 钢等。中国的军工废钢通常是报废的枪支和废弃的炸弹壳体，成分简单，主要成分与 20MnSi 的成分接近，磷硫含量正常。

（3）均质装甲钢。在战争中装甲钢将受到不同距离、口径、速度的各种弹丸的冲击与爆炸物的轰击，瞬间承受巨大的动能、破片、冲击波和聚能效应，使装甲钢在高温、高压和高速作用下发生塑性变形、破裂、甚至部分熔化或气化。因此，要求装甲钢具有良好的抗弹性能。装甲钢的抗弹性能主要是指其抗弹丸的侵彻能力、抗冲击能力和抗崩落能力。抗侵彻能力是指在一定装甲厚度和弹丸着角的条件下，装甲钢不被击穿的最大动能弹着速或能抵御某种标准破甲弹的能力。一般认为它随着装甲材料的硬度和弹性模量的提高而提高。抗冲击能力是指在弹丸的高速冲击下，装甲不发生开裂和崩落等损伤的能力。它与材料的韧性和强度有关。所以要求装甲钢具有良好的抗侵彻、抗冲击和抗崩落等能力，即要求装甲钢应具有高强度和良好的韧性，以提高钢的抗弹性能。在制造装甲车辆的过程中，还要求装甲钢具有良好的冷热加工性能和焊接性能。典型的均质装甲钢的化学成分见表 2-35。

表 2-35　均质装甲钢的化学成分　　　　　　　　　　　　　　　　　　（%）

国别	钢号	C	Mn	Si	P	S	Ni	Cr	Mo	RE
法国	Mars 190	0.25 ~ 0.30	0.5 ~ 1.0		≤0.015	≤0.008	1.2 ~ 2.3	1.2 ~ 2.3	1.7 ~ 1.8	
中国	603	0.26 ~ 0.32	1.05 ~ 1.55	0.3 ~ 0.6	≤0.025	≤0.02		0.8 ~ 1.3	0.6 ~ 0.8	添加适量
中国	617	0.26 ~ 0.32	0.8 ~ 1.3	0.2 ~ 0.5	≤0.025	≤0.02	1.4 ~ 1.7	0.8 ~ 1.3	0.3 ~ 0.5	

（4）枪管用钢。枪管在任何火器中都是密闭后部、承受压力的容器。管口喷出的和管内流动的气体都是非常暴烈的，承压在 345MPa 或以上，所以要求枪管必须能够承受这种压力。目前用于枪管制做材料的钢有两个等级。绝大多数猎枪和军用枪的枪管钢都属于铬钼高合金钢。

（5）刀具用钢。制造刀具的有碳钢、高速钢和不锈钢等，含碳在 0.8% ~ 1.2%，含铬在10% 左右。部分的优质刀具钢还含有 Mo、V 等，中国回收的管制刀具等，常见的有普通的轴承钢和弹簧钢，以及普通的碳钢等。美国的 154CM 刀具钢，铬含量达 15%，钼含量达 15%，钼含量达 4%，故定名为 154CM。

综上所述，军工行业产生的废钢，如装甲车、坦克，火炮等废钢，多含 Cr、Mo、V 等，理论上将这类废钢用于冶炼相应贵重合金元素的钢种比较合适，但是销毁军工废钢的重点是不要被不良之徒盗窃，显得更加重要。

2.4.8.5　铁路废钢

铁路废钢是指报废客货车辆产生的废钢，因其有中、重型料多，材质明确等优点，颇受冶炼行业的青睐。但现在的铁路废钢与以往有所不同，主要是为了延长车辆使用寿命，提高强度及运力，我国 80 年代初，客货车开始陆续采用耐大气腐蚀钢种，简称耐候钢。应用于铁路车体的型钢、板材等主要部件的均是耐候钢，占货车消耗钢材总量的 40%，客车消耗钢材总量的 30%，而且从 1988 年以后耐候钢车种约占全年新车辆的 60%，进入 90 年代中期已近 80%。随着中国加入 WTO，中国经济必然要按照国际经济规则去运作，今后的铁路车辆也将同汽车行业一样，采用有限寿命管理。近几年铁路新造货车平均年产量约 2 万多辆，新造客车平均年产量约 3000 多辆，年需耐候钢约 15 万吨，未来将全部变成废钢。现铁路每年报废车辆约 1 万辆，产生废钢约 20 万吨，销售给国内、外各类用料企业。按车辆报废期推算，现在及今后的报废车辆将主要是耐候钢车种。

现有的国产耐候钢的类型是 Cu-P 系列，常见的耐候钢为 09CuPTiRe、08CuPVXt、05CuPCrNi，化学成分见表 2-36。

表 2-36 常见的耐候钢的化学成分 （％）

成　分	09CuPTiRE	08CuPVXt	05CuPCrNi
C	≤0.12～0.50	≤0.12	≤0.09
Si	0.25～0.50	0.25～0.40	0.25～0.50
Mn	0.20～0.50	0.20～0.50	0.20～0.50
P	0.06～0.12	0.07～0.12	0.07～0.12
S	≤0.040	≤0.040	≤0.040
Cu	0.25～0.40	0.25～0.50	0.25～0.50
Ti	≤0.03	—	—
RE	≥300kg/t	—	—
V	—	≤0.02～0.08	—
Xt	—	≥300kg/t	—
Cr	—	—	≤0.03～1.15
Ni	—	—	0.12～0.65

从化学成分看出，Cu、P 元素含量超过 0.06％，一般钢材含量不超过 0.04％ 和 0.05％，Cu、P 含量超标，元素不可避免地会带来副作用。一般情况下 P 能引起冷脆性，影响钢的冷加工性能和焊接性能，并显著降低钢的塑性韧性，而 Cu 元素能引起的热脆，也是典型的钢材缺陷，因此在一般炼钢情况下 Cu、P 元素是应控制含量的有害元素。炼钢如果所用的废钢是以耐候钢为主，必须做好加入量的控制，将其使用于耐候钢生产或者含铜钢的生产，经济意义和社会意义显著。目前，国内生产耐候钢的企业有武钢、宝钢、鞍钢、太钢、攀钢等。

2.4.8.6　高锰钢废钢

高锰钢是一个特殊的钢铁家族。标准的高锰钢（Mn13）又叫哈德菲尔德钢，是英国人 Hadfield 于 1882 年发明的。他取得了高锰钢专利。高锰钢依其用途的不同可分为两大类。

（1）耐磨钢。这类钢含锰 10％～15％，碳含量较高，一般为 0.90％～1.50％，大部分在 1.0％ 以上。其化学成分为（％）：C 0.90～1.5、Mn 10.0～15.0、Si 0.3～1.0、S≤0.05、P≤0.10。这类高锰钢的用量最多，常用来制作挖掘机的铲齿、圆锥式破碎机的轧面壁和破碎壁、颚式破碎机岔板、球磨机衬板、铁路辙岔、板锤、锤头等。

（2）无磁钢。这类钢含锰大于 17％，碳含量一般均在 1.0％ 以下，常在电机工业中用于制作护环等。这类钢的密度为 7.87～7.98g/cm³。由于碳、锰含量均高，钢的导热能力差。导热系数为 12.979W/(m·℃)，约为碳素钢的 1/3。由于钢是奥氏体组织，无磁性，其磁导率 μ 为 1.003～1.03H/m。

A　高锰钢废钢的化学成分

高锰钢按照国家标准分为 5 个牌号，主要区别是碳的含量，其范围是 0.75％～1.45％，锰含量在 11.0％～14.0％ 之间，一般不应低于 13％。超高锰钢尚无国标，但锰含量应大于 18％。硅含量的高低对冲击韧度影响较大，故在下限左右，以不大于 0.5％ 为宜。低磷低硫是最基本的要求，由于高的锰含量自然起到脱硫作用，故高锰钢的硫含量一般不会太高，但是磷含量有波动，尤其是磷能够改善铸件的流动性，所以铸造高锰钢的磷含量需要关注。此外，铬是提高抗磨性的，一般在 2.0％ 左右。高锰铸钢的力学性能与用途见表 2-37。这类高锰钢的化学成分见表 2-38。一些大型铸件的耐磨钢的化学成分见表 2-39。

表 2-37　高锰铸钢的力学性能与用途

钢　号	力学性能（不小于）			硬度	用 途 范 围
	σ_b/MPa	σ_5/MPa	A_{KU}/J	HBS	
ZGMn13-1	635	20	—	≤230	用于低冲击铸钢件
ZGMn13-2	635	20	120	≤230	用于普通铸钢件
ZGMn13-3	685	25	120	≤230	用于复杂铸钢件
ZGMn13-4	735	35	120	≤230	用于高冲击铸钢件
ZGMn13-5	735	15	—	—	用于特殊耐磨铸钢件

表 2-38　高锰铸钢的化学成分　　　　　　　　　　　　（%）

钢　号	C	Si	Mn	P(≤)	S(≤)	Cr
ZGMn13-1	1.10~1.50	0.30~0.80	11.0~14.0	0.09	0.04	—
ZGMn13-2	1.10~1.40	0.30~0.80	11.0~14.0	0.09	0.04	—
ZGMn13-3	0.90~1.30	0.30~0.80	11.0~14.0	0.08	0.04	—
ZGMn13-4	0.90~1.20	0.30~0.80	11.0~14.0	0.07	0.04	—
ZGMn13-5	0.90~1.30	0.30~0.60	11.0~14.0	0.07	0.04	1.50~2.50

表 2-39　一些大型铸件的耐磨钢的化学成分　　　　　　　　　（%）

钢　号	C	Si	Mn	P(≤)	S(≤)	Cr	Ni/Mo
ZGMn13-1	1.10~15.0	0.30~1.00	11.0~14.0	0.09	0.05	—	—
ZGMn13-2	1.00~1.40	0.30~1.00	11.0~14.0	0.09	0.05	—	—
ZGMn13-3	0.90~1.30	0.30~0.80	11.0~14.0	0.08	0.05	—	—
ZGMn13-4	0.90~1.20	0.30~0.80	11.0~14.0	0.07	0.05	—	—
ZGMn13Cr	1.05~1.35	0.30~1.00	11.0~14.0	0.07	0.05	0.30~0.75	—
ZGMn13Cr2	1.05~1.35	0.30~1.00	11.0~14.0	0.07	0.05	1.50~2.50	—
ZGMn13Ni4	0.70~1.30	≤1.00	11.5~14.0	0.07	0.05	—	Ni3.00~4.00
ZGMn13Mo	0.70~1.30	≤1.00	11.5~14.0	0.07	0.05	—	Mo0.90~1.20
ZGMn13Mo2	1.05~1.45	≤1.00	11.5~14.0	0.07	0.05	—	Mo1.80~2.10

B　高锰钢的利用特点

高锰钢多数磁性较弱，也就是说常温下的电磁盘无法像正常吸废钢一样，采用磁盘吸高锰废钢进行配料、加工等作业，与奥氏体不锈钢的废钢一样，所以在装卸、配料过程中使用吊装或者挖掘机作业。由于高锰钢中的锰和铬、钼等元素，属于有价值的合金化元素，加上在转炉的吹炼条件下，锰和铬极易氧化，所以高锰废钢在铸造行业生产耐磨钢和耐热钢等使用，有利于社会的循环经济发展。

2.4.8.7　耐候废钢

耐候钢，即耐大气腐蚀钢，是介于普通钢和不锈钢之间的低合金钢系列，耐候钢由普碳钢添加少量铜、镍等耐腐蚀元素而成，具有优质钢的强韧、塑延、成型、焊割、磨蚀、高温、抗疲劳等特性；耐候性为普碳钢的 2～8 倍，涂装性为普碳钢的 1.5～10 倍。同时，它具有耐锈，使构件抗腐蚀延寿、减薄降耗，省工节能等特点。耐候钢主要用于铁道、车辆、桥梁、塔架等长期暴露在大气中使用的钢结构，用于制造集装箱、铁道车辆、石油井架、海港建筑、采油平台及化工石油设备中含硫化氢腐蚀介质的容器等结构件。

耐候钢的合金成分及重量百分比含量为（%）：C0.12～0.21、Si0.2～2.0、Mn0.7～2.0、S≤0.036、P≤0.034、Cu0.10～0.40、Al<0.2，其余为 Fe 和微量杂质。通过 Cu、Mn、Si、Al 等合金化，并简单调整普通低碳钢（Q235）的部分元素含量，在不需改变 Q235 钢生产工艺条件下，就能生产出具有良好的耐大气腐蚀性能、综合力学性能的经济耐候钢。常规耐候钢的成分特点如下：

（1）C 是强化钢的有效元素，随着 C 含量的增加，钢的强度、硬度提高，但钢的塑性、韧性、耐候性随之降低，所以限定 C 含量为 0.08%～0.11%。

（2）Cu 是耐候钢中对提高耐大气腐蚀性能最主要的、最普遍使用的合金元素，Cu 与其他元素（如 P、Cr）复合使用时耐大气腐蚀性能更好。Cu 含量为 0.25% 时，已能使钢具有良好的耐候性能，含量超过 0.30% 时，耐蚀性能提高得缓慢，继续增加 Cu 效果不大。同时，含 Cu 钢有热加工敏感性问题，易产生网状裂纹，因此为提高耐大气腐蚀性能，同时又防止钢材产生裂纹，Cu 含量设计为 0.25%～0.35%。

（3）P 是合金元素中提高耐大气腐蚀性能最有效的元素，一般不单独使用，和 Cu、Cr 等复合使用效果会更好。当 P 含量由 0.01% 提高到 0.08% 时，钢板耐大气腐蚀性能大大提高，而 P 含量超过 0.08% 后，耐大气腐蚀性能提高不明显。同时过量加入会降低钢的韧塑性。因此，P 的含量设计为 0.07%～0.09%。

（4）Ni 是比较稳定的元素，钢中 Ni 含量越高，耐大气腐蚀性能越强。同时，Ni 和铜在钢中能形成一种熔点较高的铜合金，降低了含铜钢的裂纹敏感性，其含量一般大于铜含量的一半，因此设计 Ni 含量为 0.15%～0.25%。

（5）Cr 和 Cu 复合使用时能提高钢的耐候性，为降低成本，Cr 含量设定为 0.40%～0.50%。S 对钢的耐大气腐蚀性有极大的危害，因此要求钢中 S 越低越好。

所以耐候钢废钢的特点就是钢中的磷含量偏高，并且含有 Cu，这是普通钢种生产所不希望有的元素，所以耐候钢废钢宜分类，应用于同类钢生产，或者提供给不锈钢生产使用。常规使用需要限制使用量，防止有害元素超标。

2.4.8.8　不锈钢废钢

不锈钢就是不容易生锈的钢，实际上一部分不锈钢，既有不锈性，又有耐酸性（耐蚀性）。不锈钢的不锈性和耐蚀性是由于其表面上富铬氧化膜（钝化膜）的形成。这种不锈性和耐蚀性是相对的。试验表明，钢在大气、水等弱介质中和硝酸等氧化性介质中，其耐蚀性随钢中铬含量的增加而提高，当铬含量达到一定的百分比时，钢的耐蚀性发生突变，即从易生锈到不易生锈，从不耐蚀到耐腐蚀。不锈钢的分类方法很多，按室温下的组织结构分类，有马氏体型、奥氏体型、铁素体和双相不锈钢；按主要化学成分分类，基本上可分为铬不锈钢和铬镍不锈钢两大系统；按用途分则有耐硝酸不锈钢、耐硫酸不锈钢、耐海水不锈钢等，按耐蚀类型分可分为耐点蚀不锈钢、耐应力腐蚀不锈钢、耐晶间腐蚀不锈钢；按功能特点分类又可分为无磁不锈钢、易切削不锈钢、低温不锈钢、高强度不锈钢等。由于不锈钢材具有优异的耐蚀性、成型性、相容性以及在很宽温度范围内的强韧性等系列特点，所以在重工业、轻工业、生活用品行业以及建筑装饰等行业中获得广泛的应用。不同种类不锈钢的成分范围见表 2-40。

表 2-40　不同种类不锈钢的成分范围

类型	钢号	牌号	化学成分/%										
			C	Cr	Ni	Mn	P	S	Mo	Si	Cu	N	其他
奥氏体型	201	1Cr17Mn6Ni5N	≤0.15	16.00~18.00	3.50~5.50	5.50~7.50	≤0.060	≤0.030	—	≤1.00	—	≤0.25	—
	201L	03Cr17Mn6Ni5N	≤0.030	16.00~18.00	3.50~5.50	5.50~7.50	≤0.060	≤0.030	—	≤1.00	—	≤0.25	—
	202	1Cr18Mn8Ni5N	≤0.15	17.00~19.00	4.00~6.00	7.50~10.00	≤0.060	≤0.030	—	≤1.00	—	≤0.25	—
	204	03Cr16Mn8Ni2N	≤0.030	15.00~17.00	1.50~3.50	7.00~9.00						0.15~0.30	
	国内研制	1Cr18Mn10Ni5Mo3N	≤0.10	17.00~19.00	4.00~6.00	8.50~12.00			2.80~3.50			0.20~0.30	
	前苏联	2Cr13Mn9Ni4	0.15~0.25	12.00~14.00	3.70~5.00	8.00~10.00							
	国内研制	2Cr15Mn15Ni2N	0.15~0.25	14.00~16.00	1.50~3.00	14.00~16.00						0.15~0.30	
		1Cr18Mn10Ni5Mo3N	≤0.15	17.00~19.00	4.00~6.00	8.50~12.00	≤0.060	≤0.030	2.8~3.5	≤1.00		0.20~0.30	
	301	1Cr17Ni7	≤0.15	16.00~18.00	6.00~8.00	≤2.00	≤0.065	≤0.030	—	≤1.00			—
	302	1Cr18Ni9	≤0.15	17.00~19.00	8.00~10.00	≤2.00	≤0.035	≤0.030	—	≤1.00			—
	303	Y1Cr18Ni9	≤0.15	17.00~19.00	8.00~10.00	≤2.00	≤0.20	≤0.030	—	≤1.00			—
	303Se	Y1Cr18Ni9Se	≤0.15	17.00~19.00	8.00~10.00	≤2.00	≤0.20	≤0.030	—	≤1.00			Se≥0.15
	304	0Cr18Ni9	≤0.07	17.00~19.00	8.00~10.00	≤2.00	≤0.035	≤0.030	—	≤1.00			—
	304L	00Cr19Ni10	≤0.030	18.00~20.00	8.00~10.00	≤2.00	≤0.035	≤0.030	—	≤1.00			—
	304N1	0Cr19Ni9N	≤0.08	18.00~20.00	7.00~10.50	≤2.00	≤0.035	≤0.030	—	≤1.00		0.10~0.25	—
	304N2	0Cr18Ni10NbN	≤0.08	18.00~20.00	7.50~10.50	≤2.00	≤0.035	≤0.030	—	≤1.00		0.15~0.30	Nb≤0.15
	304LN	00Cr18Ni10N	≤0.030	17.00~19.00	8.50~11.50	≤2.00	≤0.035	≤0.030	—	≤1.00		0.12~0.22	—
	305	1Cr18Ni12	≤0.12	17.00~19.00	10.50~13.00	≤2.00	≤0.035	≤0.030	—	≤1.00			—
	309S	0Cr23Ni13	≤0.08	22.00~24.00	12.00~15.00	≤2.00	≤0.035	≤0.030	—	≤1.00			—
	310S	0Cr25Ni20	≤0.08	24.00~26.00	19.00~22.00	≤2.00	≤0.035	≤0.030	—	≤1.00			—
	316	0Cr17Ni12Mo2	≤0.08	16.00~18.50	10.00~14.00	≤2.00	≤0.035	≤0.030	2.00~3.00	≤1.00			—
		1Cr18Ni12Mo2Ti	≤0.12	16.00~19.00	11.00~14.00	≤2.00	≤0.035	≤0.030	1.80~2.50	≤1.00			Ti=5×(C%-0.02)~0.08
		0Cr18Ni12Mo2Ti	≤0.08	16.00~19.00	11.00~14.00	≤2.00	≤0.035	≤0.030	1.80~2.50	≤1.00			Ti=5×C%~0.70
	316L	00Cr17Ni14Mo2	≤0.030	16.00~18.00	12.00~15.00	≤2.00	≤0.035	≤0.030	2.00~3.00	≤1.00			—
	316N	0Cr17Ni12Mo2N	≤0.08	16.00~18.00	10.00~14.00	≤2.00	≤0.035	≤0.030	2.00~3.00	≤1.00		0.10~0.22	—

续表 2-40

类型	钢号	牌号	化学成分/%										
			C	Cr	Ni	Mn	P	S	Mo	Si	Cu	N	其他
奥氏体型	316N	00Cr17Ni13Mo2N	≤0.030	16.00~18.50	10.50~14.50	≤2.00	≤0.035	≤0.030	2.00~3.00	≤1.00	—	0.12~0.22	—
	316J1	0Cr18Ni12Mo2Cu2	≤0.08	17.00~19.00	10.00~14.50	≤2.00	≤0.035	≤0.030	1.20~2.75	≤1.00	1.00~2.50	—	—
	316J1L	00Cr18Ni14Mo2Cu2	≤0.030	17.00~19.00	12.00~16.00	≤2.00	≤0.035	≤0.030	1.20~2.75	≤1.00	1.00~2.50	—	—
	317	0Cr19Ni13Mo3	≤0.12	18.00~20.00	11.00~15.00	≤2.00	≤0.035	≤0.030	3.00~4.00	≤1.00	—	—	—
	317L	00Cr19Ni13Mo3	≤0.08	18.00~20.00	11.00~15.00	≤2.00	≤0.035	≤0.030	3.00~4.00	≤1.00	—	—	—
		1Cr18Ni12Mo3Ti	≤0.12	16.00~19.00	11.00~14.00	≤2.00	≤0.035	≤0.030	2.50~3.50	≤1.00	—	—	Ti=5×(C%-0.02)~0.08
		0Cr18Ni12Mo3Ti	≤0.08	16.00~19.00	11.00~14.00	≤2.00	≤0.035	≤0.030	2.50~3.50	≤1.00	—	—	Ti=5×C%~0.70
	317J1	0Cr18Ni16Mo5	≤0.040	16.00~19.00	15.00~17.00	≤2.00	≤0.035	≤0.030	4.00~6.00	≤1.00	—	—	—
	321	1Cr18Ni9Ti	≤0.12	17.00~19.00	8.00~11.00	≤2.00	≤0.035	≤0.030	—	≤1.00	—	—	Ti=5×(C%-0.02)~0.08
		0Cr18Ni10Ti	≤0.08	17.00~19.00	9.00~12.00	≤2.00	≤0.035	≤0.030	—	≤1.00	—	—	Ti≥5×C%
	347	0Cr18Ni11Nb	≤0.08	17.00~19.00	9.00~13.00	≤2.00	≤0.035	≤0.030	—	≤1.00	—	—	Nb≥10×C%
	XM7	0Cr18Ni9Cu3	≤0.08	17.00~19.00	8.50~10.50	≤2.00	≤0.035	≤0.030	—	≤1.00	3.00~4.00	—	—
	XM15J1	0Cr18Ni13Si4	≤0.08	15.00~20.00	11.50~15.00	≤2.00	≤0.035	≤0.030	—	3.00~5.00	—	—	—
奥氏体-铁素体型	329J1	0Cr26Ni5Mo2	≤0.08	23.00~28.00	3.00~6.00	≤1.50	≤0.035	≤0.030	1.00~3.00	≤1.00	—	—	—
		1Cr18Ni11Si4AlTi	0.10~0.18	17.50~19.50	10.0~12.0	≤0.80	≤0.035	≤0.030	—	3.40~4.00	—	—	Al 0.10~0.30；Ti 0.40~0.70
铁素体型		00Cr18Ni5MoSi2	≤0.030	18.00~19.50	4.50~5.50	1.00~2.00	≤0.035	≤0.030	2.50~3.00	1.30~2.00	—	—	—
	405	0Cr13Al	≤0.08	11.50~14.50		≤1.00	≤0.035	≤0.030	—	≤1.00	—	—	Al 0.10~0.30
	410L	00Cr12	≤0.030	11.00~13.00		≤1.00	≤0.035	≤0.030	—	≤1.00	—	—	—
	430	1Cr17	≤0.12	16.00~18.00		≤1.25	≤0.035	≤0.030	—	≤0.75	—	—	—

续表 2-40

类型	钢号	牌号	化学成分/%										
			C	Cr	Ni	Mn	P	S	Mo	Si	Cu	N	其他
铁素体型	430F	Y1Cr17	≤0.12	16.00~18.00	—	≤1.00	≤0.035	≥0.15	—	≤1.00	—	—	—
	434	1Cr17Mo	≤0.12	16.00~18.00	—	≤1.00	≤0.035	≤0.030	0.75~1.25	≤1.00	—	—	—
	447J1	00Cr30Mo2	≤0.010	28.50~32.00	—	≤0.40	≤0.035	≤0.030	1.50~2.50	≤0.40	—	≤0.015	—
	XM27	00Cr27Mo	≤0.010	25.00~27.50	—	≤0.40	≤0.035	≤0.030	0.75~1.50	≤0.40	—	≤0.015	—
马氏体型	403	1Cr12	≤0.15	11.50~13.00		≤1.00	≤0.035	≤0.030		≤0.50	—		
	410	1Cr13	≤0.15	11.50~13.50		≤1.00	≤0.035	≤0.030		≤1.00			
	405	0Cr13	≤0.08	11.50~13.50		≤1.00	≤0.035	≤0.030		≤1.00			
	416	Y1Cr13	≤0.15	12.00~14.00		≤1.25	≤0.035	≥0.15		≤1.00			
	410J1	1Cr13Mo	0.08~0.18	11.50~14.00		≤1.00	≤0.035	≤0.030	0.30~0.60	≤0.60			
	420J1	2Cr13	0.16~0.25	12.00~14.00		≤1.00	≤0.035	≤0.030		≤1.00			
	420J2	3Cr13	0.26~0.35	12.00~14.00		≤1.00	≤0.035	≤0.030		≤1.00			
	420F	Y3Cr13	0.26~0.40	12.00~14.00		≤1.25	≤0.035	≥0.15		≤1.00			
		3Cr13Mo	0.28~0.35	12.00~14.00		≤1.00	≤0.035	≤0.030	0.50~1.00	≤0.80			
		4Cr13	0.36~0.45	12.00~14.00		≤0.80	≤0.035	≤0.030		≤0.60			
	431	1Cr17Ni2	0.11~0.17	16.00~18.00	1.50~2.50	≤0.80	≤0.035	≤0.030		≤0.80			
	440A	7Cr17	0.60~0.75	16.00~18.00		≤1.00	≤0.035	≤0.030		≤1.00			
	440B	8Cr17	0.75~0.95	16.00~18.00		≤0.80	≤0.035	≤0.030		≤0.80			
	440C	9Cr18	0.90~1.00	17.00~19.00		≤0.80	≤0.035	≤0.030		≤0.80			
	440C	11Cr17	0.95~1.20	16.00~18.00		≤1.00	≤0.035	≤0.030		≤1.00			
	440F	Y11Cr17	0.95~1.20	16.00~18.00		≤1.25	≤0.035	≥0.15		≤1.00			
		9Cr18Mo	0.95~1.10	16.00~18.00		≤0.80	≤0.035	≤0.030	0.40~0.70	≤0.80			
		9Cr18MoV	0.85~0.95	17.00~19.00		≤0.80	≤0.035	≤0.030	1.00~1.30	≤0.80			V0.07~0.12
沉淀硬化型	630	0Cr17Ni4Cu4Nb	≤0.07	15.50~17.50	6.50~7.50	≤1.00	≤0.035	≤0.030		≤1.00	3.00~5.00		Nb0.15~0.45
	631	0Cr17Ni7Al	≤0.09	16.00~18.00	6.50~7.50	≤1.00	≤0.035	≤0.030		≤1.00	≤0.50		Al0.75~1.50
	632	0Cr15Ni7Mo2Al	≤0.09	14.00~16.00	6.50~7.50	≤1.00	≤0.035	≤0.030	2.00~3.00	≤1.00			Al0.75~1.50

不锈钢废钢应该最大限度地返回给冶炼不锈钢使用，或者提供给铸造行业生产耐热钢、耐磨钢等特钢，不应该作为普通废钢在转炉和电炉中使用。

2.4.8.9 厂内回收废钢

厂内回收废钢是指钢铁企业自身产生的废钢，包括炼铁的事故大块铁，炼钢的坯头坯尾、事故坯，钢坯的切边切角，钢包钢水铸余、中间包铸余钢水、转炉的炉坑渣、连铸的切割渣、厂内的氧化铁皮，轧钢厂的切头切尾、轧制废品等。厂内返回废钢占钢铁厂使用废钢的25%以上。

A 轧钢产生的废钢

钢铁制品首先是炼铁，然后被冶炼成为合格的钢水，被浇注成为钢坯。从炼钢厂出来的钢坯还仅仅是半成品，必须到轧钢厂去进行轧制以后，才能成为合格的产品。从炼钢厂送过来的连铸坯，首先是进入加热炉，然后经过初轧机反复轧制之后，进入精轧机。轧钢属于金属压力加工，说简单点，轧钢板就像压面条，经过擀面杖的多次挤压与推进，面就越擀越薄。比如在热轧生产线上，轧坯加热变软，被辊道送入轧机，最后轧成用户要求的尺寸。

除了板材以外，轧钢厂生产的长材，如型钢、钢轨、棒材、圆钢和线材，它的生产过程和轧钢原理与板材类似，但是使用的轧辊辊型完全不同。常规板坯装炉轧制：板坯进入板坯库后，按照板坯库控制系统的统一指令，由板坯夹钳吊车将板坯堆放到板坯库中指定的垛位。轧制时，根据轧制计划，由板坯夹钳吊车逐块将板坯从垛位上吊出，吊到板坯上料台架上上料，板坯经称量辊道称重、核对，然后送往加热炉装炉辊道，板坯经测长、定位后，由装钢机装入加热炉进行加热。

板坯经加热炉的上料辊道送到加热炉后由托入机装到加热炉内，加热到设定温度后，按轧制节奏要求由出钢机托出，放在加热炉出炉辊道上，经过高压水除鳞装置除鳞后，将板坯送入定宽压力机根据需要进行侧压定宽，然后由辊道运送进入可逆粗轧机轧制，然后再经过精轧，根据工艺要求将板坯轧制成厚度约为30~60mm的钢板。其他的轧制流程如下：

（1）棒材生产工艺流程：钢坯验收→吊装→计量→编组→入炉加热→粗轧→热剪机切头→中轧→飞剪切头→平立交替精轧机→倍尺飞剪→夹送辊→冷床→冷剪定尺→检验→称重→打包收集→入库。

（2）高线生产工艺流程：钢坯验收→编组→排钢→加热→出钢→粗轧飞剪→中轧→飞剪→预精轧→预水冷→飞剪→精轧→穿水冷却→吐丝→风冷→集卷→检验→切头尾→打包→称重→卸卷→入库。

（3）高棒生产工艺流程：钢坯验收→编组→入炉加热→钢坯出炉→粗轧→飞剪→中轧→飞剪→精轧→穿水冷却→飞剪→挑短尺→检验→计数→打捆→称重→挂牌→入库。

在轧钢的生产过程中，变形部分、废弃部分、产品按照定尺或者规定的单重交货时必须剪去多余的部分，成为轧钢工艺环节产生的废钢。

轧钢过程中产生的废钢，多数纯净，在冶炼同一类钢种时，加在粗炼钢水或者成品钢液中间，对于废钢中间的合金元素的利用、降低粗炼钢水的温度均有贡献，效果远胜于在转炉或电炉炼钢过程中使用。

B 厂内废品钢材

钢厂内的废品通常有以下几种：

（1）钢材的化学成分超过标准，或者没有满足用户的要求造成无法销售使用而报废。

（2）钢材的力学性能或者综合性能缺陷造成的报废。

（3）钢材的外观缺陷造成的废品报废。

厂内的废品钢材，有的以铸坯的形式报废，有的以终端产品，即轧制后的产品形式进行报废，报废的废品钢材，返回给炼钢使用，必须加工成为能够入炉使用的废钢尺寸，并且单重满足冶炼的要求。将废品钢材，加入到成品钢液中间，对于生产一般的普钢来讲，是一种具有经济竞争力的工艺方法。

C　厂内回收废钢的特点和最佳利用方法

从冶炼钢水的质量、能耗、合金消耗等元素来看，厂内回收的废钢特点和最佳的利用方法如下：

（1）废钢的杂质含量，包括泥土、锈蚀物等较少，是一种纯净度较高的废钢，普通的钢种，尤其是对于夹杂物要求和气体要求不严格的硬线钢、建材、型材，将其加入冶炼好的钢液作为调整钢液温度，不仅能够有效的利用厂内回收废钢的纯净度高的特点，还能够有效的回收利用其中的易氧化元素。1999 年，作者在德国著名的 BSW 厂学习期间，该厂将有轧制缺陷的高线线卷，直接加入装有钢水的钢包内进行降温使用。以国内冶炼 HRB500 为例，钢产量为400 万吨的企业，每月轧制过程中产生的坯头坯尾和废品最好水平在 2000t 左右，如果回用于冶炼好的钢水降温，节约的硅锰合金（68% 的 Mn，20% 的 Si），产生直接经济效益 14.5 万元。如果将它们加入转炉吹炼，其中的硅锰被绝大部分氧化，产生的钢渣量和从这些钢渣中间带走的金属铁的损失超过 20 万元，故厂内纯净废钢的使用需要理性对待。

（2）冶炼合金钢的企业，在冶炼高端产品，如管线钢 X80 ~ X120，产生的纯净废钢中含有多种贵重合金元素，如 Cu、Ni、Mo、V、Ti、B 等，在炼钢条件下有的元素不易氧化，有的容易氧化，这种情况下是一种鱼与熊掌的选择。同类的厂内回收同类的废钢，按照合金元素的特点，比如氧化气氛下几乎不氧化的 Cu、Ni、Mo、W 等，可以作为纯净废钢加入转炉使用。有条件的加工成为可以从料仓加入的规格，在转炉冶炼的终点作为调温剂加入，也可以在转炉出钢过程中随着合金加入，或者出钢结束加入到钢包内。因为冶炼此类的钢种，一般需要经过 RH 等真空工艺处理，可以有效地利用此类的厂内回收废钢。

（3）大批量的含有贵重合金元素的厂内纯净废钢，有电炉工艺的时候，采用返回法冶炼工艺，也是降低冶炼成本的一条有效工艺。

（4）含有特别贵重合金的厂内纯净废钢，可以考虑将其提供给中频炉，用于冶炼钢中就含有贵重合金的铸件，也是增强竞争力的工艺方法。

（5）厂内报废的轧制钢材，可以考虑降级或者生产其他用途的产品。比如非定尺的圆钢棒材，可以考虑生产栅栏、护网、普通的钢钉；而非定尺的螺纹钢棒材可以生产建筑用预制网，用于定制生产各类建筑用钢结构预制件；板材的边角料可以大量用于生产机械的垫片，机械工器具，各种小型的零部件等。这种工艺在钢铁业走向微利的形势下，是一种提高企业竞争力的手段。

2.4.9　从钢渣中回收的钢铁料

渣钢是指从转炉或者电炉钢渣中间磁选出的含有物理铁或者铁的各种氧化物和化合物的铁料，用于替代废钢或者矿石在冶炼中使用。

从钢渣中选出的含铁渣钢，大多数应用于炼钢，也有部分的返回炼铁、烧结使用，渣钢在炼钢的回用有一定的限制，难以大规模集中使用，其主要原因如下：

（1）在转炉回用，因为硅酸盐中固溶的磷酸盐，会增加转炉入炉金属料整体的磷负荷；在电炉使用，硅酸盐导电性不好，会造成电极穿井过程中的断电极事故。故对于大块渣钢的使用，对于表面黏附的钢渣有相关的要求。

（2）从脱硫渣中磁选出的渣钢，表面黏附的脱硫渣中的含硫量较高，尤其是喷吹脱硫渣，渣中的硫有一部分以硫化钙的形式存在，入炉使用会增加入炉金属料的硫负荷。

（3）渣钢表面黏附的钢渣、耐火材料，由于其导热性较差，加入以后会影响熔池的传热，造成大块的渣钢难以熔化，影响冶炼。

因此，不同的厂家对于渣钢的使用要求也不一样。钢渣磁选出的不同含铁原料，不同的厂家称呼各异。一般来讲，渣钢是指从钢渣中选出含铁原料的总称，包括大块渣钢、中块渣钢、粒钢（豆钢）、钢渣精粉。磁选量是指磁选出的钢渣与样品的质量比，提铁率是指磁选钢渣中总铁含量。

2.4.9.1 大块渣钢

大块渣钢是指在钢渣厂处理过程中，经过装载机、铲车、挖掘机等机械在挖掘、铲运过程中，人工肉眼识别，使用车辆铲运到指定地点，首先使用落锤、炮头车等方法，剥离上面的大部分的钢渣得到的，尺寸大于一定尺寸（20～200cm），黏附有少量钢渣的废钢。大块渣钢使用氧割或者落锤破碎等手段加工，加工成为尺寸合格的大块废钢，供炼钢使用，某厂选出的大块渣钢实体照片如图2-36所示。

图2-36 某厂选出的大块渣钢实体照片

大块渣钢的来源主要有以下的几个方面：

（1）转炉和电炉冶炼工艺中，在倒渣过程中从炉门流失部分的钢液进入渣罐或渣坑。

（2）转炉炉口黏附物的脱落进入渣罐或者渣坑。

（3）加入炼钢炉内没有熔化的大块废钢等。

（4）含铁量较高的渣液，在冷却过程中，含铁的铁珠、铁液液滴沉降到渣罐的底部，凝固成为大块渣罐罐底渣。

（5）脱硫渣中的铁液凝固成为大块。

（6）钢水包、铁水包的包口黏附物，混在钢渣中间。

（7）没有浇注完毕的钢液倒入渣罐形成的铸余钢渣。

（8）转炉炉内，电炉炉内形成的残留物，清理时进入渣坑、渣罐或者渣场。

大块渣钢，基本上是入炉钢铁料熔化后的产物，只不过黏附了钢渣等，其使用需要考虑黏附的钢渣的量对于电炉炼钢过程中的导电性能和成分的影响，黏附的耐火材料对于熔化的影响，块度对于熔化的影响。除此之外与普通废钢的使用，没有特别的地方。某炼钢厂120t转炉对于大块渣钢的技术条件要求如下：

（1）尺寸较小的大块渣钢表面不得混有大块或大面积的炉渣，但允许小渣钢表面黏结少量浮渣粒。

（2）允许渣钢存在从表面向内部延伸的炉渣层，表面不得混有大块或大面积的炉渣，但允许渣钢表面黏结少量浮渣粒。

（3）供炼钢厂的渣钢重量不大于500kg/块，渣钢含钢量不小于85%。

（4）普通渣钢的最大长度大于800mm时，最大宽度不大于500mm、厚度小于300mm。

（5）平板形渣钢厚度不大于350mm、长度小于800mm、宽度小于500mm。

（6）锥形渣钢高度不大于350mm、最大长度不大于500mm时，最大宽度不大于400mm。

（7）脱硫渣产生的渣钢表面不允许有明显的脱硫渣附着。

（8）铸余大块渣钢表面不得混有大块或大面积的炉渣，不得含有明显的铁—渣混合层，不得含有内部夹心渣，但允许渣钢表面黏结少量小渣粒。

（9）铸余渣钢入厂需说明渣钢的来源，便于科学的回收，避免渣钢残余有害元素 Cr、Ni、Mo 等对于要求特殊的钢种造成影响。

（10）在冶炼耐候钢和合金加入量较大的普钢、硫含量要求一般的钢种，允许替代废钢使用全量的渣钢冶炼。

在实际的应用过程中，该厂在经济效益不好的 2014 年，将渣罐底部含铁的罐底渣等大块渣钢，配加在废钢料斗的后部，入转炉使用 1 年，也没有出现任何的负面影响，这也说明了对于渣钢的回收利用，是一个认识上的问题。

2.4.9.2　中块渣钢

中块渣钢是指从钢渣中间选出的，以纯铁料为主体，尺寸在一定的范围内（3～20cm），黏附有少量钢渣，能够直接用于炼钢的产品。中块渣钢的来源有以下几个方面：

（1）电炉和转炉冶炼过程中，非正常状态下，产生喷溅，喷出的金属料凝固成为小块，落入渣坑内的钢渣里面，形成中块渣钢。

（2）电炉或者转炉测温倒渣时，少量的钢水和炉渣一起进入炉坑或者渣罐，凝固成为中块渣钢。

（3）转炉或者电炉出钢带渣，然后将钢包内的钢渣泼出时，在泼渣操作过程中，少量的钢水倒入渣罐，形成中块渣钢。

（4）电炉、转炉兑加铁水时，部分的铁珠飞溅进入渣坑，凝固成为中块渣钢。

（5）铁水包、钢水包、铁厂铁水罐、出铁区域的飞溅沉积物，破碎处理，得到中块渣钢。

（6）转炉的炉口与电炉水冷盘的黏附物，在剥离以后进入渣坑形成中块渣钢。

（7）铁水包、钢水包、鱼雷罐的包口铁，清理时落入渣坑。

中块渣钢的挑拣主要有以下几种挑拣方法：

（1）钢渣在挑选出大块渣钢以后，使用装载机将钢渣原料装入筛网过滤钢渣原料，将不能够通过筛网的原料收集集中，进行机械破碎，然后再次通过筛网进入皮带机系统磁选。

（2）对于含铁量较高，难以破碎的，使用行车带有的电磁盘磁选。

（3）人工识别，然后指挥行车或者机械挑拣。

与大块渣钢相比，中块渣钢的黏附钢渣和杂物的量远低于大块渣钢，其使用与大块渣钢的使用差别不大，某厂对于中块渣钢使用的技术条件要求如下：

（1）中块渣钢中不能够混有镁碳砖、垃圾等异物。

（2）中块渣钢含水量少于5%，以目测表面无明显的水迹为准。

（3）中块渣钢允许表面有少量的炼钢钢渣黏附，但是渣量不能够大于个体单重的20%。

（4）中块渣钢不允许黏附超过10%的脱硫渣。

（5）包口铁清理过程中产生的中块渣钢，含有明显的耐火材料和钢渣，不能够提供给电炉炼钢使用。

2.4.9.3 粒钢

A 粒钢的定义

通过筛网的钢渣，经过皮带机系统的弱磁磁选，选出的粒度与豌豆大小接近，含铁量较高的可以直接应用于炼钢或者炼铁的产品，称为粒钢或者豆钢。

在转炉炼钢、电炉炼钢、铁水脱硫预处理过程中，钢渣乳化以后，渣中弥散有小铁珠，这些小铁珠在渣处理工艺过程中来不及相互融合长大，以小颗粒状弥散分布在硅酸盐等岩相中间，经过破碎钢渣磁选以后得到成分以纯铁珠为主、黏附有少量氧化铁和钢渣的产品就是粒钢。

B 粒钢的技术要求和使用

粒钢的技术要求，不同的厂家要求不同。某钢厂对于炼钢使用的粒钢技术条件如下：

（1）脱硫渣和炼钢的转炉钢渣、电炉的钢渣不得大量的混合磁选，防止粒钢的硫含量超标。

（2）粒钢含铁量必须大于65%以上（TFe70%）。

（3）粒钢不许掺杂有明显的钢渣，允许有少量的钢渣黏附。

（4）提供给钢厂的粒钢，硫含量大于0.08%的需要注明。

已有的研究和实践表明，粒钢的特点是磷硫负荷较大，其使用的条件如下：

（1）冶炼精品钢和优特钢的厂家，建议在铁厂回收利用，进行脱硫，转化为铁水回收粒钢中间的铁元素。

（2）冶炼一般的钢种，将其作为冷材，从转炉的高位料仓加入，粒钢中的磷硫，在转炉的冶炼条件下，掌握好加入时机，对于冶炼的影响不明显。

（3）将其的磷硫负荷做好计算分析，均匀的每炉限量加入，不会带来负面的影响。

（4）冶炼普钢和磷硫含量一般的钢种，部分的配加，其效益优于返回炼铁使用的效益。

2.4.9.4 脱硫渣铁

铁水的脱硫预处理工艺主要有两种，以喷吹钝化镁粉和钝化石灰为主的喷吹脱硫工艺和以机械搅拌添加复合脱硫粉的KR脱硫工艺。两种工艺操作结束以后，由脱硫剂和脱硫产物组成的脱硫渣，为了防止炼钢过程中的回硫，脱硫渣必须从铁包内扒出，在此过程中会有部分的铁液或者铁珠随着脱硫渣进入渣罐。

脱硫渣铁是指从上述两种脱硫渣中磁选出的，以纯铁为主，黏附有少量脱硫渣的产品，其不同的特点简述如下：

（1）喷吹法脱硫渣在渣场倾翻以后，剥离大部分的脱硫渣后得到的块度较大，以纯铁为主的可用于炼钢的脱硫渣铁，此类脱硫渣铁黏附的脱硫渣回硫现象严重。

（2）KR法脱硫渣在渣场倾翻以后，剥离大部分的脱硫渣后得到的块度较大，以纯铁为主的可用于炼钢的脱硫渣铁，此类脱硫渣铁黏附的脱硫渣属于还原渣的一种，回硫现象的频率低于喷吹法脱硫渣铁。

由于脱硫渣渣铁与生铁的性能接近，只是渣铁冷却过程中，碳含量低于生铁，其余的成分与生铁接近。由于生铁的导热性较差，热容较大，脱硫渣中选出的渣铁成分与生铁接近，为了保证脱硫渣铁的入炉，不影响冶炼节奏和质量，某厂规定的技术条件如下：

（1）小脱硫渣铁表面不得混有大块或大面积的炉渣，但允许小脱硫渣铁表面黏结少量浮渣粒。

（2）允许脱硫渣铁存在从表面向内部延伸的炉渣层，表面不得混有大块或大面积的炉渣，但允许脱硫渣铁表面黏结少量浮渣粒。

（3）供炼钢厂的喷吹脱硫渣铁重量不大于100kg/块，KR脱硫渣渣铁的重量不大于200kg/块，其脱硫渣铁含铁量不小于85%。

（4）普通脱硫渣铁的最大长度在大于500mm时，宽度不大于200mm、厚度小于50mm。

（5）平板形脱硫渣铁厚度不大于250mm，长度小于100mm，宽度小于200mm。

（6）锥形脱硫渣铁高度不大于250mm，长度在不大于50mm时，宽度不大于200mm。

（7）脱硫渣产生的脱硫渣铁表面不允许有明显的脱硫渣附着。

事实上，脱硫渣铁最好的处理方法是将脱硫渣加入到转炉或者电炉的液态钢渣内，利用脱硫渣与液态氧化渣反应，然后经过热焖渣的工艺处理，脱硫渣渣铁上黏附的大部分脱硫渣在热焖渣的工艺过程中从金属铁表面剥落的比较彻底，回硫的风险降低，是一种先进的工艺。

在脱硫后的残渣中，硫主要以MgS、CaS的形式存在。下面列出MgS、CaS在转炉内回硫反应的标准吉布斯自由能，回硫热力学平衡参数见表2-41。

$$MgS + [O] = MgO + [S] \qquad \Delta G^\ominus = -177162 + 48.01T \; J/mol$$

$$CaS + [O] = CaO + [S] \qquad \Delta G^\ominus = 109034 + 29.33T \; J/mol$$

表 2-41　回硫反应的热力学参数

反应方程式	1550℃时平衡常数 K
$MgS + [O] = MgO + [S]$	365
$CaS + [O] = CaO + [S]$	39

从表中看出，当温度为1550℃时，MgS的回硫反应平衡常数为365，而CaS的回硫反应平衡常数只有39。所以，喷吹脱硫渣的回硫，主要是由MgS参与进行，所以回硫的效果明显。同时，从反应方程式中看出，反应平衡后钢液中硫质量分数与氧质量分数成正比关系，即随着钢液中氧质量分数的增加，回硫幅度也在不断增加。在脱硫渣回硫过程中，当铁水与脱硫渣处于静置状态时，铁水与脱硫渣流动状态变差，接触面积减少，回硫动力学条件很差，回硫速率慢、时间长。因此，当铁水进入转炉后，在吹氧冶炼过程中，对回硫是十分有利的。在转炉的吹炼过程中，氧气射流区域的温度在2500℃左右，远远大于1550℃，故当铁水进入转炉后，在转炉中进行吹氧冶炼，此过程不仅为回硫提供了大量的氧，还对钢水和渣起着搅拌的作用，为回硫提供了足够的热力学和动力学条件。

2.4.9.5　高炉渣铁

高炉渣铁有以下几种来源：

（1）高炉出现事故，比如出铁过程中跑铁形成的大块铁，铸铁机工作不正常时形成的大块铁，加工后提供给炼钢使用。

（2）高炉的鱼雷罐和铁水包的包口铁。

（3）鱼雷罐或者铁水包、混铁炉周期性拆除时，残留在里面的残留铁水，凝固形成的。

（4）出铁过程中飞溅黏附在出铁护墙、建筑物上形成的黏附物，拆除下来用于炼钢。

（5）出铁沟拆除修理产生的凝固残铁。

（6）高炉渣在生产矿渣微粉过程中，从渣中磁选出的金属小铁珠。

对于铁厂产生的高炉渣铁，可以按照生铁的使用方法参考使用，但是要考虑其成分的波动性较大之特点，规避风险。

2.4.10 各类含铁团块

2.4.10.1 烧结矿

将各种粉状铁，配入适宜的燃料和熔剂均匀混合，然后放在烧结机上点火烧结。在燃料燃烧产生高温和一系列物理化学变化作用下，部分混合料颗粒表面发生软化熔融，产生一定数量的液相，并润湿其他未熔化的矿石颗粒，冷却后，液相将矿粉颗粒黏结成块。这一过程称为是烧结，所得到的块矿叫烧结矿。

2.4.10.2 炼钢除尘灰团块

转炉除尘灰是转炉冶炼过程中，加料过程中产生的粉尘细小颗粒，补炉过程中的烟气，兑加铁水过程中产生的烟气，被风机抽吸入除尘系统，成为转炉除尘灰的一部分。此外冶炼过程中，转炉的氧气射流冲击熔池，冲击动能产生的大量细小颗粒物，包括渣辅料颗粒。熔池金属物，在强大的超声速射流的冲击下，飞溅出熔池，随着风机的抽吸进入除尘系统，此外在高速氧气射流的作用下，熔池进行大量的化学反应，产生大量的 CO、CO_2 等气体，从熔池逸出，此过程也造成大量的细颗粒物质随着进入煤气回收除尘系统，这叫做转炉的一次除尘系统。OG 工艺的一次除尘系统采用的喷淋水冷却工艺，捕集到大部分的粗颗粒和细颗粒的除尘颗粒物，其产物是转炉除尘系统的大部分除尘产物，主要以污水的形式流入水处理中心，浓缩为污泥后外排利用，其主要组成为铁的氧化物和渣料的细颗粒部分。转炉的干法除尘系统一部分采用喷淋水冷却，一部分采用电场的电晕特点捕集剩余的除尘灰细小颗粒部分，故转炉干法除尘系统产生的除尘灰处理部分的污泥外，还有部分的干灰。LT 法一次除尘系统的示意图如图 2-37 所示，湿法 OG 工艺除尘系统的示意图如图 2-38 所示。

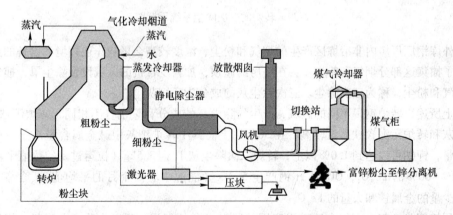

图 2-37 LT 法一次除尘工艺系统示意图

在转炉一次除尘系统的作用下，大部分的转炉烟气粉尘颗粒被捕集，但是还有部分的烟气，在一次除尘系统没有捕集，被二次除尘系统捕集，成为转炉二次除尘灰的来源。转炉二次除尘的示意图如图 2-39 所示。

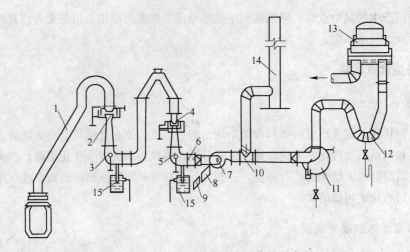

图 2-38　湿法 OG 工艺除尘系统的示意图

1—气化冷却烟道；2—溢流文氏管；3——级弯头脱水器；4—R-D 可调喉口文氏管；
5—二级弯头脱水器；6—水雾分离器；7—鼓风机；8—液力偶合器；9—电机；10—三通网；
11—回转水封；12—U 形水封；13—煤气柜；14—烟囱；15—排水水封

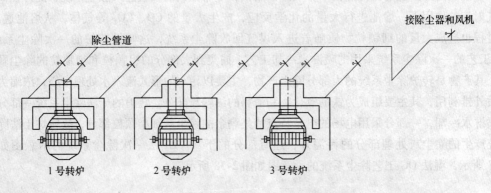

图 2-39　转炉的二次除尘系统示意图

此外炼钢厂厂房内非冶炼区产生的烟气和粉尘，浓度较高会影响作业环境和设备的正常运行。为了捕集这部分烟气和粉尘，会在厂房的屋顶，加料皮带机的区域设置除尘罩，捕集这一类的烟气和粉尘，称为三次除尘。三次除尘灰的成分为环境灰尘。

综上所述，转炉钢厂不同的区域，产生的除尘灰的成分和量也各不相同，转炉干法 LT 工艺的细灰和转炉污泥含铁品位较高，在 50% 以上。其中转炉细灰中碱金属含量高于一般除尘灰的含量，钾钠可以达到 1.0% 以上；转炉二次除尘灰 1t 钢 3.5kg（拉运过磅的数值平均值），含有 42%~60% 的 Fe_3O_4，OG 泥 1t 钢产生 5.3kg（能源中心两个月的平均值），含有 39%~62% 的少量的金属铁和大量的 Fe_3O_4。

利用炼钢除尘灰，配加含铁难以应用的原料（包括沉泥、返矿、除尘布袋料、钢渣、磁选料、氧化铁皮、污泥、耐火材料、烧结团碎料，铁矿粉）加工成冷压球团，不必烧结可直接应用于炼钢，又将废料再变成钢，实现了炼钢过程的良性循环。含铁高达 50% 以上的冷压球团 2t 钢团可以生产 1t 铁，炼钢适时加入冷压球团，解决了炼钢过程中的难熔现象，渣的熔点得到了降低，保证了渣的良好流动性。应用冷压球团还可以使钢铁料消耗和石灰消耗都有所降低。

2.4.10.3 钢渣精粉生产的冷固球团

钢渣磨细后，从其中磁选出粒度较小，含铁较高的物质叫做钢渣精粉。从钢渣含铁物相分析结果可以看出，钢渣全铁品位为23.39%，含铁相主要以金属态Fe、简单化合态（FeO、Fe_3O_4、Fe_2O_3、$Fe_2O_3 \cdot nH_2O$ 和 $FeCO_3$ 等）、铁酸盐（$2CaO \cdot Fe_2O_3$ 等）和固溶体（$MgO \cdot 2FeO$）4种形式存在，分布比较分散。转炉炼钢过程中炉渣中铁的氧化物在熔融状态下主要以FeO形式存在，其中液渣下层与钢液接触，主要是二价铁；而渣的上层与炉气接触，主要是三价铁。然而FeO在室温并不稳定，低于527℃时则分解为Fe_3O_4，同时析出铁，但在钢渣中由于相平衡而与Fe和Fe_2O_3共存，并被CaO和MgO等二价氧化物所稳定。

钢渣中的全铁含量在20%~30%，其中FeO和Fe_2O_3含量约为20%，MFe含量约为5%~10%。其中金属铁珠的存在量与渣量有关，渣量越大，吹氧的氧气射流冲击起来的铁珠飞向熔池上部，在重力的作用下重新掉入渣层，弥散在钢渣中间的铁珠越是难以沉降到熔池，根据相关的文献介绍，吨钢渣量低于130kg的情况下，铁珠的含量为5%，大于此值为7%~10%。铁液中的磷含量越高，铁酸盐越多（渣中的氧化铁决定脱磷的效果），其可以回收的量越低。

钢渣中选取的含铁物质主要是以物理铁为主成分的大块渣钢、中块渣钢，含物理铁和氧化铁的粒钢，同时含少量物理铁和较多氧化铁、含铁的尖晶石相的钢渣精粉。钢渣精粉中的磷硫含量较高，从物料循环利用的角度讲，不适合烧结使用，将其造球在炼钢工序直接使用较为经济，这也是近年来国内流行的含铁固废长流程处理和短流程处理的实践比较结果。钢渣精粉的典型成分见表2-42。

表2-42 钢渣精粉的典型成分

组分	SiO_2	Al_2O_3	CaO	MgO	TFe	S	P	H_2O
含量/%	9~15	0.8~4.5	25~35	5~8	35~62	0.1~0.4	0.3~0.5	0.8~2

2.4.10.4 轧钢油泥和高炉瓦斯灰生产的自还原性含铁团块

一些氧化铁含量较高的尘泥或者废弃物，在炼铁使用会造成高炉的不顺行，作为冷材在炼钢使用，也会显现一些负面的因素，比如加入量大，影响转炉的操作，转炉喷溅溢渣等，在其中添加部分的含碳元素和还原剂，则能够起到顺利消化的目的。比如钢渣精粉、氧化铁皮、轧钢的油泥等。

钢铁企业含铁尘泥的主要含铁物质是以氧化物形式存在的，并且是变价的，即Fe_2O_3、FeO、MFe。有关氧化铁的氧化还原反应的热力学数据见表2-43。根据这些热力学数据，做的反应区相图如图2-40所示。

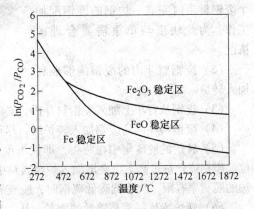

图2-40 氧化铁的反应区相图

表 2-43　氧化铁的氧化还原反应的热力学数据

序号	反　　应	标准自由能 $\Delta G^{\ominus}$/J	开始反应温度/℃
1	$2Fe_2O_3(s) + 3C(s) = 4Fe(s) + 3CO_2(g)$	$435668 - 512.48T$	577
2	$Fe_2O_3(s) + 3C(s) = 2Fe(s) + 3CO(g)$	$467659 - 512.74T$	639
3	$Fe_2O_3(s) + 3CO(g) = 2Fe(s) + 3CO_2(g)$	$-31991 + 0.26T$	—
4	$2FeO(s) + C(s) = 2Fe(s) + CO_2(g)$	$123880 - 125.64T$	713
5	$FeO(s) + C(s) = Fe(s) + CO(g)$	$145215 - 148.32T$	706
6	$FeO(s) + CO(g) = Fe(s) + CO_2(g)$	$-21335 + 22.68T$	<668

所以将钢铁企业含铁尘泥作为炼钢的废钢替代品或者熔剂铁矿石的替代品，必须能够满足相应的主成分要求，加入以后起到满足替代品的要求。一种含碳球团在炼钢使用的还原原理如图 2-41 所示。

某厂钢含铁尘泥造球的主成分和主要理化指标要求见表 2-44。产品的实物照片如图 2-42 所示。

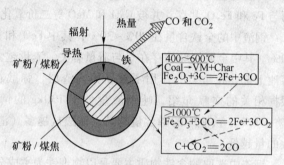

图 2-41　含碳球团在炼钢使用的还原原理

表 2-44　某厂钢含铁尘泥造球的主成分和主要理化指标要求

化学成分（质量分数）/%						物　理　性　能		
TFe	S	P	SiO_2	水分	C	粒度（10~50mm）/%	每次 2m 落下粉碎率/%	抗压强度/N
>40	<0.4	<0.4	<10	<2	<25	>90	<10	>800

2.4.11　废钢配加的主要工艺控制

废钢加入废钢料斗，然后加入转炉，需要考虑的因素如下：

（1）废钢的大小搭配合理，在一个废钢料斗内完成一炉钢的废钢配加工作，为此块度与单重需要合理的搭配。

图 2-42　产品的实物照片

（2）废钢料斗内的废钢能够顺利加入转炉。

（3）废钢从行车上加入废钢料斗内，必须考虑废钢的冲击对于废钢料斗的破坏问题。

（4）废钢料斗内的废钢加入转炉时，尽可能地减小废钢的冲击对于炉衬的破坏。

（5）转炉的脱硫集中在两头，即铁水预处理和出钢过程中的脱硫，以及后续的精炼炉工位。废钢硫含量过高，将会增加入炉金属料中的硫含量。转炉冶炼过程中，氧化性气氛下，转炉的脱硫率有限，吹炼低碳低硫钢时，脱硫的控制比较复杂，会增加生产线的脱硫成本。

（6）转炉冶炼一些高质量的钢种，比如齿轮钢和轴承钢等优钢的时候，钢中有害元素 Cr、Ni、Cu、Zn、Pb 等的增加，会破坏铸坯的基体组织，导致铸坯表面的网状裂纹以及角部重金属元素引起的红脆，所以不同来源的废钢需要加以考虑。

（7）废钢发热元素含量过高，比如一些小尺寸的高锰废钢、高速钢、高碳钢等，造成转炉终点的温度过高，给转炉的成分控制和炉衬寿命带来负面的影响，这一类废钢不宜集中使用。

（8）废钢中的氧化物含量较多，比如氧化铁，他们在冶炼过程中的吸热还原反应，造成转炉的终点的温度过低，引起补吹、钢水过氧化、质量下降等问题的出现。

因此，废钢向废钢料斗内配加需要遵守以下的原则：

（1）加入废钢前，首先向废钢料斗底部铺加一层轻薄料，然后再加入中型废钢和重型废钢。

（2）尺寸较小、单重较小的废钢加在废钢料斗的前部，重型废钢加在废钢料斗的最后部。

（3）使用行车配加废钢的时候，行车工不能够将废钢从废钢料斗的上部将废钢以自由落体运动的方式加废钢作业。

（4）废钢的尺寸选取要考虑长短搭配，防止废钢入炉过程中废钢的搭桥卡料现象的出现。

（5）某一类的废钢不宜集中使用，或者单独使用。

（6）含有氧化物较多的废钢配加时，要考虑铁水的温度等情况，与转炉炉前做好沟通。

2.4.12 钢铁料消耗

2.4.12.1 钢铁料消耗的概念

钢铁料消耗的概念是冶炼1t钢需要消耗的铁水和废钢的总和。其构成是需要考虑到金属平衡中收入项与支出项之间的关系确定，某厂的金属平衡关系如图2-43所示。

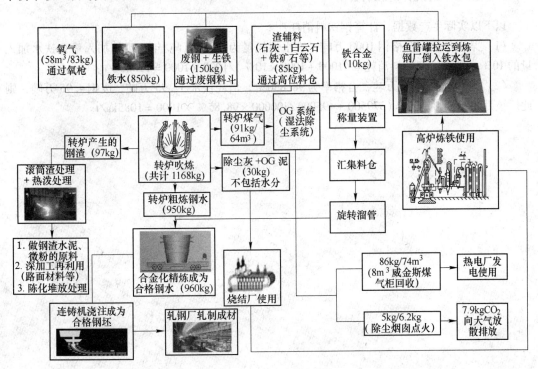

图2-43 某厂的金属平衡关系

依据实际的工艺条件，冶炼使用的原料，以 100kg 钢铁料消耗计算得出初始物料平衡表，即未加废钢前的物料平衡表，见表 2-45。

表 2-45　未加废钢前的物料平衡表

收 入 项			支 出 项		
项目	质量/kg	含量/%	项目	质量/kg	含量/%
铁水	100	83.59	钢水	90.36	75.48
石灰	6.52	5.45	炉渣	13.56	11.33
矿石	1	0.84	炉气	12.09	10.1
萤石	0.5	0.42	烟尘	1.6	1.34
白云石	3	2.5	铁珠	1.08	0.91
炉衬	0.5	0.42	喷溅	1	0.84
氧气	8.11	6.78			
总计	119.63	100	总计	119.69	100

某厂的金属铁料的流失主要因素如下：

（1）钢渣带走的金属铁。

（2）除尘灰系统产生的除尘灰和 OG 泥带走的金属铁。

（3）连铸系统产生的氧化铁皮损失。

（4）中间包铸余和钢包铸余的切割损失。

2.4.12.2　钢铁料消耗的计算

以下以实际生产数据，计算钢铁料消耗：

（1）某钢厂年产合格钢 1000 万吨，铁水消耗量为 1000 万吨/年，废钢加入量是铁水加入量的 10%，则该厂钢铁料消耗 = (1000 + 1000 × 10%)/1000 × 1000 = 1100kg/t。

（2）某厂月产钢 40 万吨，合格率为 98.850%，消耗铁水 37.95 万吨，废钢 4.95 万吨，则此厂该月的钢铁料消耗 = (379500 + 49500)/400000 × 98.85% × 1000 = 1085kg/t。

3 铁水预处理"三脱"工艺与原料

铁水预处理是指铁水在兑入炼钢炉之前，为除去某种有害成分（如硫、磷、硅等）或提取回收某种有益成分（如钒、铌等）的处理过程。铁水"三脱"是指铁水的脱硫、脱硅和脱磷，其中以脱硫的应用最为成熟。

3.1 铁水的脱硫工艺

3.1.1 铁水预脱硫作用及发展

炼钢铁水脱硫预处理技术是 20 世纪 60 年代最重要的冶金成果之一。这项工艺技术的投用，对于钢铁制造流程起到了巨大的优化改善作用，主要体现在以下的几个方面：

（1）炼铁对于铁矿石原料中硫含量的要求降低。

（2）通过铁水预脱硫，可以放宽对高炉铁水硫含量的限制，减轻高炉脱硫负担，降低焦比，提高产量。

（3）炼钢工序的脱硫生产成本得以大幅度的降低。

（4）炼钢工序的脱硫效率得到了提高。转炉冶炼的操作难度降低，低硫钢种的产品生产工艺得到了简化。

（5）采用低硫铁水炼钢，可减少渣量和提高金属收得率。铁水预处理脱硫与炼钢炉和炉外精炼脱硫相结合，可以实现深脱硫，为冶炼超低硫钢创造条件，满足用户对钢材品质不断提高的要求，有效提高钢铁生产流程的综合经济效益。

所以针对铁水脱硫工艺的优化研究在不断地持续进行，脱硫工艺也在不断地完善和进步。该技术发展至今，脱硫工艺已经日臻完美。目前欧美新建的以铁水为主原料的钢厂全量采用铁水脱硫预处理工艺，对没有铁水预处理工艺的老厂进行改造和改建，对于脱硫工艺陈旧的老厂进行新工艺的改造，日本多数钢厂采用全量铁水脱硫预处理。新一代钢厂多采用全量铁水三脱预处理工艺，从而加快转炉生产节奏，实现紧凑、高效、节能的循环型炼钢生产模式，高效、低成本地生产洁净钢。首钢的一种铁水脱硫脱磷的工艺流程图如图 3-1 所示。

我国的铁水脱硫预处理工艺最早在 20 世纪 50 年代进行了研究，采用苏打撒入高炉出铁沟脱硫的方法进行脱硫，苏打分解的液态氧化钠有很强的腐蚀性，氧化钠挥发污染环境。用苏打脱硫产生的渣流动性好使得除渣困难，加上苏打价格相对较高，所以，国内的铁水脱硫工艺发展没有有效地进行，此后铁水脱硫的工艺基本上从国外引进。其基本情况为：

（1）1976 年，武钢首先引进日本新日铁的 KR 法。

（2）1985 年，宝钢引进日本新日铁的 TDS 法。同期鞍钢、天钢、宣钢、攀钢、酒钢和冷水江等钢厂先后建成我国自行设计的铁水脱硫站。

（3）1988 年，太钢引进铁水三脱技术，建成铁水预处理站。

（4）1998 年，宝钢一炼钢从美国引进石灰加镁粉复合喷吹脱硫技术，宝钢二炼钢厂从日本川崎制铁引进铁水三脱技术，进行混铁车喷吹铁水预处理。同年，本钢引进加拿大霍戈文厂工艺和美国罗斯波格喷粉设备，建成石灰加镁粉复合喷吹脱硫站。

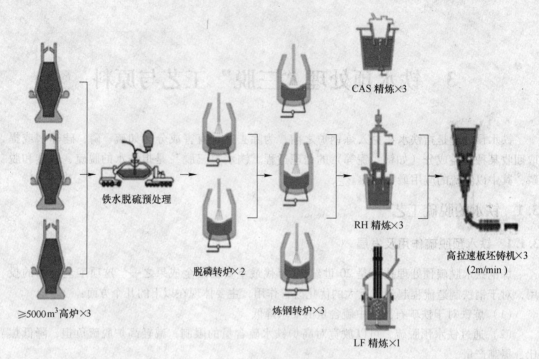

图 3-1　铁水脱硫脱磷的工艺流程图

（5）1999 年，鞍钢二炼钢也从美国引进石灰加镁粉复合喷粉设备。随后，包钢从美国引进了石灰加镁粉复合喷吹技术，并建成铁水脱硫站。

（6）2003 年，宝钢、鞍钢再次引进 ESMI 镁基复合喷吹技术。

（7）2004 年，本钢引进 Danieli Corus 镁基复合喷吹技术，武钢二炼钢增建 1 套 KR 法脱硫装置。

（8）2005 年，江阴特钢引进了 Diamond 公司的 KR 法脱硫装置。

在随后新建的冶炼优钢的大、中型钢厂，基本上全部采用有铁水脱硫预处理工艺的设计，使得我国钢厂生产流程的进化得以优化。

3.1.2　铁水的 KR 脱硫工艺

KR 法铁水脱硫，即机械搅拌法脱硫，就是将耐火材料制成的搅拌器插入铁水罐液面下一定深处，并使之旋转，当搅拌器旋转时，铁水液面形成"V"形旋涡（中心低，四周高），此时加入脱硫剂后，脱硫剂微粒在桨叶端部区域内由于湍动而分散，并沿着半径方向"吐出"，然后悬浮，绕轴心旋转和上浮于铁水中，也就是说，借这种机械搅拌作用使脱硫剂卷入铁水中并与铁水接触、混合、搅动，从而进行脱硫反应。当搅拌器开动时，在液面上看不到脱硫剂，停止搅拌后，所生成的干稠状渣浮到铁水面上，形成脱硫渣。为了防止转炉回硫和优化转炉的操作，需要将这些脱硫渣从铁水罐中间扒出，进入到专用的渣罐，这一过程即扒渣操作。扒渣后即完成铁水脱硫的目的，扒出的脱硫渣属一种还原性的冶金渣。

由于 KR 脱硫渣所具有的脱硫成本低于喷吹脱硫的成本，在深脱硫和流程影响方面优势突出，它具有投入生产使用较早的喷吹法无可比拟的某种优势，加上脱硫过程中的冶金反应控制的比较平稳，脱硫原料易于获得的优势，使得 KR 成为新建钢厂的一种选择。KR 脱硫的工艺示意图和实体照片如图 3-2 所示。

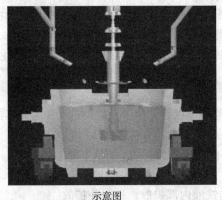 

示意图　　　　　　　　　　　　　　实体照片

图 3-2　KR 脱硫的工艺示意图和实体照片

3.1.3　铁水的喷吹脱硫工艺

喷吹法，是利用氮气或氩气作载体将脱硫粉剂（如 CaO、CaC_2 和 Mg）由喷枪喷入铁水中，载气同时起到搅拌铁水的作用，使喷吹气体、脱硫剂和铁水三者之间充分混合进行脱硫。目前，以喷吹镁系脱硫剂为主要发展趋势，其优点是设备费用低，操作灵活，喷吹时间短，铁水温降小。相比 KR 法而言，一次投资少，适合中、小型企业的低成本技术改造。喷吹法最大的缺点是，动力学条件差，脱硫过程中的喷溅严重，脱硫的成本高于 KR 脱硫的工艺。有研究表明，在都使用 CaO 基脱硫剂的情况下，KR 法的脱硫率是喷吹法的 4 倍。喷吹脱硫的工艺技术是乌克兰研究的喷颗粒镁底部直吹脱硫工艺较为普遍。喷吹的深脱硫效果优于 KR 脱硫工艺。

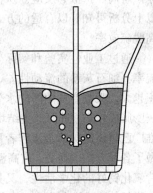

镁脱硫方法目前国内普遍应用的方式有：单喷颗粒镁、CaO-Mg 复合喷吹、CaC_2-Mg 复合喷吹，这几种方法均具有生产［S］≤ 0.005% 铁水的深脱硫能力。喷吹脱硫的工艺如图 3-3 所示。

图 3-3　喷吹脱硫
工艺示意图

3.1.4　喷吹工艺的脱硫原料

3.1.4.1　钝化镁粉

金属镁的化学性质比较活泼，为了防止在运输和使用时产生火灾，金属镁粉钝化处理后得到钝化镁粉。目前镁粒的表面处理有两种方法：一是化学反应法，镁粒表面的镁与钝化剂反应生成较致密的反应产物薄膜层；二是采用表面覆盖法，即在镁粒表面覆盖另一物质，该物质不与金属镁反应。采用方法一处理的镁粒钝化层均匀，钝化效果好，但会损失部分金属镁；采用方法二金属镁不会损失，但有钝化效果不均匀，钝化效果差等问题。目前也有使用稀土和稀土氧化物与氯化镁溶液进行复合钝化的处理工艺，某厂的钝化镁的理化指标见表 3-1。

表 3-1　某厂的钝化镁的理化指标

主要指标	Mg/%			≥92.00
次要指标	阻燃时间/s	自燃点/℃	堆积密度/g·cm^{-3}	粒度/mm
	≥10（1000℃）	≥560	≥0.50	≤0.85，其中 0.3~0.6 部分≥80.0%

钝化镁粉是一种危险物质,在生产现场泄漏后,极容易被现场的高温炉渣喷溅出的铁液颗粒破坏钝化膜,发生火灾。发生火灾后的处理难度较大,所以钝化镁粉的仓储、运输、使用的设备需要关注设备的安全性,防止泄漏。输送过程中的介质气体必须是 N_2 或者是惰性气体。

3.1.4.2　钝化石灰

铁水脱硫使用钝化石灰,主要考虑石灰破碎细小以后,便于反应的进行,因为不论哪一种脱硫反应,都是通过以下五个环节进行的:

(1) [S] 通过脱硫剂颗粒表面铁液边界层向反应界面扩散,即外扩散。

(2) 界面化学反应:$[S] + (O^{2-}) = (S^{2-}) + [O]$。

(3) [O] 离开反应界面通过铁液边界层向铁液内部扩散,也向外扩散。

(4) S^{2-} 穿过 CaS 产物层向石灰颗粒内部扩散,即内扩散。

(5) 石灰内部 O^{2-} 穿过 CaS 层向反应界面扩散,也是内扩散。

在高温下,界面化学反应速度非常快,以上所有脱硫各个环节过程中,脱硫剂参与脱硫基本上遵循:脱硫剂由大颗粒向小颗粒解离,小颗粒向大分子解离,大分子向小分子、小分子向原子解离、扩散、反应。从传输理论上讲,缩短反应时间,是提高脱硫效率的关键因素。通过以上分析可知,以合适的方式加入极细颗粒的脱硫剂,有利于脱硫反应的进行,能够有效地提高脱硫效率。

通过工业性实验和实际生产表明用细石灰粉使铁水脱硫是经济可行的,并可获得较高的脱硫率。细石灰粉的流动性差、较难输送和喷吹,并且易于吸潮水化。石灰的粒度越小,比表面积越大,吸收空气中间的水分的几率越大,由于石灰在空气中吸收水分产生的水化反应,使石灰膨胀成粉末,进而产生结块现象,影响了喷吹的进行和使用效果,这一问题随着喷粉技术的推广已越来越被冶金工作者重视,并广泛开展防水化方法的研究。防止氧化钙系材料的水化,做了各种方法的研究,有高温烧成法、添加物法、表面覆盖法等,但仍没有研制出一种既能保持氧化钙好的化学活性,又具有良好的抗水化性的氧化钙砂。高温烧成的死烧氧化钙,活性大大降低,仍不能充分防止水化。较好的方法是添加物法,用这种方法,若使添加物能完全覆盖到石灰颗粒的表面上,可以有效地防止水化,但添加物过多,有损于氧化钙特性的发挥。表面覆盖法也被提出,但只能减慢水化速度,不能完全防止水化。还有一种气相法钝化活性石灰的工艺,是将石灰石破碎到一定的颗粒,经过一定温度煅烧,使其成为活性石灰,然后让活性石灰冷却到预定温度后,通入钝化气体,在气体的作用下,活性石灰颗粒在表面形成一层无活性的钝化膜。利用这层钝化膜阻止薄膜内的 CaO 与空气中的水起反应。这层钝化膜在钢液中迅速被破坏,石灰的活性作用丝毫不受影响。但是使用硅油钝化技术却是一种比较经济的工艺方法,某厂对于钝化石灰的要求见表 3-2。

表 3-2　某厂对于钝化石灰的要求

主要指标	CaO/%		S/%		堆积角/(°)
	≥90.00		≤0.080		≤42
次要指标	灼减/%		粒度/mm		
	≤6.0		≤1,其中<0.044 部分大于 90.0%		

硅油等为生石灰表面疏水的优良改性剂,并由此制备出高疏水性与良好流动性的生石灰粉体,解决炼钢用生石灰粉剂易吸潮,流动性差而不便运输和贮存的难题,这就是钝化石灰的基本原理。钝化剂在石灰磨粉的同时加入,将钝化剂均匀地包覆于生石灰粉体表面,使其与空气

中的水和二氧化碳隔离，以此达到疏水的目的。研究表明钝化剂使用量 0.6% 时，疏水效果最佳；60℃条件下改性后的生石灰在 24h 内的质量平均增加为 0.92%。某厂钝化石灰的水化实验要求见表 3-3。

表 3-3　某厂钝化石灰的水化实验要求

时　间	1h	8h	24h	48h	72h	96h
变化情况	粉体浮于水面、无下沉，水清	粉体浮于水面、无下沉，水清	粉体浮于水面、无下沉，水清	粉体浮于水面、无下沉，水清	粉体浮于水面、有少许粉料下沉，水仍清	粉体部分悬浮，水微浊

3.1.5　KR 脱硫的原料

3.1.5.1　高铝渣粉

铁液的脱硫与脱氧是呈比例对应关系的。KR 法脱硫使用的脱硫剂主体是石灰，与铁水中的硫发生如下的脱硫反应：

$$[S] + (CaO) \Longrightarrow (CaS) + [O] \quad \Delta G_1^{\ominus} = 115430 - 38.18T$$

$$\Delta G_1^{\ominus} = -RT\ln Kr \quad Kr = \frac{a_{CaS}a_O}{a_S a_{CaO}}$$

由上式可以看出，降低铁水终点硫含量，要求高 CaO 活度及铁水的低氧活度。在铁水中，可能有 C、Si、Al 参与脱氧反应，其脱氧反应方程式如下：

$$[C] + [O] \Longrightarrow CO \quad \Delta G_2^{\ominus} = -840 - 81.46T$$

$$0.5[Si] + [O] \Longrightarrow 0.5SiO_2 \quad \Delta G_3^{\ominus} = -287175 + 109.42T$$

$$2/3[Al] + [O] \Longrightarrow 1/3Al_2O_3 \quad \Delta G_4^{\ominus} = -400690 - 128.76T$$

比较上述反应的标准自由能变化，不难发现在 1500℃ 以下，碳不参加脱氧反应。铁水中的脱氧元素主要是硅和铝，其脱氧顺序可以根据如下式子判断：

$$SiO_2 + 4/3[Al] \Longrightarrow [Si] + 2/3Al_2O_3 \quad \Delta G_5^{\ominus} = -219500 + 35.75T$$

比较以上几个脱硫反应式可知，热力学上 Al 和 CaO 共同脱硫时，最优先进行铝脱氧的反应。此时，石灰颗粒表面生成了钙铝酸盐，因而阻止了不溶解硫的硅酸盐层的形成，而且这些低熔点的反应产物层具有很大溶解硫能力，优化了脱硫的微环境，提高了 CaO 的脱硫速度和脱硫效率，由计算知反应平衡时能将硫降到很低的水平。但这些结果只是基于某些条件下的理论预测，实际中脱硫反应可能离平衡很远，并且脱硫效果的高低取决动力学条件。所以在 KR 脱硫过程中使用高铝渣粉是必须含有金属铝的原料，即高铝渣粉。

高铝渣粉是由金属铝粉末（颗粒）、氧化铝粉末、萤石粉末与少量炭粉等混合而成。高铝渣粉中 Al_2O_3 是中性偏酸的物质，从脱硫需要碱性这点上来说，对脱硫起到不利的作用，但是 Al_2O_3 具有复杂的作用。首先，它有降低脱硫产物 CaS 活度的效果，这使得熔渣具有更大的硫容量；其次，Al_2O_3 会降低 CaO 的熔点，改善渣的流动性，使渣具有更强的反应性能。但当铝渣用量过大时，Al_2O_3 使渣碱度降低，会使渣脱硫能力减弱，其中的金属铝是参与脱氧的。某厂使用的高铝渣粉成分见表 3-4。

表 3-4　高铝渣粉的成分　　　　（%）

组成	Al	Al$_2$O$_3$	SiO$_2$	C	P	S	粒度/mm
含量（质量分数）	45.4	41.3	4.65	1.17	0.12	0.33	5~15

3.1.5.2　混合脱硫粉

混合脱硫粉主要是石灰粉和萤石粉的混合物，也有石灰粉和石灰石粉、碳酸钠粉的混合脱硫粉，其主要的作用是氧化钙与硫形成化合物，萤石粉起到降低硅酸钙熔点的作用。某厂的混合脱硫剂的成分见表3-5。

表3-5　混合脱硫剂的成分　　　　　　　　　　　　　　（%）

组成	CaO	CaF$_2$	S + P
含量（质量分数）	80. 19	6. 20	0. 03

3.1.6　电石粉

电石粉末可以应用于喷吹脱硫，也可以应用于 KR 脱硫工艺。电石的化学名称就是碳化钙，分子式是 CaC$_2$，分子量为64.1，结构式为 $\overset{C\equiv C}{\underset{Ca}{\diagdown\diagup}}$。

电石工业诞生于 19 世纪末，当时电炉容量很小，只有 100~300kV·A 且是单相电炉，供电线路既长又笨重，采用间歇操作，生产技术处于萌芽阶段，所生产的电石只用于照明、金属的切割与焊接。进入 20 世纪，随着生产石灰氮（氰氨化钙）的工艺问世后，电石生产向前迈进了一步，以后相继采用了自焙电极、开放式电石炉、低烟罩式的半密闭式电石炉，电炉容量得以扩大。第二次世界大战以后，挪威和联邦德国先后发明了埃肯（Elekm）型和德马格（Demag）型密闭炉，接着世界上许多国家均采用这两种形式设计建设密闭电石炉。20 世纪 60 年代，世界上建成多座密闭炉，电石总产量达到千万吨。我国电石工业是在 20 世纪中叶发展起来的，从吉林建成1750kV·A 的开放式电石炉开始，抗美援朝后吉林又建成了第二座电石炉。1956 年河北省下花园建成一座容量 3000kV·A 电石炉，1957 年又从苏联引进一座容量为 40000kV·A 的长方形三相圆形密闭炉，1960 年我国共建成容量为 10000kV·A 开放式电石炉十多座。据 1983 年的不完全统计，全国共有电石厂 204 家，各种类型电石炉 433 座，其中绝大多数为开放炉。随着电石工业的发展，开放式电石炉逐渐过渡至半密闭式电石炉，最终朝着密闭式电石炉方向发展。因此，在 1986 年我国从国外引进 6 座密闭炉，其中西安电石厂、太原电石厂、包头电石厂、天津电石厂、浙江巨化和下花园电石厂各自引进一座 25.5MV·A 的挪威埃肯型密闭电石炉。进入 90 年代，由于盲目引进，技术不过关，大部分密闭炉纷纷停产。目前，国内在引进全密闭电石炉基础上进行技术改进和创新，已成功开发出技术更先进、更环保和更安全的国产化全密闭电石炉，生产的电石主要用途是电石法生产 PVC，以及冶金和其他行业。

3.1.6.1　电石的物理性质

电石的主要物理性质如下：

（1）纯的碳化钙几乎是无色透明的晶体，不溶于任何溶媒中。在 18℃ 时，相对密度为 2.22，化学纯的碳化钙只能在实验室中，用加热的金属钙和纯炭直接化合的方法而制得。我们通常所说的电石是指工业碳化钙。它是由生石灰和碳素原料制得。电石中除了含大部分碳化钙外，还含有少部分杂质，这些杂质都是从原料中的杂质转移过来的。

（2）电石的外观为各种颜色的块状体，其颜色随碳化钙的含量不同而不同，有灰色的、棕黄色的或黑色的，含碳化钙较高时则呈紫色。若电石的新断面暴露在潮湿的空气中，则因吸收了空气中的水分而使断面失去光泽变成灰白色。

（3）电石的相对密度决定于 CaC_2 含量，且随着碳化钙的含量减少，相对密度增加。

（4）电石的熔点也随碳化钙的含量改变而改变，纯碳化钙的熔点为 2300℃，工业碳化钙的含量一般为 80% 左右，其熔点常在 2000℃ 左右。工业碳化钙有两个最低熔点，第一个是相当于含碳化钙 69% 与含氧化钙 31% 的混合物；第二点是相当于含碳化钙 35.6% 与氧化钙 64.4% 的混合物。由此可知，影响电石熔点的因素不仅是碳化钙的含量，其他杂质如氧化铝、氧化硅与氧化镁等杂质也有影响。

（5）电石能导电，其导电性与电石纯度有关，碳化钙含量越高，导电性能越好；反之越差。当碳化钙含量下降到 65%~70% 时，导电性能达到最低值。同时，电石的导电性也与温度有关，温度越高，导电性则越好。

3.1.6.2 电石的化学性质

在无水的条件下，电石在氢气流中加热至 2200℃ 以上时，有相当量的乙炔和金属钙生成（$CaC_2 + H_2 = Ca + C_2H_2$）。

干燥的氧气在高温下与氧化碳化钙反应生成碳酸钙（$CaC_2 + 2O_2 = CaCO_3 + CO$）。

粉状电石与氮气在加热条件下反应生成氰氨化钙（$CaC_2 + N_2 = CaCN_2 + C$）。

除此之外，氯、溴、硫、氨、磷、氯化氢和乙醇等物质在一定条件下均能与电石发生化学反应，生成相应的化学物质。

电石的成分取决于冶炼的原料成分和操作控制，电石炉冶炼的工况不同，电石的成分也不相同，碳化钙含量为 85.3% 的电石的成分见表 3-6。

表 3-6 碳化钙含量为 85.3% 的电石的成分

组成	CaC_2	CaO	SiO_2	MgO	$Fe_2O_3 + Al_2O_3$	C
含量/%	85.3	9.5	2.1	0.35	1.45	1.2

炼钢使用的电石，其质量低于生产 PVC 的电石质量要求，某炼钢厂使用的电石要求见表 3-7。

表 3-7 某炼钢厂使用的电石要求

组成	CaC_2	CaO	SiO_2	MgO	$Fe_2O_3 + Al_2O_3$	C
含量/%	>65	—	<6	0.35	<2	—

3.1.6.3 电石的仓储和保管

电石属于危险的化学品，在钢铁企业的使用历史上，发生过多起因为电石造成的爆炸事故和火灾事故，并且炼钢现场的职工由于作业特点，人员接触后容易造成化学灼伤和化学伤害，形成职业性的肺癌、鼻咽癌和其他职业病，所以电石的管理要点主要有以下的特点：

（1）电石粉的罐车输送，注意罐车输送装置的完好，防止输送过程中的泄漏，输送过程中人员远离输送系统，防止电石粉伤人。

（2）人员皮肤和器官不能够直接接触电石和电石粉。

（3）仓储环境保持干燥和通风，电石仓周围的动火和其他作业之前，需要检测周边的乙炔气和有害气体是否超标，防止动火作业产生闪爆。

（4）电石上仓作业必须检查皮带机是否干燥，否则不能够上料作业。作者的钢厂发生过数起上料过程中皮带机潮湿引起的爆炸事故。

（5）电石采用吨袋包装的，必须采用隔潮塑料布或者油布进行防护。

（6）乙炔浓度控制在0.5%以下。

3.2　铁水预脱硅脱磷工艺

铁水预脱硅主要有三种方法：

（1）高炉出铁沟脱硅。

（2）鱼雷罐车或铁水罐中喷射脱硅剂脱硅。

（3）"两段式"脱硅，即为前两种方法的结合，先在铁水沟内加脱硅剂脱硅，然后在鱼雷罐车或铁水罐中喷吹脱硅。

铁水预脱磷主要有三种方法：

（1）在高炉出铁沟或出铁槽内进行脱磷。

（2）在铁水包或鱼雷罐车中进行预脱磷。

（3）在专用转炉内进行铁水预脱磷。

与鱼雷罐车内或铁水包内进行的铁水预处理脱磷相比，在转炉内进行铁水脱磷预处理的优点是转炉的容积大、反应速度快、效率高、可节省造渣剂的用量，吹氧量较大时也不易发生严重的溢渣现象，有利于生产超低磷钢，尤其是中高碳的超低磷钢。

铁水脱硅脱磷使用的原料包括球团矿、冷固球团、氧化铁皮。

3.2.1　球团矿

球团矿是把细磨铁精矿粉或其他含铁粉料添加少量添加剂混合后，在加水润湿的条件下，通过造球机滚动成球，再经过干燥焙烧，固结成为具有一定强度和冶金性能的球形含铁原料。

球团生产是使用不适宜烧结的精矿粉和其他含铁粉料造块的一种方法。球团法是由瑞典的A. G. Anderson 于 1913 年取得专利的。但正式采用是在 1943 年，美国开采一种低品位磁铁矿：铁燧石，精选出来的矿粉粒度很细，难以烧结，才开始球团生产和用于高炉的试验。50年代中期开始工业规模生产。由于各国天然富矿资源缺乏，必须扩大对贫矿资源的利用。正是球团工艺为细磨精矿造块开拓了新路，而且球团矿粒度均匀，还原性和强度好、微气孔多，故发展迅速。

球团生产大致分三步：（1）将细磨精矿粉、熔剂、燃料（1%~2%，有时也可不加）和黏结剂（如皂土等，约0.5%，有时也可不加）等原料进行配料与混合。（2）在造球机上加适当的水，滚成 10~15mm 的生球。（3）生球在高温焙烧机上进行高温焙烧，焙烧好的球团矿经冷却、破碎、筛分得到成品球团矿。某厂用于铁水脱硅的球团矿成分见表3-8。

表 3-8　某厂用于铁水脱硅的球团矿成分

组成	TFe	SiO_2	CaO	Al_2O_3	MgO	P	S
含量/%	55~65	2.5~3.5	2.0~2.5	0.6~0.8	0.03~0.08	0.03~0.04	0.03~0.05

3.2.2　冷固球团（尘泥团块）

利用冶金行业各种处理的含铁废料（包括沉泥、返矿、除尘布袋料、钢渣、磁选料、氧化铁皮、污泥、耐火材料、烧结团碎料，铁矿粉）加工成冷压球团，不必烧结可直接用作高炉、还原炉、化铁炉、矿热炉等炉料冶炼，还可以作为炼钢原料和铁水脱硅剂使用。已有多家炼铁、炼钢、化铁炉等行业应用。可使来源于冶炼行业中的副产品经过加工既满足炼钢过程中的脱硅和造渣需要，又将废料再变成钢，实现了炼钢过程的良性循环。

含铁高达 50% 以上的冷压球团 2t 钢团可以生产 1t 铁，炼钢适时加入冷压球团，解决了炼钢过程中的难熔现象，渣的熔点得到了降低，保证了渣的良好流动性。应用冷压球团还可以使钢铁料消耗和石灰消耗都有所降低。采用该黏结剂生产钢厂铁磷、钢渣、尘泥球团，1t 黏合剂可生产 30～50t 球团，无需烘干、自然固化、干燥后冷强度 100kg/球，耐高温 800℃，不散不粉、防水防潮。某厂生产的冷固球团是由轧钢的氧化铁皮、炼钢的氧化铁皮、OG 泥和除尘灰制备，成分复杂，但是作为脱硅的氧化铁的含量较高，能够满足脱硅的需要。

3.2.3　氧化铁皮

氧化铁皮是轧钢厂在轧制过程中轧件遇水急冷以后钢材表面产生的含铁氧化物，也有部分是轧件在加热过程中产生的氧化物，占轧件钢材的 3%～5%，$w(Fe)$ 最高达到 90%，是一种优良的氧化剂。

3.2.3.1　氧化铁皮的形成机理

钢铁在常温下会氧化生锈，在干燥的条件下，这一氧化过程缓慢，到 200～300℃ 时，表面会生成氧化膜，如果湿度不大，这时候的氧化还是比较缓慢的；如果温度继续升高，氧化的速度也随之加快，到了 1000℃ 以上的氧化过程激烈进行；当温度超过 1300℃ 以后，氧化铁皮开始熔化，氧化进行得更加激烈。

氧化过程是炉内的氧化性气体（O_2、CO_2、H_2O、SO_2）和钢的表面层的铁进行化学反应的结果，根据氧化的程度不同，生成几种不同的氧化物，（FeO、Fe_3O_4、Fe_2O_3）。氧化铁皮的形成过程也是氧和铁两种元素的扩散过程。在轧钢过程中的氧化铁皮，氧由表面向铁的内部扩散，而在炼钢的工序，钢水冷却过程中，由于温度降低，钢中氧的溶解度降低，氧开始析出，在钢坯的外表面反应，生成氧化铁皮的疏松层。

3.2.3.2　氧化铁皮的生成原因

影响生成氧化铁皮的因素有加热温度、时间、炉内气氛与原料的化学成分。在低温阶段加热时，生成的氧化铁皮较少；当加热到 850～900℃ 时，氧化铁皮的增加速度很快；温度超过 1200℃ 以后，氧化铁皮的产生量急剧增加。加热温度越高，时间越长，生成的氧化铁皮也越多，钢皮表面的氧化铁皮层越厚。

炉气内含有的氧化性气体 O_2、CO_2 和还原性气体 CO、H_2 以及中性气体 N_2，这些气体的数量上的不同，决定着炉气的氧化能力和还原能力。加热过程中的氧化性气氛越强，越容易生成氧化铁皮，反之亦然。通常的情况下，加热炉内含有过量的空气，故有助于氧化铁皮的生成，如果钢材含有铬镍铜铝等元素，所形成的氧化物薄膜致密，有保护钢坯表面继续被氧化的作用。

3.2.3.3　氧化铁皮的种类

钢坯表面的氧化铁皮的结构是分层的。一般氧化铁皮有 3 层，最外一层是 Fe_2O_3，约占整个氧化铁皮厚度的 10%，其性质细腻有光泽，松脆，易脱落，并且具有阻止内部继续剧烈氧化的作用；第二层是 Fe_2O_3 与 FeO 的混合体，通常写成 Fe_3O_4，约占全部厚度的 50%；第三层是与金属本体相连的 FeO，约占氧化铁皮厚度的 40%，FeO 的性质发黏，粘到钢坯上不容易清除。

氧化铁皮分为一次氧化铁皮、二次氧化铁皮、三次氧化铁皮和红色氧化铁皮。

(1) 一次氧化铁皮。钢在轧制之前，需要在 1100~1300℃ 加热和保温，在此温度下，钢坯表面与高温的炉气发生反应，生成 1~3mm 的一次鳞，也叫做一次氧化铁皮。一次氧化铁皮的内部存在较大的空穴，灰黑色鳞层，呈现为片状覆盖在钢坯的表面，主要成分是磁铁矿 Fe_3O_4。

(2) 二次氧化铁皮。热轧钢坯从加热炉出来以后，经过高压水去除一次氧化铁皮后，即表面氧化铁皮脱落，进行粗轧，在短时间的粗轧过程中钢坯表面与水和空气接触，钢坯表面产生了二次鳞，称为二次氧化铁皮。二次氧化铁皮受水平轧制的影响厚度较薄，钢坯与氧化铁皮的界面应力小，二次氧化铁皮为红色鳞层，呈现明显的长条，压入状，沿着轧制方向带状分布，主要为方铁矿（FeO）、赤铁矿（Fe_2O_3）等微粒组成。

(3) 三次氧化铁皮。热轧精轧过程中，钢坯进入每架轧机时，都将产生表面氧化铁皮层，轧制通过最终的除鳞或经过每架轧机之间时，将再次产生氧化铁皮，这时产生的氧化铁皮称为三次氧化铁皮。三次氧化铁皮缺陷肉眼可见，黑褐色，小舟状，相对密集，细小，散沙状地分布在钢材表面，细摸有手感，酸洗后在钢材表面缺陷是深浅不一的针状小麻坑。其成分与二次氧化铁皮的成分接近。

各种氧化铁皮是不可能在钢厂仔细分类的，通常是混合在一起，其主要的成分是磁铁矿和褐铁矿，某厂的轧钢氧化铁皮的成分见表 3-9。

表 3-9　某厂的轧钢氧化铁皮的成分

组　成	TFe	SiO_2	挥发分
含量/%	>60	<3	<10

所以氧化铁皮作为脱磷剂是一种效率较高的选择。

4 造渣材料

在炼钢过程中，造渣材料主要有石灰、石灰石、白云石、轻烧白云石、镁球、菱镁矿、萤石、火砖块、化渣剂、压渣剂、硅石、石英砂等，按照材料主要成分，可以分为钙质熔剂材料和镁质熔剂材料、硅质熔剂材料、化渣剂、脱氧剂。

4.1 钙质造渣材料

4.1.1 石灰

石灰是炼钢主要的造渣材料，主要成分为 CaO。它由石灰石煅烧而成。其来源广泛、价格低廉、具有较强的脱磷和脱硫能力，有利于转炉炉衬的安全。研究表明，石灰的熔化是一个复杂的多相反应，石灰本身的物理性质对熔化速度有重要影响。煅烧石灰必须选择优质石灰石原料，低硫、低灰分燃料，合适的煅烧温度以及先进的煅烧设备，如回转窑、气烧窑等。根据煅烧温度和时间的不同，石灰可分以下几种：

(1) 生烧石灰。煅烧温度过低或煅烧时间过短，含有较多未分解的 $CaCO_3$ 的石灰称为生烧石灰。

(2) 过烧石灰。煅烧温度过高或煅烧时间过长而获得的晶粒大、气孔率低以及体积密度大的石灰称为过烧石灰。

(3) 软烧石灰。煅烧温度在 1100℃ 左右而获得的晶粒小、气孔率高、体积密度小、反应能力高的石灰称为软烧石灰或活性石灰。

生烧石灰和过烧石灰的反应性差，成渣也慢。活性石灰是优质冶金石灰，它有利于提高炼钢生产能力，减少造渣材料消耗，提高脱磷、脱硫效果并能减少炉内热量消耗。

4.1.1.1 炼钢用石灰生产工艺简介

中国古代和现在的民间至今仍有不少土法烧石灰，即依土坡建一窑体，一层石灰石，一层煤块布料，从底部点火，大约烧一星期，火灭之后即开炉出灰，这是烧制石灰的最古老的工艺。起初的石灰烧制是为了建筑，当今冶金工业对石灰的需求量已大大超过建筑工业而成为第一大用户，对石灰的质量也提出更高的要求，要求石灰与钢水的反应性要好，活性度要高。普通石灰已无法满足炼钢生产的需要，在这种情况下，促进了石灰炉窑及其生产工艺发展，出现了能生产质量好、活性度高、热耗低、污染小、自动化程度高的活性石灰窑。根据工艺特点可分为竖窑和回转窑。

(1) 竖窑。即垂直于地平面呈方形或圆形的立式炉体，内衬用耐火材料砌筑，煅烧过程可控制。一般石灰石从上部装入，燃料在炉子的中央附近燃烧，烧成的物料从下部排除。炉体根据其功能分为预热带、煅烧带和冷却带三部分。气体穿过石灰石填充层的空隙而上升，石灰石经过受热、分解、出灰而下降。相向运动，气流层紊乱，接触面大，其传热速度快，热效率高，生产能力也比较大。煅烧过程中的三部分简介如下：

1) 预热带。预热带是从竖窑窑口往下至煅烧带的上界面，带间界限很难区分。石灰石在预热带逐步由常温加热至分解温度。石灰石烧成的单位热耗的高低取决于预热效果的好坏，也就是说尽可能使煅烧带和预热带交界处的气体和石料的温差减小，就能降低热耗。

2）煅烧带。煅烧带在预热带的下界至冷却带的上界面之间。一般位于炉窑的中间部位。石灰石在煅烧带分解生成氧化钙和二氧化碳。煅烧带的温度可调控。煅烧方法可按气体和石灰石相对移动方式不同分为逆流煅烧方式和顺流煅烧方式。

3）冷却带。竖炉内的冷却带是煅烧带下部延伸区段，一般位于窑体的下部。烧成石灰在冷却带温度逐步降低，释放出来的热量预热上行冷空气，在煅烧带未分解的石灰石在冷却带上部进行分解。

目前国外主要活性石灰竖窑有瑞士麦尔兹公司的并流蓄热式竖窑（又称麦尔兹窑）、意大利特鲁兹公司的弗卡斯窑和贝肯巴赫套筒窑、意大利肯普罗格蒂（Cimprogetti）公司的双 D 型石灰竖窑、德国 CID 石灰窑、日本的废气调控式竖窑等。

我国气烧活性石灰竖窑起步于 20 世纪 60 ~ 70 年代，当时冶金石灰工程技术人员就开始进行气烧石灰窑的探讨，并且在太钢、新余钢厂等地进行了气烧石灰窑试验，在此基础上形成了以新余钢厂为代表的采用高炉煤气为燃料的石灰竖窑，并在舞阳钢厂建成了以冷发生炉煤气为燃料的 120m^3 石灰竖窑。20 世纪 90 年代，由中冶集团鞍山焦化耐火材料设计研究总院吸取国外先进技术、结合国内实际开发的新型气烧石灰竖窑已在邯钢、天钢、海钢、凌钢、北满钢厂等使用。国内开发的气烧石灰竖窑容积在 80 ~ 200m^3，单窑产量在 150t/d 以下，热耗在 1050 ~ 1900kcal/kg（4390 ~ 7950kJ/kg）石灰，炉窑利用系数在 0.4 ~ 1.0t/（m^3·d），活性度可达 300 ~ 350mL。

（2）回转窑。回转窑生产石灰，以美国为最多，约占其石灰产量的 80%。欧洲生产石灰以竖窑为主，但也有用回转窑的。我国的武汉钢铁公司、马鞍山钢铁公司等也使用回转窑生产石灰。

回转窑之所以得以发展是由于产品活性度高、生产能力大、性能稳定、可利用小颗粒石灰石（7 ~ 40mm）。回转窑的主要设备是预热器、回转器、冷却器。辅助设备是石灰石储藏设备、供给设备、废气处理除尘设备、产品存储设备以及燃烧设备等。这些设备依炉子的制造厂、形式以及总平面布置等的不同而各异。

1）预热器。石灰石在预热器中被回转窑燃烧产生的尾气加热，逐步向下送至回转窑。预热器可分为立式预热器和栅格式预热器。

2）回转窑。预热后的石灰石在回转窑内翻滚煅烧。回转窑是由耐火材料内衬砌筑的圆形筒体，数组轮箍式滚轮组成的支撑装置，外周齿轮、小齿轮组成的传动装置，窑体出口、入口密封装置以及出口烟罩组成。

3）冷却器。在冷却器中石灰逐步降温，利用其放热来加热冷空气，加热后的空气作为二次空气用于窑内。冷却器有立式和栅格式。回转窑的投资大，占地面积大，单窑产量高，日最高产量可达 1000t 左右。回转窑的生产工艺如图 4-1 所示。

活性石灰是钢铁工业的基本原料，它作为炼钢的造渣剂，具有缩短冶炼时间、提高钢水纯净度及收得率、降低石灰及萤石消耗、提高转炉炉衬寿命等优点。因此，发达国家已 100% 采用活性石灰炼钢，我国在 1983 年冶金部召开第一次全国转炉炼钢会议时就有明确的规定，转炉炼钢使用活性石灰是一项基本的技术政策。此外，活性石灰还应用于钢水精炼和铁矿粉的烧结过程中，也有很好的效果。

煅烧石灰的窑炉按燃料分有混烧窑（即烧固体燃料焦炭、焦粉、煤等）和气烧窑（高炉

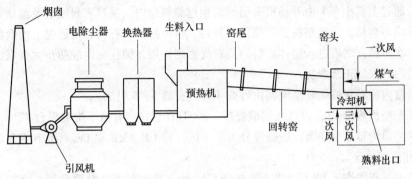

图 4-1 回转窑生产石灰的工艺

煤气、焦炉煤气、电石尾气、发生炉煤气、天然气等)两大类。按窑形分有竖窑、回转窑、套筒窑、西德维马斯特窑、麦尔兹窑(瑞士)、弗卡斯窑(意大利)等。按照操作的压力控制区分又有正压操作窑和负压操作窑之分。石灰窑主要由窑体、上料装置、布料装置、燃烧装置、卸灰装置、电器、仪表控制装置、除尘装置等组成。不同形式的石灰窑,它的结构形式和煅烧形式有所区别,工艺流程基本相同,但设备价值有很大区别。以下介绍两种常见的石灰生产窑炉的工艺。

A 竖窑生产石灰的工艺简介

目前煅烧石灰窑大致有普通竖窑(含节能窑)、并流蓄热式竖窑、套筒式竖窑、梁式竖窑、回转窑、沸腾窑(悬浮窑)、气烧竖窑等。常见的环形套筒式竖窑的结构如图4-2所示。

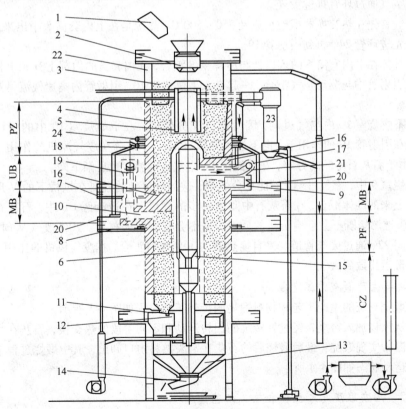

图 4-2 环形套筒式竖窑结构

石灰石通过上料小车 1 由卷扬机牵引到窑顶过渡料仓内，通过密封闸板及溜槽进入旋转布料器 2 进行均匀布料，旋转布料器下部设一料钟，料钟打开，石灰石再通过上内套筒顶部的分布器进行二次布料，然后进入窑体。料钟具有气密的作用，锁住窑内腔防止大气在窑顶部被吸入，影响窑内石灰的正常煅烧。

套筒竖窑内的石灰煅烧环形空间由外壳 4 和内套筒 5、6 组成。

石灰石先经预热带 PZ，再进入到煅烧带。500TPD 套筒窑有两个烧嘴平台 7、8，每个平台上，沿窑体圆周均布 6 个烧嘴。煅烧带分为三个区，即 UB、MB 和 PF。UB 和 MB 属逆流煅烧区，PF 属并流煅烧区。

石灰经过并流煅烧区 PF 后，进入冷却带 CZ。由于废气风机从窑顶吸气，冷却空气从窑底自然吸入窑体来冷却石灰。冷却后的石灰通过液压排料装置 11，经出灰闸板 12，进入窑底料仓 13。再通过窑底的振动给料机 14 将煅烧好的石灰排入成品石灰储运系统。

内套筒 6 上有开孔 15 和气道，循环气体从此进入内套筒。上下两层燃烧室 9、10，沿圆周均布，在内套筒 6 上循环气体入口也沿圆周均布，保证整个横截面上气流的均布。上拱桥 16 由耐火材料组成，位于上燃烧室出口的上部，石灰石在向下移动的过程中，在上拱桥下形成一个 V 形的空间，两边布满石灰石，热量通过这个空间向石灰石里渗透，进行煅烧。沿环形截面均布 6 个拱桥，整个石灰石就能均匀的煅烧。

内套筒内外都有耐火材料，内套筒夹层采用空冷，冷却空气的出口管在上拱桥 16 内的管 17。冷却空气从管 17 出来后，进入冷却空气环管 18。一部分作为二次风进入烧嘴参与燃烧，剩余的冷却空气通过环管排进大气。

驱动空气首先在热交换器中被预热到 350~500℃，热源是在上内套筒 5 中出来的废气，被预热的空气先进环管 24，再到引射管 19。

并流的气体在下内套筒 6 的入口处与冷却空气汇合，在内套筒的内部上升到上拱桥中循环管 21，再到引射管中与驱动空气汇合，一起进入下燃烧室 10，引射管内高速气流是产生循环气体动力。

由于在下燃烧室 10 内空气过剩，因此燃气充分燃烧。在下燃烧室 10 中的气体分为两部分，一部分在引射管 19 的作用下，向下进入并流区 PF，一部分在废气风机的作用下，进入逆流区 MB。由于石灰石不断的分解，在并流区 PF 中气体的温度也逐渐下降。

在上燃烧室 9 中，燃气过剩，不能充分燃烧，这部分过剩的燃料在拱桥下的 V 形空间内与从下燃烧室上来的气体汇合，在石灰石中间进一步的燃烧．在逆流区 UB 中，石灰石大部分已分解，这种渗透燃烧既不会影响石灰的质量，也不会影响耐火材料。70% 废气从预热带 PZ 上升到环型空间 22，通过废气管道与来自换热器的 30% 废气汇合，在废气风机的作用下，经过布袋除尘器，最后排放到大气中。

B　回转窑生产石灰的工艺简介

回转窑煅烧石灰的生产工艺和物料煅烧的传热工艺过程如图 4-3 所示。

石灰石从入口加入窑尾，经过回转窑的回转运动和不同阶段的热交换，石灰在移动的过程中不断的升温，实现煅烧，最后煅烧后的石灰在窑头熟料出口卸出，其中煅烧过程中石灰石在回转窑内的运动状态如图 4-4 所示。

4.1.1.2　石灰煅烧基本原理和热工工艺简介

石灰石主要成分是碳酸钙，而石灰成分主要是氧化钙。烧制石灰的基本原理就是借助高

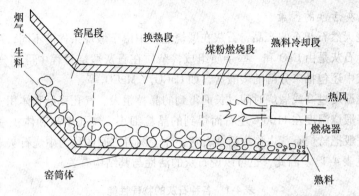

图 4-3 回转窑煅烧石灰的生产工艺和物料煅烧的传热工艺过程

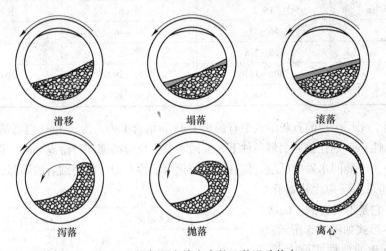

图 4-4 石灰石在旋窑内的 6 种运动状态

温，把石灰石中碳酸钙分解成氧化钙和二氧化碳。它的反应式为：

$$CaCO_3 \Longrightarrow CaO + CO_2 - 42.5kcal$$

煅烧的工艺过程为，石灰石和燃料装入石灰窑（采用气体燃料的窑炉燃料经管道和燃烧器送入）预热后到 850℃ 开始分解，到 1200℃ 完成煅烧，再经冷却后，卸出窑外，即完成生石灰产品的生产。不同的窑形有不同的预热、煅烧、冷却和卸灰方式。但有几点工艺原则是相同的：原料质量高，石灰质量好；燃料热值高，数量消耗少；石灰石粒度和煅烧时间成正比；生石灰活性度和煅烧时间、煅烧温度成反比。烧 1t 石灰按理论计算需 1.78t 石灰石，但煅烧时"生""过"烧的高低和石灰石质量好坏也有一定区别。

A 石灰窑的燃料与燃烧

烧石灰的燃料很广泛，固体燃料、气体燃料、液体燃料都可以，但新技术石灰窑的燃烧原则是：哪种燃料最经济，哪种燃料更有利于环保、哪些燃料更能节约能源是新技术石灰窑的关键。现在使用普遍的主要是焦炭和煤气。就新技术来说最理想的还是煤气，包括高炉煤气、转炉煤气、焦炉煤气、电石尾气（煤气）、发生炉煤气等。因为这些气体燃料都属于废物利用，循环经济性质。特别像焦炉煤气现在大部分分散，资源十分丰富；其次是高炉煤气，再就是电石尾气，这些煤气若利用起来，一来可大量节约能源，二来有利于环境保护，企业同时能够收到很好的经济效益。但是采用燃料的成分，会影响到石灰中的硫含量。

B　影响石灰活性的因素

石灰是煅烧天然石灰石的产品，石灰在煅烧过程中由于煅烧条件的不同，可以得到不同的石灰。实际上，石灰是由 CaO 和一些杂质组成，杂质在石灰煅烧过程中可部分同 CaO 发生反应，石灰的组成中还包括未分解的碳酸盐，如 $CaCO_3$、$MgCO_3$ 等。

一般把煅烧温度过高或煅烧时间过长而得到的晶粒粗大、气孔率低和体积密度大的石灰称为硬烧石灰；将煅烧温度在 1100℃ 左右而得到的晶粒细小、气孔率高和体积密度小的石灰称为软烧石灰。一般把软烧石灰也称为活性石灰，介于两者之间的称为中烧石灰。各种石灰的物理性能不同（见表 4-1）。因此，也可以说石灰的活性与其结构有关。

表 4-1　各种石灰的物理性能

类　型	轻 烧 石 灰	中 烧 石 灰	硬 烧 石 灰
晶粒直径/μm	1 ~ 2	3 ~ 6	晶粒连接
气孔率/%	46 ~ 55	34 ~ 46	< 34
体积密度/g·cm⁻³	1.5 ~ 1.8	1.8 ~ 2.2	> 2.2
比表面积/cm²·g⁻¹	17800 ~ 19700	3200 ~ 5800	400 ~ 980
活性度/mL	> 300	150 ~ 300	< 150

一般来讲，工厂生产的石灰组成中有游离 CaO 和结合 CaO。游离 CaO 包括活性 CaO 和非活性 CaO。活性 CaO 是在普通消解条件下，能同水发生反应的那部分游离 CaO；非活性 CaO 在普通消解条件下不能同水发生反应，但有可能转化为活性 CaO（如磨细后的那部分游离 CaO）；结合 CaO 是同杂质反应生成新化合物的 CaO，它是不可逆的。CaO 在石灰中存在形式如图 4-5 所示。也就是说，石灰的活性实际上是活性 CaO 含量多少的反应，一般把活性 CaO 含量高的石灰称为活性石灰，把活性 CaO 低的石灰称为非活性石灰或硬烧石灰。

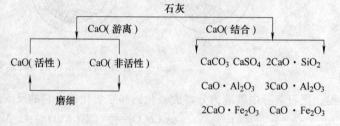

图 4-5　石灰中氧化钙的存在形式

石灰石的煅烧是石灰石菱形晶格重新结晶转化为石灰的立方晶格的变化过程。其变化所得晶体结构与形成新相晶核的速度和它的生长速度有关。当前者大于后者时，所得到的为细粒晶体，其活性 CaO 分子数量多，具有高的表面能；反之，所得为低表面能的粗粒晶体，其活性 CaO 分子数量少。在石灰石快速加热煅烧下，所得到的为细粒晶体结构的石灰，活性度就高；缓慢加热煅烧时，所得为粗晶体结构的石灰，活性就低。因此，从石灰的煅烧过程来看影响石灰活性的因素有：

（1）原料石灰石的化学成分、晶质结构和物理性能。用于生产石灰的原料是碳酸盐类岩石，以 $CaCO_3$ 为主要成分，通称为石灰岩，即石灰石。$CaCO_3$ 以方解石和文石两种矿物存在于自然界。方解石属于三方晶系，六角形晶体，纯净的方解石无色透明，一般为白色，密度为 $2.715g/cm^3$，莫氏硬度为 3，性质较脆。文石属于斜方晶系，菱形晶体，呈灰色或白色，密度为 $2.94g/cm^3$，莫氏硬度为 $3.5 ~ 4$，性质较致密。冶金石灰石经工业窑炉煅烧后，应能获得具有一定强度、粒度、和化学成分的冶金石灰。

石灰石的煅烧过程实质上就是 $CaCO_3$ 的分解过程，煅烧所得到的成品生石灰的主要成分是 CaO。所以，石灰石的化学成分基本上就决定烧成石灰的化学成分，为了获得 CaO 高的冶金石灰，就必须选择优质的石灰石，它的 CaO 含量应高，杂质成分低。

（2）石灰石中 $CaCO_3$ 的含量。石灰石中 $CaCO_3$ 的含量直接影响着煅烧后石灰中 CaO 的含量，石灰的活性与其 CaO 含量直接有关。一般来讲，同比的煅烧条件下，石灰石中间的 CaO 含量越高，烧制的石灰活性越好。

（3）石灰石中 $MgCO_3$ 的含量。石灰石中常含有 $MgCO_3$，且含量变化较大。生产中一般不把 $MgCO_3$ 作为杂质考虑，但是由于 $MgCO_3$ 的分解温度较低，在 $CaCO_3$ 尚处在预热温度时，即开始分解并吸收热量，使 $CaCO_3$ 得不到充分预热，并使其分解反应滞后，生烧增多，从而会降低石灰活性度；而已分解的 MgO 在 $CaCO_3$ 的分解温度下失去活性，变成死烧块，相应也降低了石灰的活性度。由于白云石和石灰石的分解温度差别较大，因此对煅烧石灰来讲 $MgCO_3$ 应视为杂质。同时，如果石灰石中的 MgO 含量过高，相应地使石灰石中的 CaO 含量减少，从而降低了石灰的活性。

（4）石灰石中杂质。石灰石中有害杂质有：SiO_2、Al_2O_3、Fe_2O_3、Na_2O、K_2O、P、S 等。这些杂质在较低温度下（900℃）就与烧成石灰（CaO）开始反应，促使 CaO 微粒间的融合，导致微粒结晶粗大化。铁的化合物和铝的化合物是强的助熔剂，能促使生成易熔的硅酸钙、铝酸钙和铁酸钙。这些熔融的化合物会堵塞石灰表面细孔，使石灰反应性能下降；还会阻塞 CO_2 气体的排出，形成中心某些部位的生烧石灰，更主要的是它又和石灰发生反应，黏结在一起形成渣块，使石灰窑窑况失调，严重降低石灰活性。因此冶金石灰石结构应致密、坚硬、具有一定的力学强度，具有较好的耐热不崩裂性能。石灰石抗压强度应不小于 $2000kN/cm^3$。石灰石中不得混入泥沙和其他杂物，入窑前应进行必要的破碎、筛分和水洗。

（5）石灰石的结晶组织。一般说来，致密而结晶粗的石灰石分解较差。这是因为结晶好而密度高的石灰石缺乏 CO_2 逸出的通道，导致 CO_2 难以发生扩散转移，烧制的石灰活性度较低。相反，结晶小的石灰石晶粒间不严实，结构为多孔状，CO_2 容易分离，便于煅烧，煅烧得到的石灰活性较高。石灰石、石灰的晶粒结构和晶粒大小与石灰的活性度有着密切的关系。

在实际石灰生产中，煅烧含致密的方解石较多的石灰石容易发生破裂或粉化现象，会造成堵塞石灰煅烧炉的空隙，在同样的煅烧强度下会降低石灰的活性。相反，结晶小的石灰石容易分解，煅烧后粉化和散裂少，烧成的石灰气孔多，比表面积大，因此活性也较高。所以石灰石的结晶组织对石灰的煅烧有较大的影响，进而影响石灰的活性。

（6）装入煅烧设备的石灰石块度。在石灰石煅烧过程中，原料石灰石粒度的影响是非常大的。由于 CO_2 的分离是由石灰石表面向内部慢慢进行的，所以大粒径石灰石比小粒径的煅烧要困难，需要的时间也长。根据研究人员的研究结果表明，从大粒径石灰石中释放出 CO_2，因从结晶格子内部排出气体，故必须有高的温度产生高的 CO_2 压力。为了提高冶金石灰的产量和质量，入窑石灰石的粒度应严格控制在一定范围内，且均匀性好。已有的研究结果证明，石灰石热分解所需要的时间也因石灰石粒度的差别而受到很大影响，该时间与粒度的 2~3 次方成正比，而且随气氛温度而变化。一般认为，许多实际的石灰煅烧炉用的石灰石最大粒径与最小粒径之比，都处于 (2~4):1 的范围之内，竖窑可选用 20~60mm 或 40~80mm，回转窑可选 10~40mm。所以，石灰石的粒度的均匀性直接影响石灰的活性。

（7）煅烧设备的类型。石灰的活性大小很大程度上取决于煅烧石灰石所用的煅烧设备。各种窑型生产的石灰活性见表 4-2。

表 4-2　各种窑型生产的石灰活性

指标	普通竖窑	并流蓄热式竖窑	套筒窑	回转窑	沸腾窑
活性度/mL	150～250	320～400	320～400	350～400	400

1) 普通竖窑煅烧不出高活性石灰，其主要原因是：①竖窑截面气流分配不均，物料下移快慢不一致，同一断面上温差大，形成局部高温区和低温区，致使石灰焙烧度不均匀，石灰的活性差；②物料在窑内停留时间长，一般为 20～45h 左右，生石灰晶格重新排列，晶粒增大，结果生成反应能力低的非活性石灰；③我国石灰竖窑一般用焦炭和煤作燃料，因焦炭和煤粉生成的灰分残留在石灰中，造成石灰杂质增多。在煅烧过程中固体燃料中的灰分和石灰易生成 $CaO \cdot Fe_2O_3$、$CaO \cdot Al_2O_3$、$2CaO \cdot SiO_2$、$CaSO_4$ 等盐类，生成非活性石灰，减少了游离 CaO 的数量。但如果改善操作条件和原料、燃料条件，可以使石灰活性度达到 300mL 左右。由于气烧竖窑采用的燃料—般是高炉煤气，煤气中杂质少，石灰中游离 CaO 含量就相对的高。同时，采用周边或中心烧嘴把燃烧的热气体送入料块间，均匀了竖窑截面的温度。因此，气烧竖窑可以提高石灰的活性。

2) 并流蓄热式竖窑能煅烧出活性石灰。并流蓄热式竖窑有两个窑身或三个窑身，在两个或三个窑身下部之间设有连通管。燃料在窑身上部供给，气流与物料并流向下，经过连通管，进入另一窑身。因此窑身上部安装有换向系统，一个窑身被加热，另一个或两个窑身被预热。大约间隔12min 变换一次窑身功能。因此，石灰石的预热阶段采取逆流换热，使石灰石表面快速分解；在煅烧带，石灰石的分解速度由其热传导率控制，并流煅烧可使石灰石缓慢向其内部传热而分解，其表面致密化程度低，烧出的石灰质量均匀，活性度高。

3) 套筒窑能够生产活性石灰。这是因为：①其内部采取内套筒，减少了竖窑的"边壁效应"，窑内气流分布均匀；②在煅烧带上部逆流煅烧，加快了石灰石的分解速度。下部煅烧带采取并流煅烧，使石灰的质量均匀。

4) 回转窑能煅烧出高活性石灰。回转窑内传热主要为辐射传热，而在石灰层内部主要依靠传导传热。通过窑体不断旋转，在物料滚动过程中，大颗粒在物料上层，小颗粒在料层下部，不同粒度石灰石都得到均匀加热，生成石灰的质量均匀而活性度高。

5) 悬浮窑可煅烧出高活性石灰。这种窑能烧极细颗粒石灰石，并在悬浮状态下煅烧，物料受热均匀。煅烧温度较低，煅烧时间短，因此生成的石灰反应能力十分强烈。

2006 年，李道忠在中国石灰工业技术交流会与合作大会上发布的研究成果也表明，相同的原料条件下，竖窑和回转窑的石灰质量对比有以下的特点：

1) 回转窑的 CaO 比竖窑低 3%，活性度低 35，烧失高 5。

2) 回转窑的石灰多为中烧石灰，竖窑为软烧石灰。

3) 回转窑的石灰参与冶金反应的溶解速度低于竖窑石灰。

以上的这些原因是煅烧工艺条件决定的，即使通过提高管理方法，也不能够消除这些差距。

(8) 烧成温度。研究人员对于石灰石在试验室煅烧试验的结果分析表明，石灰石在 1000～1100℃ 左右的温度下生产的石灰疏松多孔，CaO 晶粒高度弥散，排列杂乱且晶格有畸变，使其具有大的比表面积和高的自由能（活性度高）。随着温度的升高，CaO 晶体结构不断发育，由杂乱排列逐渐排列紧凑，结构致密，石灰体积收缩，气孔率下降，比表面积降低，石灰活性降低。因此煅烧石灰的温度应控制在 1200℃ 以下，最佳煅烧温度为 1000～1150℃。不同温度生产的石灰活性见表4-3。

表 4-3 不同温度生产的石灰活性

温度/℃	800	900	1000	1100	1200	1300	1400
体积密度/g·cm^{-3}	1.59	1.52	1.55	1.62	1.82	2.05	2.6
气孔率/%	52.5	53.5	52	50	47	35	27
比表面积/cm^2·g^{-1}	19.5	21	18	16.5	12	4.5	1.5
过烧率/%	—	5	10	20	40	50	65
活性度/mL	202	268	320	378	310	260	230

（9）煅烧时间。从理论上来说，随着煅烧时间的延长，石灰的体积密度逐渐增大，从而使石灰气孔率降低，比表面积缩小，CaO 晶粒长大，石灰活性降低。石灰石在受热分解时，放出了 CO_2，使石灰的晶粒上出现了空位，CaO 晶粒处于不稳定状态，CaO 分子比较活泼，因而活性高，这时快速冷却，把石灰这种不稳定的组织结构固定下来，石灰活性就会提高。石灰的密度越小，气孔率就越高，比表面积就越大，其活性就越高。

在实际生产中石灰的煅烧可以采用高温快烧和低温慢烧。如带预热器的回转窑生产活性石灰，就是采用高温快烧方式，火焰温度达 1400~1500℃，窑内物料温度 1200~1250℃，只要控制石灰石在窑内的停留时间就能烧出活性高的石灰。各种竖窑都是采用低温慢烧石灰的，石灰石在窑内的停留时间较长，约 24h 以上，在缓烧带也要停留 5h 以上。因此，必须严格控制煅烧温度。但是由于竖窑内下料的不均匀性，致使石灰石停留的时间过长或过短，从而导致石灰的欠烧或过烧而影响了石灰的活性。

（10）所用燃料的类型和数量。对于石灰竖窑，所用的燃料有固体（包括块状和粉状）、液体和气体燃料。在竖窑中，块状固体燃料（包括煤、焦炭等）和石灰石相互隔开，不能形成连续的燃料燃烧层，而成为被煅烧物隔开的许多燃烧中心（贫化层）。在每个燃烧中心的温度可达 2000℃，紧邻其区域内的物料就会局部过热。同时，燃料的粒度对燃烧影响较大，粒度不均匀，燃料燃烧周期长短不一，燃料块与石灰石难以充分混匀，都会导致窑内温度分布不均。因此会造成石灰的煅烧不均匀，生过烧现象严重，影响石灰活性。目前国内的普通竖窑烧制的石灰活性度不超过 250mL。竖窑使用气体、液体或粉状固体燃料时，一种是使用烧嘴，燃料主要在块状料层中的燃烧，一方面密实的料层会阻碍燃料和气体充分、迅速的混合，从而大大地延缓了燃烧；另一方面炽热的物料又加速活化中心的产生，活化中心又加速主要反应的进程。窑内温度基本上是一致的，使石灰的煅烧均匀。例如梁式竖窑、并流蓄热式竖窑、气烧竖窑等。另一种是燃料在燃烧室内燃烧，热气体进入窑内，温度均匀的热气体对石灰石进行加热，使石灰煅烧均匀。例如套筒窑、双斜坡窑等，当然也存在第一种形式。目前国内的套筒窑、梁式竖窑、并流蓄热式竖窑烧制的石灰活性度都在 300mL 以上，气烧竖窑在 250~300mL。

对于回转窑，主要使用气体、液体和粉状固体燃料。在窑内，气体和物料逆流运动。燃料和空气自烧嘴喷出后，在窑的一段距离内出现燃料空气混合物的短黑火头，黑火头末端着火燃烧。传热由火焰直接辐射和由气体向物料及未被物料覆盖的窑壁对流来进行。热量还由加热的窑壁辐射传到物料的暴露表面，再由导热传给物料的隐蔽表面。气体温度高于 900~1000℃时，窑内主要以辐射传到物料表面。同时，由于窑筒体的转动，大料块被扬起并在料层表面翻滚。这样，大料块更多地暴露于高温区域，从而比沿着窑衬滑行的小粒度料层获得更多的热量。窑体的连续转动使得大料块的各个表面在煅烧过程中都能够接触火焰和高温燃气。这样，石灰石表面不会出现过烧。目前国内用回转窑烧制石灰的活性度均在 300mL 以上。

总的来讲，烧固体燃料时，燃料中的灰分对石灰活性有一定影响，灰分过多易产生粘窑、结砣等事故。对竖窑来说，也会堵塞气体通道，增大气流阻力，影响气流分布。例如，国内部分钢铁企业和建材、化工企业采用固体燃料烧石灰，烧出的石灰质量较差，活性度一般不超过300mL，但是由于受燃料资源的限制，固体燃料也是不可缺少的。气体和液体燃料因自身杂质少，燃烧均匀，烧出的石灰纯度高、质量好。但是，液体燃料比较短缺，烧制石灰很少采用；选择气体燃料既方便又可提高石灰的活性。武钢、鞍钢、宝钢、马钢、首钢、梅钢、本钢烧焦炉煤气、转炉煤气或混合煤气等二次能源；新余、萍乡等烧高炉煤气，所生产的石灰活性度都达到300mL以上。

4.1.1.3　活性石灰的贮存时间和方式对其活性的影响

CaO 在常温下能与水迅速反应生成消石灰，产生大量的热。反应方程式：

$$CaO + H_2O \Longrightarrow Ca(OH)_2$$

这个反应的速度在100℃以内时，随着温度的升高而加快，当温度超过100℃后，反应速度减慢。在密闭容器内，当温度升至547℃时，CaO 的水化反应与 $Ca(OH)_2$ 的分解反应达到平衡。由于石灰具有易吸水分而自行消化的特点，所以石灰的贮存方式和时间也对石灰活性有较大影响。研究人员对活性石灰进行贮存时间和方式影响石灰的活性测定，采用两种贮存方式，一是把石灰放在干燥器中保存，一是在恒温恒湿箱（温度常温，相对湿度35%）中。试验结果发现，活性石灰在相对湿度30%的条件下，贮存3天就已水化，表面粉化。随着存放时间延长，石灰的活性下降显著，贮存10天后已基本上无活性。活性石灰在干燥器内贮存基本上活性度未变化。因此，活性石灰对炼钢厂来讲应该尽快使用，无保护的贮存应控制在3天之内。某厂运输石灰过程中石灰的活性度变化见表4-4。

表4-4　某厂运输石灰过程中石灰的活性度变化

运输距离/km	石灰活性度/mL		
	装车样	卸车样	差值
7	374	360	14
7	371	356	13
7	344	330	14

采用无篷汽车运输石灰时，要做好防护措施，雨中运输防护更为重要。其原因是石灰吸收空气中水分自行消化成 $Ca(OH)_2$，因而使石灰活性度降低。由此可见，活性石灰在贮存和运输过程中应采用密封装置。某厂的石灰存放时间对其活性的影响如图4-6所示。

要保证炼钢使用高活性的石灰，应做到：

（1）选择合适的窑型。近年来国内生产实践证明，回转窑、并流蓄热式竖窑、套筒窑、梁式竖窑、悬浮窑、气烧竖窑等都能生产出优质活性石灰，满足了大型钢厂的要求，是今后发展的方向。

（2）要重视原料质量。对石灰石要进行预处理，尽可能采用分级、水洗设施，使石灰石杂质少、粒度均匀。

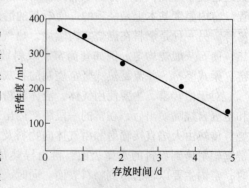

图4-6　石灰存放时间对其活性的影响

（3）燃料根据条件可选择不同种类，选择气体燃料生产活性石灰更为有利。

（4）煅烧的工艺参数极其重要。不同粒度的原料要有不同的煅烧制度，不同产地的原料煅烧制度也不同，因此，根据不同的窑型和原材料制定不同的煅烧制度。

（5）要重视石灰在贮存和运输过程中的条件和时间。

4.1.1.4　炼钢过程中石灰的溶解过程

石灰的溶解在成渣过程中起着决定性的作用，在转炉的冶炼过程中，在25%的吹炼时间内，渣主要靠元素 Si、Mn、P 和 Fe 的氧化形成。在此以后的时间里，成渣主要是石灰的溶解，特别是吹炼时间的60%以后，由于炉温升高，石灰溶解加快使渣大量形成。石灰在炉渣中的溶解是复杂的多相反应，其过程分为三步：

第一步，液态炉渣经过石灰块外部扩散边界层向反应区迁移，并沿气孔向石灰块内部迁移。

第二步，炉渣与石灰在反应区进行化学反应，形成新相。反应不仅在石灰块外表面进行，而且在内部气孔表面上进行。其反应为：

$$(FeO) + (SiO_2) + CaO \Longrightarrow (CaO \cdot FeO \cdot SiO_2)$$
$$(Fe_2O_3) + 2CaO \Longrightarrow (2CaO \cdot Fe_2O_3)$$
$$(CaO \cdot FeO \cdot SiO_2) + CaO \Longrightarrow (2CaO \cdot SiO_2) + (FeO)$$

第三步，反应产物离开反应区向炉渣熔体中转移。

炉渣由表及里逐渐向石灰块内部渗透，表面有反应产物形成。通常在顶吹转炉和底吹转炉吹炼前期从炉内取出的石灰块表面存在着高熔点、致密坚硬的 $2CaO \cdot SiO_2$ 外壳，它阻碍石灰的溶解。但在复吹转炉中从炉内取出的石灰块样中，均没有发现 $2CaO \cdot SiO_2$ 外壳，其原因可认为是底吹气体加强了熔池搅拌，消除了顶吹转炉中渣料被吹到炉膛四周的不活动区，从而加快了（FeO）向石灰渗透作用的结果。由以上分析可见，影响石灰溶解的主要因素有：

（1）炉渣成分。实践证明，炉渣成分对石灰溶解速度有很大影响。有研究表明，石灰溶解与炉渣成分之间的统计关系为：

$$v_{CaO} = k(CaO + 1.35MgO + 2.75FeO + 1.90MnO - 39.1)$$

式中　　　　　　　　v_{CaO}——石灰在渣中的溶解速度，kg/m^2；

　　　　　　　　　　k——比例系数；

$CaO，MgO，FeO，MnO$——渣中氧化物浓度，%。

由上式可见，（FeO）对石灰溶解速度影响最大，它是石灰溶解的基本熔剂。其原因是：

1）它能显著降低炉渣黏度，加速石灰溶解过程的传质。

2）它能改善炉渣对石灰的润湿和向石灰孔隙中的渗透。

3）它的离子半径不大（$r_{Fe^{2+}} = 0.083nm$，$r_{Fe^{3+}} = 0.067nm$，$r_{O^{2-}} = 0.132nm$），且与 CaO 同属立方晶系。这些都有利于（FeO）向石灰晶格中迁移并生成低熔点物质。

4）它能减少石灰块表面 $2CaO \cdot SiO_2$ 的生成，并使生成的 $2CaO \cdot SiO_2$ 变疏松，有利石灰溶解。

渣中（MnO）对石灰溶解速度的影响仅次于（FeO），故在生产中可在渣料中配加锰矿；而使炉渣中加入6%左右的（MgO）也对石灰溶解有利，因为 CaO-MgO-SiO₂ 系化合物的熔点都比 $2CaO \cdot SiO_2$ 低。

（2）温度。熔池温度高，高于炉渣熔点以上，可以使炉渣黏度降低，加速炉渣向石灰块内的渗透，使生成的石灰块外壳化合物迅速熔融而脱落成渣。转炉冶炼的实践已经证明，在熔池反应区，由于温度高而且（FeO）多，使石灰的溶解加速进行。

（3）熔池的搅拌。加快熔池的搅拌，可以显著改善石灰溶解的传质过程，增加反应界面，提高石灰溶解速度。复吹转炉的生产实践也已证明，由于熔池搅拌加强，使石灰溶解和成渣速度都比顶吹转炉提高。

（4）石灰质量。表面疏松，气孔率高，反应能力强的活性石灰，能够有利于炉渣向石灰块内渗透，也扩大了反应界面，加速了石灰溶解过程。目前，在世界各国转炉炼钢中都提倡使用活性石灰，以利于快成渣、成好渣。

由此可见，炉渣的成渣过程就是石灰的溶解过程。石灰熔点高，高（FeO）、高温和激烈搅拌是加快石灰溶解的必要条件。

4.1.1.5 石灰质量对炼钢的影响

用于炼钢的石灰通常含有硅、硫、镁等杂质。石灰质量直接关系到炼钢的成渣速度、能源消耗，并影响钢水脱硫效果等指标。高质量的石灰具有缩短冶炼时间、提高钢水纯净度及收得率、降低石灰及萤石消耗、提高炉衬寿命等优点。

A 有效 CaO 和 SiO$_2$含量的影响

有效 CaO 是指石灰中 CaO 含量减去石灰自身 SiO$_2$ 在特定渣碱度条件下消耗的 CaO 量所得的余量。成分一定的铁水所需的石灰量由炉渣碱度（CaO/SiO$_2$）确定，而 SiO$_2$ 含量又是决定炉渣碱度的关键因素，SiO$_2$ 含量越高，所需石灰量就越大。对石灰中所含的杂质 SiO$_2$，若按渣碱度为 3.2 计算，则石灰中每含 1mol 的 SiO$_2$，就需要 3.2mol 的活性 CaO 与之中和，大大降低了石灰中有效 CaO 的含量，从而增加了炼钢用石灰量，也增加了渣量。某厂的生产实践表明，有效 CaO 质量分数减小 1% 时，按炼钢渣碱度 3.2 计算，炼钢石灰消耗量将增加 0.432kg/t。

B 硫含量的影响

石灰中硫含量增加会降低对钢水的脱硫能力，影响冶炼工艺，增加石灰消耗，同时增加了渣量，延长冶炼时间，冶炼过程中的钢铁料消耗和炉衬的寿命会间接的受到影响。因此，降低石灰中的硫含量是降低石灰消耗，提高炉衬寿命，提高钢水质量，保证冶炼顺利进行的重要措施。

C 灼减（也叫做烧失）

一般石灰的灼减量为 2.5%~3.0%，相当于石灰中残余 CO$_2$ 量为 2% 左右。石灰中残余 CO$_2$ 的量还反映了石灰在煅烧中的生过烧情况，影响石灰中有效 CaO 含量。据报道，当烧失量减少 0.20% 时，有效 CaO 含量可提高 0.17%，将降低吨钢石灰消耗。

D 活性度

石灰的活性是指在熔渣中与其他物质的反应能力，用石灰在熔渣中的熔化速度表示。由于直接测定石灰在熔渣中的熔化速度（热活性）比较困难，通常用石灰与水的反应速度，即石灰水活性表示。石灰活性度高，其化学性能活泼、反应能力强，有利于冶炼过程的进行。据统计，采用活性石灰（一级灰，活性度大于 320mL）与采用普通石灰（活性度小于 300mL）相比，转炉吹氧时间可缩短 10%，钢水收得率可提高 10%，石灰消耗可减少 20%，萤石消耗可减少 25%，同时高活性的石灰还有利于提高脱硫、去磷能力，并提高炉衬寿命。

4.1.1.6 使用不同活性的石灰对于生产稳定性的影响分析

A 对于铁水脱硫工序的影响

目前炼钢厂常用的铁水脱硫工艺有喷吹脱硫和 KR 脱硫两种主流工艺，分别采用钝化石灰和混合脱硫粉作为脱硫的主原料，二者的特点和对于石灰的要求如下：

（1）钝化石灰的目的是为了喷吹石灰粉末的防潮和提高石灰输送过程中的流动性，要求制作钝化石灰的原料中氧化钙含量在92%以上，活性指数320mL以上，比表面积 $8 \sim 10 m^2 / g$。回转窑的石灰满足不了钝化石灰的生产要求。

（2）混合脱硫粉为石灰粉和萤石粉的混合物，要求氧化钙含量在90%以上，活性指数在330mL以上，同样回转窑的石灰满足不了混合脱硫粉的生产要求。

故没有一定活性度的石灰，铁水脱硫预处理的工艺将受到制约，满足不了生产要求。

B 对于LF炉的生产稳定性影响

LF炉的主要功能是脱氧、脱硫、调整温度。LF需要的石灰要求具有较高的反应活性，现有的回转窑石灰对于LF的影响如下：

（1）烧失大，即没有分解的石灰石比例多，增加化渣时间，脱硫速度减缓，冶炼周期延长5min以上，冶炼电耗增加。

（2）石灰在精炼炉的熔化主要是依靠助熔的调渣剂协助形成各类低熔点的化合物，促使石灰熔解的，这些助熔石灰的物质主要是以含有三氧化二铝、二氧化硅、氟化钙等物质的铝质调渣剂、萤石、预熔渣等，它们的熔点低，在它们熔化以后，沿着活性石灰的气孔浸润石灰进行反应，活性较低的石灰，气孔率低，反应时间延长，脱硫脱氧的时间增加，这样影响了LF炉的冶炼成本。

以上的原因，造成LF与连铸机、转炉之间的工序生产衔接出现大的波动。

C 对于转炉工序的影响

转炉使用活性较低的石灰，主要产生的影响如下：

（1）转炉的石灰用量增加20%以上，吹炼的困难增加，脱磷脱碳的反应控制难度增加，渣量大造成的喷溅现象增加。

（2）转炉由于渣量大，吹炼过程中的冒烟的频次增加，对于环境的污染加剧。

（3）石灰用量增加以后，渣量的增加，造成相应的白云石和镁球的用量增加，转炉系统的整体渣辅料被带动同步增加，渣辅料的进料量增加。

（4）活性度较差的石灰，粉末率偏高，石灰粉末被转炉的风机抽吸进入除尘系统，再进入转炉的高架溜槽，影响转炉的安全生产。

（5）转炉的喷溅严重，炉坑渣的清理难度增加。

（6）活性度差的石灰加入量较大，造成转炉的废钢比下降，终点的温度控制受影响，转炉的正常操作得不到保证。

（7）使用活性度较差的石灰冶炼，转炉冶炼的渣量增加，钢铁料的损失增加，渣处理工序的渣量增加。

综上所述，炼钢使用活性度较高的石灰与使用活性度较低的石灰对比，二者产生的效益与造成的损失反差巨大，所以采用活性石灰炼钢是一种积极的工艺选择。

4.1.1.7 炼钢对于石灰的成分质量要求

依据以上的分析可知，转炉炼钢和电炉炼钢过程中，为了降低成本、缩短冶炼周期，炼钢对石灰的要求是：

（1）CaO含量高，SiO_2 和 S 含量尽可能低。SiO_2 消耗石灰中的 CaO，降低石灰的有效 CaO

含量。S能进入钢中，增加炼钢脱硫负担。石灰中杂质越多，石灰的使用效率越低。

(2) 应具有合适的块度。转炉石灰的块度以5～40mm为宜。块度过大，石灰熔化缓慢，不能及时成渣并发挥作用；块度过小或粉末过多，容易被炉气带走，电炉冶炼工艺中还会降低电炉砖砌小炉盖的使用寿命。

(3) 石灰在空气中长期存放易吸收水分成为粉末，而粉末状的石灰又极易吸水形成$Ca(OH)_2$，它在507℃时吸热分解成CaO和H_2O，加入炉中造成炉气中氢的分压增高，使氢在钢液中的溶解度增加而影响钢的质量，所以应使用新烧石灰并限制存放时间。石灰的烧失率应控制在合适的范围内（4%~7%），避免造成炼钢热效率降低。

(4) 活性度高。活性度是衡量石灰与炉渣的反应能力，即石灰在炉渣中溶解速度的指标。活性度高，则石灰熔化快，成渣迅速，反应能力强。

我国对转炉入炉石灰质量的要求见表4-5。

表4-5　冶金石灰的化学成分和物理性能

类别	品级	CaO/%	CaO + MgO/%	MgO/%	SiO_2/%	S/%	灼减/%	活性度，4mol/mL，40±1℃，10min
普通冶金石灰	特级	≥92	—	<5	≤1.5	≤0.020	≤2	≥360
	一级	≥90			≤2.0	≤0.030	≤4	≥320
	二级	≥88			≤2.5	≤0.050	≤5	≥280
	三级	≥85			≤3.5	≤0.1	≤7	≥250
	四级	≥80			≤5.0	≤0.1	≤9	≥180
镁质冶金石灰	特级	—	≥93	>5	≤1.5	≤0.025	≤2	≥360
	一级		≥91		≤2.5	≤0.050	≤4	≥280
	二级		≥86		≤3.5	≤0.100	≤6	≥230
	三级		≥81		≤5.0	≤0.200	≤8	≥200

4.1.1.8　炼钢对于石灰的粒度要求

转炉散装料（又称副原料）主要是指转炉炼钢过程中所用的造渣剂、助熔剂和冷却剂等。在氧气转炉冶炼过程中，散装料一般都由高位料仓经固定下烟罩加入转炉。比如：石灰、轻烧白云石、铁钒土、萤石、复合造渣剂、球团矿、铁矿石、锰矿石、氧化铁皮等。高速流动的转炉烟气会抽走粒度细小的散装料，为了节省资源和保护环境，采用块度适中而均匀的石灰对加速造渣过程有利，轻烧石灰的优越性中也包括了合适的石灰块度的作用。氧气转炉炼钢用石灰块度的下限一般规定为6～8mm，再小的石灰粒会被抽风机带走而损失掉。上限一般认为以30～40mm为宜。电炉炼钢用石灰块度可适当增大。

A　转炉炼钢烟气中固气两相流流动情况

转炉烟气抽走细小固体粒子，是一个固气两相流中悬移质运动问题，即固体粒子是悬浮在烟气之中，随烟气的流动而运动。设一个球形固体粒子在无限空间的向上流动的气体之中，该粒子在气流中受到以下三个作用力：两个是方向向上的气流推动力P和浮力B，另一个是方向向下的重力G。当$P+B>G$时，固体粒子随气流上升；当$P+B<G$时，固体粒子逆气流沉降；当$P+B=G$时，固体粒子处于悬浮状态。所以加入转炉固体粒子的下临界直径$d_{临下}$，就是悬

浮状态下的固体粒子的直径。因此当 $d > d_{临下}$ 时，固体粒子就能加入转炉；当 $d < d_{临下}$ 时，固体粒子将被抽走。

　　B　散装料的最小粒度

　　根据不同资料，被转炉烟气抽走的散装料粒度都不大于 10mm。公称容量不小于 30t 的转炉固定下烟罩的直径参见表 4-6。

表 4-6　不同转炉公称容量固定下烟罩的直径

转炉公称容量/t	30	85	100	120	150	180	250	300
烟罩直径 D/m	1.6	2.2	2.4	2.6	2.8	3.2	4	4.7

　　转炉中烟气的生成，主要来自于碳氧反应，供氧强度越大，碳氧反应产生的炉气量就越多。最大炉气量产生在碳氧反应第一个临界点与第二个临界点之间，约于吹炼的 1/2 ~ 2/3 的期间内。炉气在进入固定下烟罩时吸入空气，炉气中大约有 8% 左右的 CO 被燃烧，所以烟气量总是大于炉气量，炉气量越多则相应烟气量就越多。炉气与烟气平均流速与供氧强度的关系见表 4-7，得到的对应曲线如图 4-7 所示。

表 4-7　炉气与烟气平均流速与供氧强度的关系

供氧强度/m³·(t·min)⁻¹	平均流速/m·s⁻¹	
	炉　气	烟　气
3	6.3	13 ~ 15
3.5	7.35	15 ~ 17
4	8.4	17 ~ 20
4.5	9.45	19 ~ 22
5	10.5	22 ~ 25
5.5	11.55	24 ~ 27
6	12.6	26 ~ 30

　　目前不少钢厂的供氧强度已超过 $4.0\text{m}^3/(\text{t·min})$，随着转炉高效化、快速冶炼技术的发展，纯供氧时间不仅从过去的 16 ~ 18min/炉，缩短到目前的 12 ~ 14min/炉，并且还将进一步缩短至 9 ~ 10min/炉，供氧强度将提高到 $6.0\text{m}^3/(\text{t·min})$ 左右。随着供氧强度的提高，转炉的相应烟气流速也不断提高。

　　C　原料最小粒度的尺寸与转炉供氧强度的关系

　　转炉固定下烟罩烟气流速 13 ~ 30m/s，要比转炉炉气流速 6 ~ 13m/s 大得多。凡经固定下烟罩未被烟气抽走的散装料，一般都能顺利加入转炉。这一点在转炉发生喷溅的非正常情况下，另当别论。根据不同供氧强度下的转炉下烟罩中烟气平均流速，可知转炉入炉散装料最小粒度与供氧强度的关系，见表 4-8。

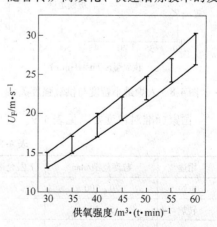

图 4-7　烟气速度与供氧强度关系

表 4-8　转炉入炉散装料最小粒度与供氧强度的关系

散装料类别		I 类	II 类	III 类	IV 类
散装料名称		生石灰	萤石等	球团矿	铁矿石
		轻烧白云石			锰矿石
		铁矾土		复合造渣剂等	氧化铁皮等
供氧强度/m³·(t·min)⁻¹	3	2	2	2	1
	3.5	3	2	2	2
	4	3	3	3	2
	4.5	4	4	3	3
	5	5	4	4	3
	5.5	6	5	4	4
	6	7	6	5	4

从上表可见，对不同散装料粒度的要求是：

（1）在目前钢厂的供氧强度一般都不大于 $5.0 m^3/(t \cdot min)$ 的情况下，I 类散装料不小于 5mm；II 类散装料和 III 类散装料不小于 4mm；IV 类散装料不小于 3mm。

（2）随着转炉快速冶炼技术的发展，供氧强度会达到 $6.0 m^3/(t \cdot min)$。在此情况下，不同散装料最小粒度将增大。I 类散装料不小于 7mm；II 类散装料不小于 6mm；III 类散装料，大于 5mm；IV 类散装料不小于 4mm。

入炉最小粒度与供氧强度关系如图 4-8 所示。

石灰的粒度除了与煅烧原料的装入粒度有关外，还与窑炉的类型和煅烧的温度、煅烧的时间有关，其中某厂回转窑的煅烧温度和粒度的关系如图 4-9 所示。

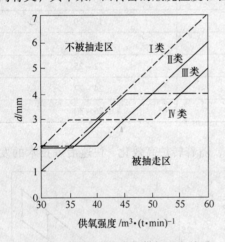　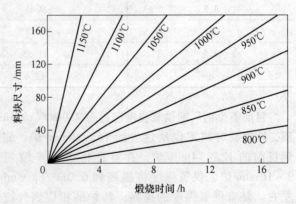

图 4-8　入炉最小粒度与供氧强度关系　　图 4-9　某厂旋窑的煅烧温度和粒度的关系

国家标准对粒度要求见表 4-9。

表 4-9　国家标准对粒度要求

用途	粒度范围/mm	上限允许波动范围/%	下限允许波动范围/%	允许最大粒度/mm
电炉	20~100	≤10	≤10	120
转炉	5~50	≤10	≤10	60
烧结	≤5	≤10		6

4.1.1.9 炼钢过程中石灰使用量的简单计算

炼钢过程中的石灰加入量是依据炉料中酸性物质总量和冶炼钢渣的质量要求决定的，钢厂常用碱度的计算方法是计算石灰的加入量。

碱度高低主要根据铁水成分而定，一般来说铁水含 P、S 低，炉渣碱度控制在 2.8~3.2；中等 P、S 含量的铁水，炉渣碱度控制在 3.2~3.5；P、S 含量较高的铁水，炉渣碱度控制在 3.5~4.0。石灰加入量的计算有以下的两种方法：

（1）铁水含 P < 0.30% 时，石灰加入量（kg/t 铁水）为：

$$W = \frac{2.14[\%Si]}{\%CaO_{有效}} \times B \times 1000$$

式中　　B——碱度，CaO/SiO_2；

$\%CaO_{有效}$——石灰中的有效 CaO 含量，$\%CaO_{有效} = \%CaO_{石灰} - B\%SiO_{2石灰}$；

2.14——SiO_2/Si 的分子量之比。

（2）铁水含 P > 0.30%，$B = CaO/(SiO_2 + P_2O_5)$，石灰加入量（kg/t 铁水）为：

$$W = \frac{2.2([\%Si] + [\%P])}{\%CaO_{有效}} \times B \times 1000$$

式中　　2.2——$1/2[(SiO_2/Si) + (P_2O_5/P)]$。

例如，铁水中的硅含量为 0.8%，$P < 0.3\%$，石灰中 CaO 的含量为 85%，SiO_2 的含量为 2%，出钢时终渣碱度为 3.5，则 1t 铁水的石灰加入量的计算如下：

$$石灰用量 = \frac{2.14 \times 0.8\%}{85\% - 3.5 \times 2\%} \times 3.5 \times 1000 = 76.9kg$$

4.1.2 石灰石

约 130 年前，英国人托马斯发明了碱性转炉炼钢法，在空气转炉中加入石灰作为造渣剂，脱除铁水中的磷，该方法一直沿用至使用氧气转炉炼钢的今天。北京科技大学的李宏教授分析石灰生产到入转炉后化渣的过程，发现其中存在着巨大的能量浪费，其原因是石灰石煅烧除去 CO_2 成为石灰，出炉后必须降温至可接触的程度才能运往转炉料仓，但降温放热不可能充分回收，而石灰加入转炉后又需要吸收大量的热升温到反应温度；石灰在降温转运过程中一部分 CaO 会吸附水发生水合、碳酸化反应，当空气湿度大时尤甚，加入转炉后，也需要吸收大量的热经二次煅烧，才能参与炉内反应。为了在煅烧石灰—氧气转炉炼钢这一过程中节能减排，李宏等人提出了在氧气转炉炼钢中用石灰石代替石灰的设想，率先在国内开展了该方法的可行性研究，并于 2009 年 4 月申请了中国发明专利，提出了"一种在氧气顶吹转炉中用石灰石代替石灰造渣炼钢"的新方法。2010 年 4~5 月，河北石家庄钢铁公司、武安鑫山钢铁公司分别成功地进行了工业试验，证明了该方法安全有效可行，随后国内多家钢厂如鞍钢、包钢、本钢、湘钢、武钢等均进行了该方法的工业化试验，并且先后应用于生产。石灰石炼钢的优点如下：

（1）石灰的煅烧与参与反应一步实现，这使原来在两个反应器中进行的反应在一个反应器里完成，因而减少了工序，如图 4-10 所示。

（2）石灰煅烧快速完成，无功、热耗散极小，转炉内生成石灰无需降温转运，能量浪费少，减少粉尘排放。

（3）分解出的 CO_2 与 [C]、[M] 反应生成 CO 可回收，减排温室气体。

石灰石转炉内煅烧和石灰窑煅烧如图 4-11 所示。

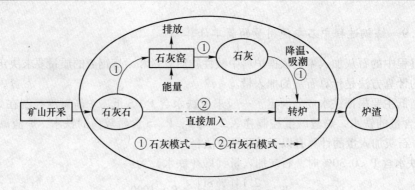

图 4-10　石灰的煅烧参与反应

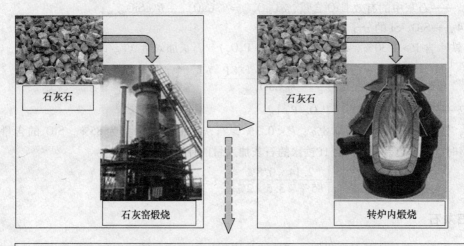

- 省能估算：约 2000kJ/kg 石灰（按照文献记载回转窑耗能 5000kJ/kg 石灰考虑）
- 分解的 CO_2 中约 50% 参与铁水反应：约相当于供氧 $0.13kg\ O_2$/kg 石灰（制氧 0.13kg 需耗电 $0.055kW\cdot h$）

图 4-11　石灰石转炉内煅烧和石灰窑煅烧

4.1.2.1　石灰石替代部分石灰炼钢的逻辑分析

转炉炼钢造渣原料石灰的准备要从石灰石开始，许多炼钢厂都是购买石灰石自己煅烧。如果把从石灰石煅烧到转炉炼钢成渣的过程链接起来，如图 4-12 和图 4-13 所示。

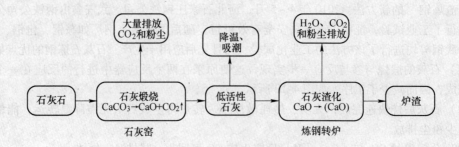

图 4-12　转炉使用石灰炼钢的成渣工艺

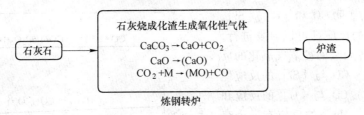

图 4-13 石灰石炼钢的成渣工艺

其中存在的问题可归纳如下：

（1）逻辑理论上的问题。1）石灰出炉温度一般在 1000℃ 以上，必须降温才能往转炉料仓运输，加入转炉内又要升温到炼钢温度，这温度的一降一升显然浪费热能；2）石灰煅烧出炉后会很快吸收空气中的 H_2O 和 CO_2，生成氢氧化钙和碳酸钙，入转炉后需要二次煅烧分解排出 H_2O 和 CO_2，这个过程也要浪费能量；3）炼钢是氧化过程，却要把石灰石所具有的氧化性消除后再加入转炉，这不符合炼钢学的基本原理，有能够改进的地方。

（2）生产过程存在的问题。1）炼钢厂需设石灰煅烧工序，煅烧石灰时排放大量的粉尘和 CO_2，需设环保装置减排粉尘，长期消耗水和电；2）煅烧石灰很难控制石灰石的分解过程，不易得到炼钢所需要的高活性石灰，且石灰大量吸收燃料中的硫而遭到污染；3）石灰容易吸潮，因此在运输和保管过程中都需要采取措施防潮，增加设施和工作量；4）石灰结构疏松，转运过程因摩擦碰撞产生大量粉末要筛分掉，原料利用率低；5）称量后的石灰还有粉末，在投入转炉的瞬间，粉末会被炉气带走，加重转炉除尘系统负荷；6）入炉石灰因有粉末飞出、H_2O 和 CO_2 排出，而不易控制实际入炉的氧化钙量，从而引起炉渣碱度波动；7）石灰比石灰石价格高，因此炼钢成本增高，随着能源价格、人工费用的上涨和碳税、能源税的征收，石灰和石灰石的价差还会增大，这部分成本还要增加；8）石灰对转炉的冷却能力不够，因此需加 20% 左右的废钢、铁块进行冷却以求热平衡，废钢、铁块的市场价格都比铁水高，增加炼钢成本；9）若采用矿石增加冷却强度，则必须增加石灰加入量和渣量，增加耗能和成本。

4.1.2.2 石灰石炼钢的理论分析

石灰石作为降温材料使用，石灰石加入转炉炉内后可发生受热分解反应，生成 CO_2。CO_2 还可与 C 发生氧化反应。反应式如下：

$$CaCO_3 = CaO + CO_2 \qquad \{CO_2\} + [C] = 2\{CO\} \qquad (1)$$

这两项反应均为吸热反应，需要消耗大量热能。因此，转炉炼钢生产中使用石灰石不仅可部分替代石灰提供终渣所需碱度的要求，同时还可平衡转炉富余热量作为降温材料，从而减少石灰、铁皮、铁矿石等昂贵降温材料的消耗。同时 CO_2 还能够与铁水中间的其他元素反应。

CO_2 在转炉炼钢吹炼初期是氧化性气体，可以和铁水中的各元素发生氧化反应，由发表的数据可以计算出 CO_2 与铁水中诸元素反应，在 1400~1700K 之间生成简单氧化物的标准自由能的变化与温度的关系，如式（2）~式（6）所示。根据式（2）~式（6）作图，如图 4-14 所示。

$$CO_2 + [C] = 2CO(g) \qquad\qquad \Delta G^{\ominus} = 144700 - 135.48T \qquad (2)$$

$$CO_2 + 1/2[Si] = CO + 1/2SiO_2(s) \qquad \Delta G^{\ominus} = -117290 + 16.34T \qquad (3)$$

$$CO_2 + [Mn] = CO + MnO(s) \qquad \Delta G^{\ominus} = -122050 + 38.655T \qquad (4)$$

$$CO_2 + Fe(l) = CO + FeO(s) \qquad \Delta G^{\ominus} = 4343 - 13.653T \qquad (5)$$

$$CO_2 + 2/5[P] = CO + 1/5P_2O_5(l) \qquad \Delta G^{\ominus} = 23410 - 2.035T \qquad (6)$$

由图 4-14 可以看出，在所讨论的温度范围内，式（2）~式（5）各反应的标准自由能的变化均为负值，表明 CO_2 和 [C]、[Si]、[Mn]、Fe(1) 的反应都可以自发进行，其排列次序与各元素的被氧气氧化的反应相同，式（3）CO_2 与 [Si] 的反应优先进行。式（2）CO_2 与 [C] 的反应和式（4）CO_2 与 [Mn] 的反应有一个交叉点，在 1532K 以下，式（4）反应趋势强于式（2）反应，1532K 以上则趋势相反。式（5）CO_2 与 Fe(1) 的反应可以自发进行，能够促使渣中 FeO 含量增加，是炼钢前期造渣所期望的，也是利用石灰石造渣的优点之一，使困扰许多炼钢厂的化渣操作变得简单。

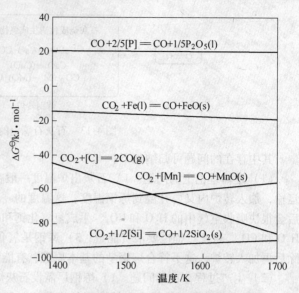

图 4-14　CO_2 与铁水中各元素反应的标准自由能变化与温度的关系

4.1.2.3　石灰石作为造渣材料使用的优势

石灰石在 420℃ 左右开始分解，随温度升高分解速率加快，820℃ 左右分解速率最大，5min 之内几乎全部分解。开吹后，转炉内熔池温度一般在 1300~1400℃，石灰石分解过程会产生大量 CO_2 气体，一方面使得炉内熔渣泡沫化程度提高，有效增加石灰与熔渣反应的表面积，同时 CO_2 气体的逸出会在石灰石煅烧生产的石灰表面形成诸多气孔，高气孔率的形成更有效地促进石灰的快速熔化，有利于高碱度转炉熔渣快速形成；另一方面石灰石含有质量分数 44 的 CO_2，在炼钢前期分解产生的 CO_2 可与 C 发生氧化反应，直接或间接提高熔渣氧化性，有利于前期脱磷。主要优势有以下的两点：

（1）采用石灰石基本可以替代常规工艺中起降温作用的部分石灰，从磷含量的对比来看，碱度按 3.0 左右控制可以保证去磷效果。

（2）利用石灰石替代部分石灰造渣炼钢，能够有效降低吨钢石灰消耗 6.69kg/t，铁皮用量减少 1.03kg/t，使炼钢生产成本降低 3.3 元/t，能够达到降低生产成本的预期目的。

4.1.2.4　石灰石用于炼钢生产的必要条件

石灰石炼钢的生产条件要求如下：

（1）石灰石的冷却效应是废钢的 3.0~4.0 倍，其分解需要吸收大量的热量，为此热铁水消耗或铁水温度要高，以满足炉内热量平衡。

（2）由于石灰石的表面比石灰硬，且石灰石在转炉内分解需要一定的时间，因此入炉的石灰石的粒度最好在 20~40mm 之间。

（3）石灰石的加入与石灰的加入方式一致，即石灰石从料场由汽车运输至低位料仓，采用皮带运送至转炉高位料仓。由于石灰石在转炉内要经过煅烧，石灰石完全煅烧分解完的时间长。而且由于铁水消耗高，入炉温度大于 1330℃，要控制炉内前期的过程温度，因此石灰石最好在吹炼前期加完。若加入量较大，也可通过加底灰的方式在吹炼前加入，避免在吹炼过程中加入过快，造成炉渣结团，不利于石灰石的熔化。某厂炼钢使用的石灰石的要求见表 4-10。

表 4-10　某厂炼钢使用的石灰石的要求

成分(质量分数)/%				粒 度 要 求
CaO	SiO$_2$	S	P	
>52	<1.2	<0.04	<0.008	粒度要求在 10 ~ 40mm 之间,小于 10mm 的不超过总量的 5%,最大的粒度不超过 50mm

国家标准对石灰石的成分要求见表 4-11。

表 4-11　国家标准对石灰石的成分要求　　　　　　　　　　（%）

类　别	牌号	CaO	CaO + MgO	MgO	SiO$_2$	P	S
普通石灰石	PS540	>54.0			≤1.5	≤0.005	≤0.025
	PS530	>53.0			≤1.5	≤0.010	≤0.035
	PS520	>52.0	—	<3	≤2.2	≤0.015	≤0.060
	PS510	>51.0			≤3.0	≤0.033	≤0.10
	PS500	>50.0			≤3.5	≤0.040	≤0.15
镁质石灰石	GMS545		>54.5		≤1.5	≤0.005	≤0.025
	GMS540		>54.0		≤1.5	≤0.010	≤0.035
	GMS535	—	>53.5	<8	≤2.2	≤0.020	≤0.060
	GMS525		>52.5		≤2.5	≤0.030	≤0.10
	GMS515		>51.5		≤3.0	≤0.040	≤0.15

4.1.3　石灰炼钢、石灰石炼钢的区别

石灰石炼钢是将石灰石的分解热由转炉铁水的物理热和化学热提供,完成煅烧直接参与反应,与轧钢的热装热送钢坯有类似的地方。石灰的生产过程中和应用过程中存在以下的特点:

(1) 石灰石的煅烧是石灰石菱形晶格重新结晶转化为石灰的立方晶格的变化过程。其变化所得晶体结构与形成新相晶核的速度和它的生长速度有关。当前者大于后者时,所得到的为细粒晶体,其活性 CaO 分子数量多,具有高的表面能;反之,所得为低表面能的粗粒晶体,其活性 CaO 分子数量少。在石灰石快速加热煅烧下,所得到的为细粒晶体结构的石灰,活性度就高;缓慢加热煅烧时,所得为粗晶体结构的石灰,活性就低。

(2) 石灰石的主要成分是 CaCO$_3$,石灰石的煅烧过程实质上就是 CaCO$_3$ 的分解过程,煅烧所得到的成品生石灰的主要成分是 CaO。所以,石灰石的化学成分基本上就决定烧成石灰的化学成分,为了获得 CaO 高的冶金石灰,就必须选择优质的石灰石,它的 CaO 含量应高,杂质成分应低。石灰石中含有的有害杂质主要有 SiO$_2$、Al$_2$O$_3$、Fe$_2$O$_3$、Na$_2$O、K$_2$O、P、S 等,这些杂质在煅烧温度下容易与 CaO 结合生成硅酸盐、铝酸盐、铁酸盐等杂质,这些盐类的熔点较低,在煅烧带常以液相存在,造成石灰在窑内熔结、结瘤,破坏窑内的热工平衡,使石灰活性度不能保持稳定。

(3) 在炼钢过程中要求吹炼初期尽快形成高碱度的炉渣,但是在初期酸性渣浸入石灰,在石灰表面生成 C$_2$S,形成一个高熔点的致密外壳,而使石灰熔化速度变得很慢,成为快速成渣的限制环节。采用高活性的石灰造渣,由于其具有高的气孔率,在石灰表面沉积的 C$_2$S 壳疏松,容易剥落,因而加速石灰的熔化,对于去除 P、S,保护炉衬,提高生产效率等都有好处。

（4）为使石灰快速熔化，快速成渣，石灰应具有较高的反应能力。石灰的反应能力是指石灰熔于炉渣的性能，这种反应能力，称为石灰的热活性，或者指石灰在熔渣中的可熔性。石灰的热活性大，在炼钢过程中其熔化速度快，能加快渣—钢之间的反应，同时对冶金的经济技术指标有着极为重要的影响。

以上的综述说明，煅烧过程中石灰表面形成的低熔点化合物冷却凝固后，再被运输到钢厂再次的使用，其特点决定了质量不好。而石灰石炼钢在一个持续的升温化渣过程中，石灰石从分解到溶解参与反应，过程与石灰石煅烧后，再次冷却，性质是不一样的。所以不能够将石灰石炼钢和质量差的石灰简单的联系起来，说明降低成本的可行性是不科学的。

使用旋转圆柱法研究了石灰煅烧温度、炉渣成分和温度对活性石灰在转炉炼钢初渣中溶解速率的影响。结果表明：1000℃煅烧的活性石灰溶解速率最大；增加渣中$\sum FeO$含量、较少的MgO含量、较低的炉渣碱度、提高炉渣温度，均有利于活性石灰的溶解。活性石灰在转炉初渣中的溶解过程包括变质解体和扩散溶解，变质解体起主要作用。

4.2　镁质冶金熔剂

在炼钢过程中，基于以下的原因，炼钢需要加入镁质的渣辅料。

（1）转炉炼钢过程中，熔渣的黏度对于熔渣和金属间的传质和传热速度有着密切的关系，因而它影响着渣钢反应的反应速度和炉渣的传热能力。黏度过大的熔渣使得熔池不活跃，冶炼不能顺利进行；黏度过小的熔渣，容易发生喷溅，而且严重侵蚀炉衬的耐火材料，降低转炉的寿命。熔渣黏度的影响因素主要是熔渣的组成和冶炼温度。因此，为了保证钢的质量和良好的经济技术指标，就要保证熔渣有适当的黏度。而加入含有MgO的造渣材料被证明是最有效的调整炉渣黏度的工艺。

（2）转炉炉衬主要的耐火材料的材质是镁碳砖，为了使得转炉的炉衬有较高的使用寿命，调整炉渣的黏度，将渣中的MgO含量控制在8%～15%，由于转炉炉渣的碱度在2.5～4.8之间，氧化镁在此类钢渣中间的溶解度有限，向炉内加入一定数量的含氧化镁的材料，使渣中的氧化镁接近饱和，从而减弱熔渣对镁质炉衬中氧化镁的溶解。渣中氧化镁过饱和状态而有少量的固态氧化镁颗粒析出，使炉渣黏度升高，溅渣护炉的工艺实施后，这些含有较高氧化镁的转炉炉渣挂在炉衬表面，形成保护层，这就是转炉溅渣护炉的工艺原理。

（3）镁质的渣辅料加入转炉或者电炉以后，有利于形成各类低熔点的橄榄石和其他的低熔点岩相组织，促进炉渣的熔化，能够代替部分萤石，帮助化渣，降低石灰用量。

（4）部分含有MgO的高熔点物质是形成泡沫渣的悬浮物质点，有利于泡沫渣的形成，泡沫渣对于增加钢—渣反应界面，提高冶金过程中的化学反应速度有极大的促进作用。

基于以上原因，炼钢过程中需要使用含镁的渣辅料，以优化冶炼工艺。目前国内使用含有MgO成分的原料主要有以下几种：

（1）白云石。炼钢使用白云石是国内最常见的工艺，有轻烧白云石和白云石原矿两种。将白云石煅烧得到的称为轻烧白云石，煅烧的目的是为了提高MgO的反应活性和效率，以及减少从熔池中吸收的热量，增加废钢比，优化炼钢过程中的温度控制工艺。使用白云石原矿的目的除了增加渣中的MgO含量以外，还可平衡转炉炼钢过程中的富余热。

（2）菱镁矿。采用这种工艺的钢厂附近有菱镁矿资源，优点是菱镁矿中的MgO含量高，加入量少。我国的菱镁矿资源集中在东北，故使用菱镁矿的钢企多在东北地区。

（3）镁钙石灰。采用这种工艺的原因是炼钢厂生产区域的石灰石矿物中富含$MgCO_3$矿物成分，烧制的石灰成分中含有5%～15%的MgO。这种工艺常见于中原地区的钢企。

（4）MgO-C 压块。这种压块是吹炼终点碳低或冶炼低碳钢溅渣时的调渣剂，由轻烧菱镁矿和炭粉制成压块，一般 $w(MgO)=50\%\sim60\%$，$w(C)=15\%\sim20\%$，块度为 $10\sim30mm$。

（5）镁球。目前国内的各大钢厂，如宝钢、包钢、马钢、鞍钢等企业均采用镁球炼钢，是冶炼优钢、实施少渣炼钢的重要技术手段。这些企业使用的镁球，大多数采用煅烧的菱镁矿粉末，在专门的生产线上压球生产，成本较高。

4.2.1 白云石块矿（生白云石）

白云石是组成为 $CaMg(CO_3)_2$ 的碳酸复盐，也叫做白云岩，具有完整的解理以及菱面结晶。颜色多为白色、灰色、肉色、无色、绿色、棕色、黑色、暗红色等，透明到半透明，具有玻璃光泽。有的白云石在阴极射线照射下发橘红色光。白云石为三方晶体，晶体结构像方解石，晶体呈菱面体，晶面常弯曲成马鞍状，聚片双晶常见，集合体通常呈粒状。纯者为白色，含铁时呈灰色，风化后呈褐色。遇冷稀盐酸时缓慢起泡。海相沉积成因的白云岩常与菱镁矿层、石灰岩层成互层产出。在湖相沉积物中，白云石与石膏、硬石膏、石盐、钾石盐等共生，密度为 $2.86\sim3.20g/cm^3$，在国内大部分的区域均存在这种矿物。广义的白云岩分布很广，但纯的白云岩很少。根据 CaO/MgO 的比值大小分为：

（1）白云岩。白云岩中含少量的方解石（小于 5%），CaO/MgO 比值在 1.39 左右，煅烧后 MgO 含量为 $35\%\sim45\%$。

（2）钙质白云岩。CaO 含量较多，CaO/MgO 比值大于 1.39，CaO 含量过高时，称为白云石质灰岩，煅烧后 MgO 的含量 $8\%\sim30\%$。

（3）镁质白云岩。MgO 含量较多，CaO/MgO 比值小于 1.39，MgO 的含量 $40\%\sim65\%$，当 MgO 含量过高时，称为白云石质菱镁矿或高镁白云岩，煅烧后 MgO 的含量 $70\%\sim80\%$。

我国有丰富的白云石原料，主要产地有辽宁大石桥、内蒙古、河北、山西、四川、甘肃、湖北乌龙泉、湖北钟祥、湖南湘乡等地，原料较纯，CaO 含量不小于 30%，MgO 含量大于 19%，CaO/MgO 比值波动在 $1.40\sim1.68$ 之间。

炼钢过程中使用白云石原矿颗粒，作为含镁的渣辅料使用，其使用与石灰石的使用一样，粒度控制在 $10\sim50mm$，国家标准对白云石的成分要求见表 4-12。

表 4-12　国家标准对白云石的成分要求

组　成	CaO	SiO_2	MgO	S	P_2O_5	Fe_2O_3	Al_2O_3
含量/%	≥30	≤3.0	≥19	≤0.025	≤0.025	<1.2	<0.85

4.2.2 轻烧白云石

轻烧白云石是将白云石原矿经过煅烧以后得到的产品，其煅烧的目的也是为了解决转炉或者电炉热能不足的矛盾，其煅烧的工艺设备与煅烧石灰的工业设备类似。白云岩的矿物 $CaMg(CO_3)_2$ 中含 MgO 21.7%，CaO 30.4%。白云石与滑石、菱镁矿、石灰岩、石棉伴生，并夹有石英碎屑、黄铁矿、云母等，在开采过程中又不可避免地带入黏土等物质，SiO_2、Al_2O_3、Fe_2O_3 是白云岩中的主要杂质。这些杂质在白云岩高温煅烧过程中，与白云石的分解产物 CaO、MgO 生成低熔点物，主要是与 CaO 形成低熔物，如铁铝酸四钙（1415℃）、铁酸二钙（1436℃分解出 CaO）、铝酸三钙（1535℃分解出 CaO）等，降低了轻烧白云石加入炼钢炉以后的反应能力。其中 SiO_2 作为一项指标来要求，因为原料中含过量的 SiO_2，化合成硅酸三钙，进一步形成硅酸二钙，冷却过程中，硅酸二钙发生晶型转变，伴随体积膨胀，使物料粉碎。这也是轻烧白云石粉末率较高的一个原因。

　　为了避免杂质带来的负面影响，白云石原矿在运输、贮存过程中要减少泥沙、粉尘的污染，采取选矿、水洗等措施。

4.2.2.1　白云岩煅烧过程中反应变化

　　白云石矿中有用组分为 $MgCO_3$、MgO，轻烧白云石中的有用成分为 MgO，为提高其中 MgO含量，将白云石矿在 1050~1200℃ 的高温下经过煅烧，使 $MgCO_3$ 发生热分解反应，从而达到增加 Mg 含量的目的。具体热分解原理如下：

$$MgCO_3 = MgO + CO_2$$

　　白云石中硫含量小于 0.016%，$MgO > 19\%$。硫主要以硫酸盐形式（主要为 $CaSO_4$）存在，赋存状态较为稳定，理论分解温度为 1320℃。单纯碳酸镁的理论分解温度为 730~830℃，碳酸钙的理论分解温度为 897℃。由于白云石是以 $CaCO_3 \cdot MgCO_3$ 的复盐形式存在，结合力强，直至分解完毕仍是以 $CaO \cdot MgO$ 的分子结合形态存在，因而在实际生产中，白云石的分解温度要高于以上的理论温度。白云岩在煅烧中发生主要变化是：白云岩主体矿物白云石的热分解，分解产物与白云岩杂质反应形成新矿物。过程分为两个阶段：轻烧白云石阶段和死烧白云石阶段。

A　轻烧白云石阶段

　　由白云石的差热分析曲线可知，在 790℃ 和 940℃ 有强烈的吸热谷出现，其反应式为：

$$n[CaMg(CO_3)_2] \longrightarrow (n-1)MgO + MgCO_3 \cdot nCaCO_3 + (n-1)CO_2$$
$$MgCO_3 \cdot nCaCO_3 \longrightarrow MgO + nCaO + (n+1)CO_2$$

　　即在 940℃ 左右 CO_2 全部被排出，白云石成为 MgO 和 CaO 的混合物。白云石原料在低于1000℃ 反应得到的产物称轻烧白云石。轻烧白云石的密度低，只有 $1.45g/cm^3$ 左右，机械强度小，气孔率和化学活性高，极易潮解、水化。

B　死烧白云石阶段

　　轻烧白云石中的 MgO、CaO 随着温度的提高，与白云石原料中的杂质组分发生一系列的反应。在 1000~1400℃ 发生如下反应：

$$CaO + Al_2O_3 \longrightarrow CaO \cdot Al_2O_3 \longrightarrow 12CaO \cdot 7Al_2O_3 \longrightarrow 3CaO \cdot Al_2O_3$$
$$CaO + Fe_2O_3 \longrightarrow 2CaO \cdot Fe_2O_3 \longrightarrow 4CaO \cdot Al_2O_3 \cdot Fe_2O_3$$
$$CaO + SiO_2 \longrightarrow 2CaO \cdot SiO_2 \longrightarrow 3CaO \cdot SiO_2$$

　　温度继续升高至 1400~1500℃ 或者更高，白云石原料进行着重结晶，并趋向于烧结，并且一定数量液相的存在，有助于 CaO 和 MgO 晶粒的发育与长大；在 1700~1800℃ 下煅烧后，密度一般为 $3.0~3.4g/cm^3$，此时得到的产品为死烧白云石或烧结白云石或白云石熟料。

4.2.2.2　轻烧白云石中硫的来源

　　轻烧白云石生产过程中采用的燃料有煤粉和各类燃气，它们含有的硫对于轻烧白云石产品的硫有重要的影响。2005 年某厂矿委托武汉理工大学开展了白云石煅烧机理的研究，在不掺煤粉条件下，将白云石置于实验电炉中，分别在 1000℃、1100℃、1200℃、1300℃ 进行保温煅烧 2h。实验结果表明：产品中硫的含量与白云石分解的程度有密切关系，温度越高，白云石分解越充分，相对地硫释放得也越充分。随着温度的升高，产品中硫含量将逐渐降低，当温度达到 1250℃ 时，硫含量可以达到武钢企业标准要求。同时也发现温度过高也会产生不利的影响，会出现过烧现象而降低轻烧白云石的活性度。在轻烧白云石成品的总硫量中（原白云石矿石与煤粉中的硫各占25%和75%），除尘灰、废气、半成品灰各占40%、40%和20%。要控制好轻烧白云石中的硫含量，以下几点企业经验很有参考意义：

（1）由于窑灰及窑气中含硫占总硫量的80%，因此保证废气通路的顺畅是确保轻烧产品硫含量达标的关键。废气通路不畅，产品的（S）将升高，同时活性度也急剧下降。保证废气通路的顺畅，就是要保证预热器的废气孔不结皮、不堵塞，保证窑尾废气处理的设备（除尘器、高温风机、机力冷却器、空压机）全部工作正常（即机力冷却器中的为数众多热烟管不堵塞，除尘器的布袋完好，压缩空气被正常干燥，高温风机的抽力正常），定时排走机力冷却器和除尘器的集灰斗中的积灰。

（2）由于原石中的硫基本残留在轻烧白云石中，因此使用经过预处理的低硫优质白云石有助于得到低硫轻烧白云石；控制粒度下限、保证原石质量，有助于防止预热器内废气孔等废气通道的结皮或堵塞。总之必须实行精料方针，保证进入预热器原石的质量。

（3）二次风温应达到650~700℃，高风温有利于煤粉的完全燃烧和低硫轻烧白云石的获得，有利于提高窑的热效率，竖式冷却器的均匀、连续出料是实现高风温的关键，冷却器底部的两台电振给料机工况必须完好。

（4）煤粉质量是决定燃烧完全和获得低硫轻烧白云石的重要因素。白云石矿的粒度为30~60mm（≤30mm和>60mm的白云石都不大于5%）对于生产有利。

国家标准对轻烧白云石的成分要求见表4-13。

表 4-13　国家标准对轻烧白云石的成分要求

组　成	MgO	CaO	SiO_2
含量/%	>28	>40	<3

4.2.3　菱镁矿

4.2.3.1　矿物原料特点

菱镁矿是一种镁的碳酸盐，其化学分子式为碳酸镁（$MgCO_3$），理论组分为 MgO 47.81%、CO_2 52.19%。密度为 2.9~3.1g/cm³，硬度 3~5。菱镁矿根据其结晶状态的不同，可以分为晶质和非晶质两种。晶质菱镁矿呈菱形六面体、柱状、板状、粒状、致密状、土状和纤维状等，其往往含钙和锰的类质同象物，Fe^{2+} 可以替代 Mg^{2+} 组成菱镁矿（$MgCO_3$）-菱铁矿（$FeCO_3$）完全类质同象系列。非晶质菱镁矿为凝胶结构，常呈泉华状，没有光泽，没有解理，具有贝壳状断面。

菱镁矿加热至640℃以上时，开始分解成氧化镁和二氧化碳。在 700~1000℃ 煅烧时，二氧化碳没有完全逸出，成为一种粉末状物质，称为轻烧镁（也称苛性镁、煅烧镁、α-镁、菱苦土），其化学活性很强，具有高度的胶黏性，易与水作用生成氢氧化镁。在 1400~1800℃ 煅烧时，二氧化碳完全逸出，氧化镁形成方镁石致密块体，称重烧镁（又称硬烧镁、死烧镁、β-镁、僵烧镁等），这种重烧镁具有很高的耐火度。国家标准对菱镁矿成分要求见表4-14。

表 4-14　国家标准对菱镁矿成分要求

矿石品级	化学成分/%			块度/mm	说　　明
	MgO	CaO	SiO_2		
特级品	≥47	≤0.6	≤0.6	25~100	制作高纯镁砂，做特殊耐火材料用
一级品	≥46	≤0.8	≤1.2	25~101	制作各种镁砖

矿石品级	化学成分/%			块度/mm	说　　明
	MgO	CaO	SiO_2		
二级品	≥45	≤1.5	≤1.5	25~102	制作各种镁砖
三级品	≥43	≤1.5	≤3.5	25~103	制作镁硅砂、热选使用
四级品	≥41	≤6	≤2	25~104	制作冶金镁砂
菱镁石粉	≥33	≤6	≤4	0~40	供烧结使用

4.2.3.2　炼钢使用菱镁矿的工艺特点

目前国内外直接使用菱镁矿炼钢的经验介绍较少，主要原因是菱镁矿的资源有限，菱镁矿加入量过大时，炉渣的调整较困难，转炉使用菱镁矿的特点如下：

（1）按照成分组成的热工计算，1t 菱镁矿的冷却效应应相当于 2.8t 废钢，替代白云石原矿能够减少渣量。

（2）转炉前期加入量应该控制在 3t 以内，由于矿物中的成分没有 CaO 或者 SiO_2，难以有利于成渣，形成镁橄榄石类化合物，前期化渣操作很关键。

（3）作为溅渣护炉改性剂前景乐观。

（4）使用粒度控制在 20~30mm 之间，能够有利于菱镁矿受热分解，迅速参与造渣反应。

4.2.4　炼钢镁球

轻烧白云石用于炼钢，受其中的氧化镁含量等因素的影响，存在以下的缺点：

（1）加入量大，限制了少渣炼钢的工艺实施。

（2）渣中的氧化镁含量不稳定。

（3）粉尘含量大，对于除尘系统的影响严重。

由于菱镁矿和轻烧白云石各自存在的缺点，所以以氧化镁为主成分、添加其他辅助成分的镁球的炼钢工艺，成为一种先进的工艺。

传统的轻烧镁球的制备是将 80% 轻烧镁粉加入黏结剂后，放入混碾机进行碾压、搅拌、混合 15~20min 形成混合料，通过皮带输送机送入压球机制备出产品，然后进行堆放。轻烧镁球成品经过 48h 阴干并形成强度后，以备销售。这种镁球常见于东北和沿海地区的钢企，因为东北有丰富的菱镁矿资源。某厂使用轻烧镁球的化学成分见表 4-15。

表 4-15　某厂使用轻烧镁球的化学成分

组成	SiO_2	MgO	Al_2O_3	C+S+P	水分
含量/%	≤8.0	≥50.0	~35	不做要求	≤1.00

粒度要求：20~50mm，其中小于 5mm 的粉末率不大于 5%；抗压强度不小于 980N/球，现场实测以从 3m 高度自由落体至水泥地面不碎裂为准。

由固废制备镁球的炼钢技术，于 2012 年在新疆开发成功，即采用连铸机废弃的中间包涂料和废弃的镁碳砖制备的镁球技术在八钢率先得到应用，主要理化指标见表 4-16。

表 4-16 镁球的主要理化指标

项目	SiO₂/%	CaO/%	MgO/%	粒度/mm	其他
标准值	<10	6	55~62	20~40	5~15

其优点如下：

(1) 轻烧白云石矿自烧结性较差，粉末率高，对于环境的污染较大，浪费严重，粉末率高。对于运输环节和使用环节来讲（企业的皮带机运输系统，加料过程的散失），污染严重，浪费严重。

(2) 烧制 1t 的轻烧白云石，需要 1.83t 的白云石矿，需要开挖资源，镁球为钢企的固废，不需要开挖自然资源，所以可以减少开采资源量。

(3) 烧制 1t 的白云石，至少需要焦炭 112kg（碳含量大于 90%），外排 $CO_2$0.41t，加上白云石矿分解的二氧化碳 0.56t，采用固废制备的镁球炼钢，能够减少外排的温室气体二氧化碳。

4.2.5 各类镁质原料加入量的计算方法

各类镁质原料的加入量根据炉渣中所要求的 MgO 含量来确定，一般炉渣中 MgO 含量控制在 8%~14%。炉渣中的 MgO 含量由石灰、含镁原料和炉衬侵蚀的 MgO 带入，故在确定含镁原料的加入量时要考虑它们的相互影响。白云石应加入量（t）的计算公式如下：

$$Q_M = \frac{渣量 \times 渣中要求的\ w_Z(MgO)\%\ 含量}{w_M(MgO)\%}$$

式中　$w_Z(MgO)\%$——钢渣中要求达到的 MgO 含量，%；

　　　$w_M(MgO)\%$——含镁原料中 MgO 的含量，%。

4.3　萤石

萤石，俗称氟石，硬度 4，密度 $3.18g/cm^3$。人类利用萤石已有悠久的历史。1529 年德国矿物学家阿格里科拉（G. Agricola）在他的著作中最早提到了萤石。1556 年他在研究萤石的过程中，发现了萤石是低熔点的矿物，在钢铁冶炼中加入一定量的萤石，不仅可以提高炉温，除去硫、磷等有害杂质，而且还能同炉渣形成共溶体混合物，增强活动性、流动性，使渣和金属分离。

因此，萤石作为助熔剂被广泛应用于钢铁冶炼及铁合金生产、化铁工艺和有色金属冶炼。冶炼用萤石矿石一般要求氟化钙含量大于 65%，并对主要杂质二氧化硅也有一定的要求，对硫和磷有严格的限制。硫和磷的含量分别不得高于 0.3% 和 0.08%。

炼钢用萤石是由萤石矿直接开采而得，主要成分为 CaF_2，它的熔点很低（约 930℃）。它能使 CaO 和阻碍石灰溶解的 $2CaO \cdot SiO_2$ 外壳的熔点显著降低，而且作用迅速，既改善碱性熔渣流动性且又不降低碱度。萤石在造渣初期加入可协助化渣，但这种助熔化渣作用，随着氟的挥发而逐渐消失。萤石还能增强渣钢间的界面反应能力，这对脱磷、脱硫十分有利。大量使用萤石会增加转炉喷溅，加剧对炉衬的侵蚀。主要原因是萤石中的氟与炉衬中的氧化镁反应，生产的氟化镁熔点在 1536℃，在冶炼过程中容易从炉衬上剥落，造成耐火材料的侵蚀。炼钢使用的萤石要求 CaF_2 的含量越高越好，而 SiO_2 的含量要适当，其他杂质如 S、Fe 等含量要尽量低。如果萤石中的 SiO_2 的含量大于 12%，会形成玻璃状熔渣；但含量太少，萤石的熔点升高而熔化困难，延长萤石的熔化时间，使很多氟挥发掉，而达不到快速稀释助熔的目的。含 SiO_2 少而 CaF_2 高的萤石呈鲜绿色，而微微带白色的萤石的 SiO_2 的含量适中。萤石中往往还混有硫化物夹杂，如 FeS、ZnS、PbS 等，最好将其挑出，这种萤石表面有光泽的条纹或黑斑，在冶炼高标准结构钢或特殊合金时应绝对禁用。

　　萤石中容易混入泥沙、粉末，运往车间前应经冲洗和筛选。加入炉中的萤石块度要合适，并且干燥清洁。冶炼优质钢用的萤石使用前要在 60～100℃ 低温下烘烤 8h 以上，以便去除吸附的水分，而高温烘烤将会使萤石崩裂。造渣时，配比、用量要合适，如果加入量过少，起不到稀释与助熔的作用；如果加入量过多将使熔渣过稀，对渣线侵蚀严重。另外，过稀的熔渣的渣面不起泡沫，既浪费了热量也降低了炉衬的使用寿命。

　　由于萤石价格贵而且供应不足，寻求其代用品的研究相当活跃。我国许多厂家使用铁矾土和氧化铁皮作为萤石代用品，但它们的助熔比萤石慢，而且消耗的热量也比萤石多。

4.4　硅石与石英砂

　　硅石与石英砂是酸性炉炼钢的主要造渣材料。在碱性电炉炼钢过程中，硅石和石英砂主要用于还原期调整炉渣的成分，控制炉渣的流动性和综合冶金性能。在碱性转炉的生产过程中，加入硅石和石英砂，主要在少渣冶炼工艺过程中，用于化渣和调整炉渣的流动性。

　　硅石中的主要成分是 SiO_2，含量约在 90% 以上，$FeO < 0.5\%$，并要求表面清洁，块度一般为 15～50mm，使用前须在 100～200℃ 温度下干燥 4h，以便去除水分。石英砂中的主要成分也是 SiO_2，含量大于 95%，$FeO < 0.5\%$，水分小于 0.5%，粒度一般为 1～3mm，使用前应在 400℃ 左右的温度下进行长时间的烘烤。

4.5　炼钢用无氟化渣剂

　　炼钢过程使用萤石作为化渣剂，它可以使较稠的炉渣变稀，以增加炉渣的流动，使之易于脱硫、脱磷，但转炉渣中氟化钙是侵蚀炉衬、包衬的重要因素。还产生大量 F^- 离子，对生态环境产生污染，导致地球大气层中臭氧层空洞扩大；氟离子还对水资源产生污染，将导致骨质硬化和骨质疏松，对人健康带来极大的危害。长期以来，使用的矿石、萤石质量不稳定，造成化渣困难，加入量大，增加了消耗，也加剧了对炉衬、包衬等侵蚀及对环境的污染。目前钢铁企业是最主要的氟化污染物排放者，因此在转炉冶炼过程中，采用其他材料替代萤石作为转炉炉渣助熔剂，或用其他方法促进炉渣快速熔化，成为当前必须解决的问题之一。无氟化渣剂正是利用了向转炉渣内加入少量的某种原料，就可以显著降低炉渣熔点这一原理。向 CaO 中加入 1% 的某种物质使其熔点降低的范围见表 4-17。

表 4-17　CaO 中加入 1% 的某种物质使其熔点降低的范围

项　目	CaF_2	Al_2O_3	MgO	Na_2O	Fe_2O_3	FeO	SiO_2
降低熔点/℃	11	16.7	7.15	10	7～12	20	17.1
适用范围/%	<20	<50	<20	<20	<40	<60	<38

　　目前国内无氟复合造渣剂的研究主要包括以下几个方向：硼酸盐、CaO-Fe_2O_3 基、Al_2O_3 基和 MnO 基。实际生产应用中，硼酸盐基 B_2O_5 基助熔剂的资源有限、价格较高；CaO-Fe_2O_3 基的制备过程需要高温设备，工艺较为复杂，且不符合节能减排的总体要求；而 Al_2O_3 基助熔剂的主要矿物铁矾土和 MnO 基的主要矿物锰矿均为国内分布广泛的普通矿物，因而具有供应充足、价格稳定的特点，这两种助熔剂也是投入工业试验及应用较为成功的助熔剂。

4.5.1 铁矾土炉渣助熔剂

铁矾土是典型的 Al_2O_3 基材料，作为转炉炉渣助熔剂时，γ-Al_2O_3 是一种表面疏松、多细孔结构、比表面大的活性物质；SiO_2 是转炉渣中的必要成分；铁矾土中的另一个主要成分是 Fe_2O_3 也具有很强的化渣能力，并且增加了炉渣的氧化特性。因此铁矾土本身在高温下具有活性强的特点，且加入转炉渣中对炉渣成分影响有限。

由炉渣二元相图可知，萤石中的 CaF_2 与炉渣中的（CaO）组成的二元系熔点最低可降至 1360℃，对促进石灰熔化作用非常明显；铁矾土中的 Al_2O_3 可将炉渣中的（CaO）熔点最低降至 1395℃，比萤石的作用略逊。但是，铁矾土中的 Fe_2O_3 对炉渣中的（CaO）熔点降低幅度则十分明显，最低可降至 1155～1205℃的范围。同时 Fe_2O_3 中的 Fe^{3+} 离子是炉渣中所有阴、阳离子半径最小的，渗透能力非常强，不仅对炉渣中（CaO）的渗透熔化起作用，对 n（CaO）·（SiO_2）系列高熔点复合化合物的渗透破坏及熔化起着更重要作用，只是受不同渣系组成的影响，作用表现略有差异。对于多元渣系而言，如分别加入质量分数 5% 的萤石或者铁矾土后形成 $CaO·CaF_2·SiO_2$ 和 $CaO·Al_2O_3·SiO_2$ 三元渣系，二者黏度分别为 0.23～0.29Pa·s、0.25～0.30Pa·s，差别不大。某些氧化物对于氧化钙熔点的影响如图 4-15 所示。

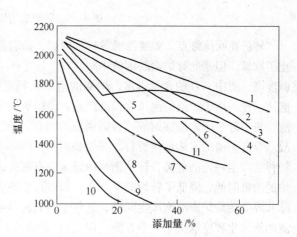

图 4-15 某些氧化物对于氧化钙熔点的影响
1—$2CaO·Fe_2O_3$；2—TiO_2；3—Fe_xO_y；4—Fe_2O_3；
5—Al_2O_3；6—$3CaO·B_2O_3$；7—$2CaO·B_2O_3$；
8—$CaO·B_2O_3$；9—B_2O_3；10—$2Li_2O·SiO_2$；11—CaF_2

4.5.2 MnO 基转炉炉渣助熔剂

MnO 基转炉炉渣助熔剂的有效成分包括 Mn_xO_y、Fe_xO_y 及 MgO 等，与锰矿的成分组成基本一致，因此实践中多以符合成分要求的锰矿作为助熔剂。锰矿中 Fe_xO_y 对石灰溶解的作用前面已有所表述。（MnO）能够压缩 C_2S 等高熔点复合物在多元渣系中的析出区域，因此也利于转炉前期的快速成渣，也是一种无氟化渣剂的生产工艺。某厂使用的转炉无氟复合化渣剂理化指标见表 4-18。

表 4-18 某厂使用的转炉无氟复合化渣剂理化指标

成 分	MnO	FeO	CaO	S	H_2O
标准值/%	≥12	≥8	3-10	≤0.5	≤4

4.6 转炉压渣剂

转炉的压渣剂实际上是一种转炉泡沫渣的消泡剂。消泡剂的主要原理是利用化学和物理的综合效应，将炉渣消泡，降低炉渣高度，减少泡沫渣所占的空间。转炉的冶炼工艺流程如图 4-16 所示。

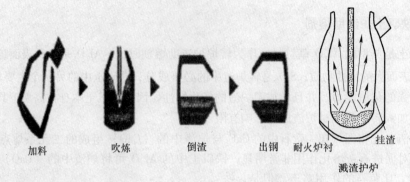

加料　　　　吹炼　　　　倒渣　　　　出钢　　耐火炉衬　　挂渣

溅渣护炉

图 4-16　转炉的冶炼工艺流程

转炉在吹炼终点，需要测温取样的时候，或者在不测温取样直接倒炉出钢的时候，虽然停止了吹氧，但是此时炉内的钢液中间［C］与［O］之间的平衡还远远没有达到，加上炉渣的碱度高，渣中 FeO 的含量丰富，炉渣的泡沫化程度很丰富，就像洗衣服时候的肥皂粉产生的泡沫一样。由于炉渣的泡沫化程度严重，使得炉渣的高度很高，转炉倒炉倒渣的时候，需要待泡沫渣平静下来才能够倒渣，否则倒渣的时候，会发生炉渣倒在平台上，钢水倒入渣罐等事故。等待炉渣的泡沫自然破裂，需要费时 4~10min，在这些时间里面，转炉的高温钢水对于炉衬会产生一定的危害，转炉钢水的温度也有损失，更加重要的是，这种等待时间，延长了转炉的冶炼时间，降低了转炉的生产率，所以几乎绝大多数的转炉采用加入专门的消渣材料来消除和降低转炉炉渣的泡沫化问题，这些专门的材料叫做转炉的压渣剂，在倒渣前加入。转炉炉渣的泡沫化程度取决于 4 个方面，即（1）炉渣的碱度。（2）炉渣中高熔点的悬浮物质点的多少，比如 $2CaO \cdot SiO_2$ 等。它们是渣液渣膜形成气泡依附的质点。（3）炉渣中的 FeO 的含量，它是保证炉渣流动性和渣膜黏度的重要物质。（4）炉渣的温度。

目前国内外的压渣剂都是以两种工艺原理制作的，即物理作用的消泡材料和物理作用与化学作用相结合的消泡材料，前者是利用了降温效果来降低转炉液态炉渣的温度实现压渣的，这种压渣剂在冶炼中高碳钢的时候，效果明显，但是冶炼低碳钢和超低碳钢的时候，效果不理想。对于后者，目前国内绝大多数企业选用了酸性材料为主的压渣剂，其中加入了部分的还原剂，以植物碳纤维和石墨碳为主，通过降低炉渣的碱度和渣中 FeO 的含量实现消泡压渣的目的。对于压渣剂的研究国内进行的较少。常见压渣剂的成分见表 4-19。

表 4-19　常见压渣剂的成分

组成	SiO_2	Al_2O_3	CaO	MgO	Fe_2O_3	TC	S	P	水分
含量/%	48~55	10~25	2~10	5~10	1~3	3~10	≤0.5	≤0.5	≤1

使用以上类型的压渣剂，会增加渣中的二氧化硅的含量、降低炉渣的碱度，影响炉内钢渣实施溅渣护炉的效果。

根据泡沫渣的形成机理和影响炉渣发泡高度的因素分析可知，由于转炉的炉渣温度高于钢液的温度，转炉炉渣的泡沫形成条件与炉渣中高熔点的物质有关，还与炉渣的表面张力有关。所以我们认为增加炉渣中高熔点的悬浮物质点的量，能够增加炉渣泡沫表面的黏度，如果在此基础上，增加一个个小泡沫内的气体压力，炉渣的泡沫就容易破泡，实现消泡降低炉渣泡沫化高度的目的。

由于氧化镁是提高炉渣黏度和渣中高熔点物质的主要成分，能够增加炉渣的熔点，所以采用以炼钢厂废弃的镁碳砖和石灰石粉末为主要成分生产的压渣剂是一种新型的压渣剂，转炉加入该压渣剂以后，泡沫渣中气泡的液膜黏度增加，表面张力降低，泡沫渣中气泡的压力极易冲破渣膜逸出，造成渣中的气泡发生破裂，起到消泡的作用；压渣剂中的含碳质材料与渣中的 FeO 产生反应，生成 CO 气泡，在逸出过程中能够合并渣中的气泡，起到减少渣中气泡的目的；压渣剂中间的石灰石也发生分解反应，释放出 CO_2，有助于实现破泡的目的。

这种压渣剂最大的优点是压渣消泡的同时，不降低渣的碱度，还能够提高渣中 MgO 的含量，有利于转炉溅渣护炉工艺的进行。产品的理化指标见表 4-20。

表 4-20　新型压渣剂的理化指标

组成	SiO_2	Al_2O_3	CaO	MgO	Fe_2O_3	TC	S
含量/%	约 15	约 10	约 25	约 40	1~3	12	≤0.08

4.7　氧化剂

炼钢用的氧化剂主要有氧气、铁矿石、氧化铁皮等。

4.7.1　氧气

炼钢过程中，一切元素的氧化都是直接或间接与氧作用的结果，氧气已成为各种炼钢方法中氧的主要来源。

转炉吹氧使吹炼时间大大缩短，生产率提高；电炉熔化期使用氧气能加速炉料的熔化；电炉钢返吹法冶炼利用氧气能够回收返回废钢中的贵重合金元素；用氧代替铁矿石作氧化剂，由于氧气泡在钢液中的流动，对排除钢中气体和非金属夹杂物特别有利；用氧作氧化剂能使熔池温度迅速提高以及缩短各种杂质的氧化时间，这对改善炼钢的各项技术经济指标有利。

吹氧炼钢时成品钢中的氮含量与氧气纯度有关。如果氧气纯度低，有氮气吹入钢中，钢中会溶解少量氮气，就可能引起成品钢的应变时效，导致钢板在成型和冲压过程中破裂。因此，对氧气的主要要求是：氧气纯度应达到或超过 99.5%，数量充足，氧压稳定且安全可靠。

4.7.2　铁矿石

铁矿石中铁的氧化物存在形式是 Fe_2O_3、Fe_3O_4 和 FeO，其含氧量分别为 30.06%、27.64% 和 22.28%。在炼钢温度下，Fe_3O_4 和 FeO 是稳定的，而 Fe_2O_3 不稳定。铁矿石是电炉炼钢的主要氧化剂，它能创造高氧化性的熔渣，从而有利于脱磷。另外，铁矿石在熔化、分解过程中要吸热，进而引起熔池内温度的降低，起冷却剂的作用，但在氧化过程中，它却有利于各种放热反应的顺利进行，分解出来的铁可以增加金属收得率。

对铁矿石的要求是铁含量要高、密度要大、杂质要少。铁矿石中的杂质是指 S、P、Cu 和 SiO_2，它们影响钢中杂质的去除及钢的热加工性能。如 SiO_2 会降低碱度，改变熔渣的组成，这对脱磷及提高炉衬的使用寿命不利。因此，作为氧化剂的铁矿石，对成分应有严格的要求。炼钢用有关铁矿石的化学成分及块度要求见表 4-21。

铁矿石应在 800℃ 以上的高温下烘烤 4h 后使用。这样不仅能够去除矿石表面的吸附水分和内部的结晶水，进而提高铁矿石中铁含量的品位，同时也有助于防止钢液中氢含量的增加，且又不过多地降低熔池温度。

表 4-21　炼钢用铁矿石的化学成分及块度要求

品 级	化学成分/%				粒度 /mm
	TFe	SiO$_2$	S	P	
特级品	≥68	≤4	≤0.1	≤0.1	10~50
一级品	≥64	≤8	≤0.1	≤0.1	10~50
二级品	≥60	≤11	≤0.1	≤0.1	10~50
三级品	≥57	≤12	≤0.15	≤0.15	10~50
四级品	≥55	≤13	≤0.2	≤0.15	10~50
	≥50	≤10	≤0.2	≤0.15	10~50

注：其他杂质含量要求：Cu≤0.2%；As≤0.1%。

4.7.3　氧化铁皮

氧化铁皮又称铁鳞，是钢锭（坯）加热和轧制中产生的。特点是铁含量高、杂质少，密度小、不易下沉，利用它主要用来调整炉渣的化学成分、提高炉渣的 FeO 含量、降低熔渣的熔点、改善炉渣的流动性。在炉渣碱度合适情况下，采用氧化铁皮能提高去磷效果。另外，氧化铁皮还有冷却作用。

电炉炼钢要求氧化铁皮不含油污和水分。主要原因是防止氧化过程中油脂分解引起的火焰四逸、反应剧烈引发事故，故使用前需在大于 500℃ 的温度下烘烤 4h，保持干燥。转炉炼钢的氧化铁皮需要加工成为球体，从转炉的高位料仓加入，或者从加废钢的料斗内加入。对于油脂的含量要求不高。近年来的研究成果表明，含有油脂的氧化铁皮造球后，油脂成球时作为黏结剂使用，加入转炉后，油脂的分解，使得油脂中间的碳分解为 CO 被煤气回收系统利用，是一种高效的工艺方法。

4.7.4　其他氧化剂

电炉在冶炼某些合金钢时，为了降低铁合金的消耗，有时利用它们的矿石或精矿代替部分相应的铁合金，如锰矿、铬矿、氧化镍、钨砂、钼砂等，这些矿石或精矿在使钢液合金化的同时，也具有氧化剂的作用。

4.8　配碳剂

在电炉钢的冶炼过程中，为了弥补废钢中碳含量的不足，除用生铁配碳外，也经常用炭质材料如天然石墨、电极块、焦炭等配碳，这些材料统称为配碳剂。

电炉常用的配碳剂有：

（1）天然石墨。天然石墨的真密度约为 1.9~2.1t/m^3，碳含量因产地不同而不同，一般为 60%~80%，最高可达 95%。电炉炼钢的配碳应选用碳含量高，S、P 及其他杂质如 SiO$_2$ 等含量低，灰分也低，且使用块度为 40~70mm 的石墨。利用石墨配碳，收得率不稳定，且与所炼钢种及用氧强度有关，一般波动在 50%~70% 之间。

（2）电极块。电极块是由废电极破碎而成，碳含量约为 93%~98%，灰分小于 0.5%，硫含量也低，真密度为 2.2t/m^3，是较为理想的配碳材料，多用于返吹法冶炼的高级优质钢上。使用块度为 20~50mm，在低碳钢上的收得率一般按 65% 考虑。

（3）焦炭。焦炭根据使用原料的不同，分为石油焦、冶金焦、沥青焦多种。其中冶金焦最常见，也最廉价，如果不作特殊说明，通常所说的焦炭就是指冶金焦。焦炭是把粉煤或几种粉煤的混合物装在炼焦炉内，隔绝空气加热到 950 ~ 1000℃，实行干馏后残留下来的多孔块状产物。焦炭的真密度为 1.8 ~ 2.0t/m³，质轻多孔易吸收水分，且 S、P 等杂质含量也高，因此只能用于氧化法冶炼的配碳，收得率约为 30%。

这三种配碳剂，因密度小，多于装料前装入炉内，以利于钢液的吸收。也可将它们制成粉剂，利用喷粉设备喷入钢液中。

4.9　增碳剂

在电炉和转炉冶炼过程中，由于配料或装料不当以及脱碳过量等原因，有时造成钢中的碳含量没有达到预想的要求，这时要向钢液中增碳。常用的增碳剂包括：

（1）增碳生铁。增碳生铁要求表面清洁、无锈，且硫、磷含量低，使用前应进行烘烤，避免将表面黏附的水分带入钢中，并防止加入时引起熔渣喷溅伤人。与其他增碳剂比较，生铁的含碳较低，约有 4% 左右，因此利用生铁增碳时，增碳量不宜过大，以避免钢水量增加过多而引起其他元素成分发生波动。另外，生铁远不如钢液纯洁，加入量过大会使钢中夹杂物含量增加而不利于提高钢的质量。因此，用生铁增碳一般不超过 0.05%。利用生铁增碳时，碳在钢液中的收得率为 100%。

（2）电极。电极的碳含量较高，硫含量和灰分较低，用于钢液的增碳时收得率比较稳定，因此是一种比较理想的增碳剂。

（3）石油焦。石油焦中灰分极少，含硫也少，用于钢液的增碳效果也比较理想，但价格较高。

（4）木炭。木炭中的灰分和硫含量虽然很低，但密度小，用于钢液的增碳时收得率低且价格较贵，目前已很少使用。

（5）焦炭。焦炭是最常见的增碳剂。但灰分和硫含量较高，增碳作用不如电极粉好。由于粉末状的炭质材料吸水性很强，且含有较高的氮，因此使用前需在 60 ~ 100℃ 的温度下干燥 8h 以上，并要求残留水分不大于 0.5%。一些炭素增碳剂的化学组成、粒度要求及收得率见表 4-22。

表 4-22　炭素增碳剂的化学组成、粒度要求及收得率

名　称	化学成分/%				粒度/mm	收得率/%	
	C	S	灰分	H₂O		扒渣增碳	喷粉增碳
	不小于	不大于					
电极粉	93	0.1	2	0.5	1 ~ 3	60 ~ 65	95
石油焦粉	90	0.8	0.5	0.5	0.5 ~ 1	50 ~ 60	95
木炭粉	60	0.04	2.5	0.5	0.5 ~ 1	30 ~ 60	80
焦炭粉	80	1	15	0.5	0.5 ~ 1	40 ~ 70	90

注：表中喷粉增碳的收得率适用于碳含量小于 0.70% 以下的钢种，当碳含量大于 0.70% 时，收得率还要低。

4.10　冷却剂

炼钢过程中，有时需要加入冷却剂来平衡热量。常用的冷却剂有：废钢、氧化铁皮、烧结矿、球团矿、铁矿石等。

4.10.1　冷却剂冷却效果的确定

冷却剂的冷却效果（$Q_冷$）为加热冷却剂到一定熔池温度时，消耗掉物理热（$Q_热$）和冷却剂发生化学反应消耗的化学热（$Q_化$）之和，即：

$$Q_冷 = Q_热 + Q_化$$

顶吹氧气转炉炼钢所用的冷却剂一般有废钢、铁矿石、氧化铁皮，废钢作为冷却剂的优点是杂质少，可减少成渣量。铁矿石作为冷却剂的优点是加料时不占用吹炼时间，有利于快速成渣和去磷，并能降低氧耗和钢铁料消耗，吹炼过程中调节温度比较方便。氧化铁皮是轧钢的铁屑，其冷却效果比矿石稳定，含杂质少，生成渣量也少。

4.10.2　废钢加入量的计算

假设需要废钢进行冷却的富余热量为 $Q_余$，废钢的冷却效应为 $q_{废钢}$，则应加入的废钢量 $G_{废钢}$ 为：

$$G_{废钢} = \frac{Q_余}{q_{废钢}}$$

通常情况下，废钢在固态和液态下的平均热容分别为 0.699kJ/(kg·℃)、0.837kJ/(kg·℃)，废钢的熔化温度为1500℃，其熔化潜热为272kJ/kg，出钢温度为1650℃，假设出钢量为120t，渣量占钢水量的12%，液态渣的热容为1.247kJ/(kg·℃)。1kg废钢由25℃升高到1650℃时的冷却效应为：

$$Q = 1 \times [0.699 \times (1500 - 25) + 272 + 0.837 \times (1650 - 1500)] = 1454kJ/kg$$

加入1t废钢可使钢水的温降为：

$$1000 \times 1454 / (120 \times 1000 \times 0.837 + 120 \times 0.12 \times 1000 \times 1.247) = 14.45℃$$

4.10.3　铁矿石加入量的计算

由于铁矿石含 SiO_2，故用铁矿石作冷却剂时，为了保持炉渣的规定碱度 R，需要补加石灰。因此在计算铁矿石加入量时，应考虑加入石灰的冷却作用。如果 $G_矿$ 表示矿石的加入量，$G_{石灰}$ 表示补加石灰量，$q_矿$ 表示矿石的冷却效应，$q_{石灰}$ 表示石灰的冷却效应，$Q_余$ 为富余热量，则：

$$Q_余 = G_矿 q_矿 + G_{石灰} q_{石灰}$$

为了保持规定的炉渣碱度 R，需补加的石灰量可根据矿石中 SiO_2 的含量 $(SiO_2)_矿$ 和石灰中 CaO 的 $CaO_{自由}$ 求出。

$$G_{石灰} = \frac{G_矿 (SiO_2)_矿 R}{GaO_{自由}}$$

由此可得出铁矿石的加入量：

$$G_矿 = \frac{Q_余}{q_矿 + \dfrac{(SiO_2)_矿 R}{CaO_{自由}} \times q_{石灰}}$$

矿石一般是在吹炼前期加入，所以温度取环境温度25℃，铁水的温度取1350℃。若铁矿石成分为 $w(Fe_2O_3) = 81.4\%$，$w(FeO) = 0\%$，铁矿石的冷却效应计算为：

$$Q_矿 = 1 \times [1.016 \times (1350 - 25) + 209 + 81.4\% \times 112/160 \times 6459 + 0\% \times 56/72 \times 4249]$$
$$= 5236kJ/kg$$

式中　1.016——铁矿石热容，kJ/（kg·℃）；

　　　1350——铁矿石加入熔池后需升温度值，℃；

　　　209——铁矿石的熔化潜热，kJ/kg；

　　　160——Fe_2O_3的相对分子质量；

　　　112——两个铁原子的相对原子质量；

6459，4249——分别为在炼钢温度下，由液态Fe_2O_3和FeO还原出1kg铁时吸收的热量。

Fe_2O_3的分解热所占比重很大，铁矿石冷却效应随Fe_2O_3含量而变化。假设普通低碳废钢的冷却效果为1，则常用冷却剂效果见表4-23。各种常用冷却剂冷却效应换算值见表4-24。

表4-23　常用冷却剂效果

冷 却 剂	与废钢相比的冷却效果	加入1%冷却剂的金属温降值/℃
废钢	1	8.5～9.5
铁矿石、铁皮（90%作用）	4～4.5	35～40
石灰石	约4.25	34～38

表4-24　常用冷却剂冷却效应换算值

冷却剂	重废钢	轻薄废钢	压块	铸铁件	生铁块	金属球团
冷却效应值	1.0	1.1	1.6	0.6	0.7	1.5
冷却剂	烧结矿	铁矿石	氧化铁皮	石灰石	石灰	生白云石
冷却效应值	3.0	3.0－3.6	3.0	2.8	1.0	2.2
冷却剂	无烟煤	焦炭	Fe-Si	菱镁矿	萤石	OG泥烧结矿
冷却效应值	－2.9	－3.2	－5.0	2.2	1.0	2.8

4.11　保温剂

4.11.1　保温剂的原理

钢包内或者中间包内钢水热损失主要是通过钢水上表面的辐射和对流散失大量的热量，造成钢液的温度下降。为了减少这种热量的散失，在钢水表面加入覆盖剂后，热量通过与覆盖剂传导传热后，再通过覆盖剂上表面与空气进行热交换，覆盖剂上表面温度相对较低，与周围空气温差小，定性温度也降低，所以对流热损失和辐射热损失减小，起到了保温的效果，这是覆盖剂的基本原理。

4.11.2　炭化稻壳

在没有钢水炉外精炼设备的时候，转炉钢水的钢渣很少，甚至没有钢渣，这种情况下转炉钢水表面裸露以后，一是温降大，二是钢水的二次氧化现象比较严重，前者的矛盾远远大于后者。为了防止钢水温降过快，最初的炭化稻壳为主的钢水覆盖剂应运而生。钢水覆盖剂的最初功能只是保温，以防止钢水在传输过程或浇注过程中温降过大。炭化稻壳是采用稻米加工过程中产生的稻壳为原料，经过充分炭化处理以后的产物，一种炭化稻壳的成分见表4-25。

表 4-25　一种炭化稻壳的主要成分

组分	SiO$_2$	水分	固定碳	灰分
质量分数/%	30 ~ 50	<6	38 ~ 55	35 ~ 65

炭化稻壳体积密度小，松散体积密度 0.07 ~ 0.09g/cm^3，密实体积密度 0.13 ~ 0.15g/cm^3，热容小，熔点高，对于耐火材料的侵蚀作用较小，具有优良的保温绝热性能，且成本低廉。在光学显微镜下，没有焚烧炭化的稻壳表面存在规则的、纵横交错的网格，每一个网格中间都有一个近似圆锥体的凸起。稻壳炭化处理以后，这些圆锥体的凸起一部分破碎，一部分保持炭化稻壳的原型。国内的学者研究结果表明：在炭化稻壳的内外表面，由致密的 SiO$_2$组成，内表面层薄，外表面层稍厚，内外表面之间是一个夹层，夹层由纵横交错的板片构成，含有大量呈现疏松蜂窝状的孔洞，这些孔洞中间，存在有静止状态的空气，形成孔洞之间的空气阻隔。由于空气的导热性较差，所以炭化稻壳的这种结构具有相对良好的绝热保温性能。随着钢种质量的要求越来越高，炭化稻壳作为钢水覆盖剂表现出以下的缺点：

（1）炭化稻壳的铺展性差。炭化稻壳加入钢包后，往往出现堆状，不能迅速地铺展开，因此导致钢水表面经常有局部裸露在空气中，钢水散热比较快，使炭化稻壳的保温作用未能得到很好的发挥。为了弥补这种状况，需要额外加入较多的炭化稻壳，使得钢坯的制造成本增加。

（2）隔热保温作用不理想。炭化稻壳是将稻壳炭化后作为发热剂，但由于其发热值相对较低，化学反应的时间相对较短，而且炭化稻壳的覆盖层未能形成有效的隔热保温层，因此钢水热量的损失仍很大。

（3）炭化稻壳加入以后对于作业环境的污染严重，不利于操作者操作。

（4）炭化稻壳对于钢水具有增碳作用。

（5）炭化稻壳对于钢液有二次氧化的作用，尤其是铝镇静钢尤为明显。

针对炭化稻壳性能上存在的主要缺陷，通过改进覆盖剂使用的材料和优化成分的设计来提高覆盖剂的保温性能，在成分设计上，主要考虑以下几方面：

（1）提高覆盖剂的铺展性。方法是添加一定数量的膨胀材料，比如膨胀蛭石和膨胀石墨。膨胀蛭石和膨胀石墨都具有较高的膨胀能力，能够使覆盖剂在投入钢包后迅速地铺展开，使覆盖剂有效地覆盖住钢水表面。同时这种膨胀作用还能使钢水表面的渣层中形成一个隔离层，可有效地降低钢水向外的热传导速度，起到隔热保温的作用。

（2）提高覆盖剂的发热值。方法是在覆盖剂中配加适量的发热剂，利用发热剂化学反应产生的热量来弥补钢包内钢水的热损失。发热剂主要选择焦炭粉和煤粉。

（3）确保覆盖剂具有适宜的成渣性能。覆盖剂的成渣性能包括适宜的成渣速度和成渣温度。覆盖剂加入钢包后，能够形成较为理想的三层结构：原始层、烧结层、液态层。这就要求覆盖剂加入钢包后要具有一定的成渣速度，使部分渣料接触高温钢水后能够形成一定的熔渣层，在钢液表面扩散并覆盖住钢水表面。适宜的成渣温度主要取决于覆盖剂的熔点。覆盖剂熔点过高，则加入钢包不易熔化，成渣后的粒度大，使覆盖剂不能很好地覆盖住钢水表面，对非金属夹杂物的捕集能力较差；熔点过低，则成渣速度过快，反应时间短，无法在钢液表面形成适宜的三层结构，起不到应有的保温作用。

4.11.3　新型覆盖剂

由于炭化稻壳存在的缺点，目前已经淡出市场，开始使用一些新型的覆盖剂。目前使用的覆盖剂中间，一般成分为 CaO-SiO$_2$-Al$_2$O$_3$，同时添加部分的氧化铁。选择氧化铁作为氧化剂是因为在 CaO-SiO$_2$-Al$_2$O$_3$ 渣系中，Fe$_2$O$_3$ 具有降低渣的熔点的作用，可以促进成渣。同时，Fe$_2$O$_3$ 反应较慢，可以控制发热剂的反应速度，延长反应时间，提高后期的保温效果。

新开发的钢水覆盖剂按照功能区分，一般分为以下两种：

（1）酸性类。典型的仍然有以炭化稻壳为主原料的钢水覆盖剂和以 Al$_2$O$_3$-SiO$_2$ 基含碳或低碳保温剂，其最大的特点是成本低廉和钢水增碳较少。缺点是对于脱氧良好的钢液具有二次氧化的作用，对于钢包的渣线也有不利的影响。酸性覆盖剂主要用于钢种质量要求不高的钢种，除了保温以外，同时起到防止钢液二次氧化、还原钢渣中氧化物的作用。此类钢包覆盖剂的铺展性好，使外界空气与钢液表面基本上隔离开。液态的熔渣层是酸性渣，它的透气性很小，使空气特别是氧气很难通过石墨渣保护层。同时上部的原始层、过渡层和炭粉层都含有一定量的碳，高温下的碳很活泼，极易与氧进行反应：

$$C(s) + \{O_2\} = CO_2 + Q$$
$$2C(s) + \{O_2\} = 2CO - Q$$
$$2CO(g) + \{O_2\} = 2CO_2 + Q$$

反应的结果将氧气消耗掉，使氧气不能到达钢水表面，从而起到保护作用。同时钢中易氧化元素被氧化后，进入表面熔渣，与炭粉层进行反应，将铁还原。

$$(FeO) + C(s) = [Fe] + \{CO\} \uparrow$$
$$(MnO) + C(s) = [Mn] + \{CO\} \uparrow$$

实践表明，钢包覆盖剂确有保护钢水表面不发生二次氧化的作用，新型覆盖剂的主要成分和理化指标见表 4-26 和表 4-27。

表 4-26 新型覆盖剂的主要成分

成分	CaO	SiO$_2$	Al$_2$O$_3$	C	MgO	Fe$_2$O$_3$	其他
含量/%	15~25	20~35	10~20	15~25	2~5	2~4.8	0~3

表 4-27 新型覆盖剂的理化指标

项目	熔点/℃	熔速/s	堆角/(°)	膨胀系数	导热系数/W·(m·K)$^{-1}$
标准值	1280~1350	60~100	≥90	2~3	0.0698~0.1396

（2）碱性类：该类保温剂是以 MgO 或白云石为基础材料，也有含碳与低碳之分，该类保温覆盖剂一般熔点较低，单独使用时容易结壳，但能较好地吸附钢水中上浮的夹杂物。

新型的微碳碱性钢水覆盖剂应具有以下性能：

1）覆盖剂的使用不会对钢水增碳；能适应高、中、低碳或超低碳钢水生产的保温要求。

2）覆盖剂属碱性材料，其碱度应和钢渣的碱度相当；在覆盖剂的使用过程中不会降低钢渣的碱度，从而避免了钢水的回磷和回硫。

3）覆盖剂应具有良好的保温性能；从材料内部的传热过程来看，要使覆盖剂具有良好的保温性能，就必须使材料中含有大量的气孔率以阻隔传导通路，为此，覆盖剂应具有较低的容重。

4）覆盖剂应具有较高的熔点；较高的熔点能使保温剂在使用过程中不易熔化，能较长时间保持良好的保温性能。

5）覆盖剂应价廉质优；为了适应市场和钢铁生产降低成本的需要，覆盖剂的原材料应价格低廉、来源广阔，且生产工艺简单。一种微碳碱性钢包覆盖剂生产使用的原料成分见表 4-28。

表 4-28　生产新型覆盖剂使用的主要原料成分　　　　　　（%）

项　目	CaO	SiO$_2$	Al$_2$O$_3$	MgO	烧失
膨胀珍珠岩	1.0 ~ 2.5	68 ~ 75	8 ~ 15	0.4 ~ 1.0	—
轻烧镁粉	<2.5	<3.0		>85	<11

一种新型钢包覆盖剂的化学组成和理化指标见表 4-29 和表 4-30。

表 4-29　新型微碳碱性钢包覆盖剂的化学成分

成　分	CaO + MgO	SiO$_2$	Al$_2$O$_3$	Na$_2$O + K$_2$O	C
含量/%	40 ~ 60	<30	<5	<5	<1

表 4-30　新型微碳碱性钢包覆盖剂的理化指标

项　目	熔点/℃	水分 (w)/%	容重/g·cm^{-3}
指　标	>1600	<1.0	<0.5

4.11.3.1　新型钢包覆盖剂的作用机理

新型钢包覆盖剂加入钢包后迅速地铺展开覆盖住钢水的表面，并很快地形成了三种不同的层次结构。

A　熔融层

覆盖剂的下层在钢水液面上（约 1550 ~ 1600℃），靠钢液提供热量，渣中低熔点的组成在高温作用下熔化，并逐渐向四周扩散，在钢液面上形成了一定厚度的液渣覆盖层，即熔融层。同时，钢水中的夹杂物在镇静时不断上浮进入熔融层，被熔渣所捕集、融化，使熔融层逐渐增厚。将新型覆盖剂使用前后的化学成分进行检验对比（见表 4-31），发现使用钢包覆盖剂能净化钢水，吸附钢中的夹杂物，提高钢水的内在质量。

表 4-31　钢水覆盖剂对于钢水夹杂物的吸附性的统计

项　目	CaO	SiO$_2$	Al$_2$O$_3$	Fe$_2$O$_3$	FeO
覆盖剂原始成分，w/%	23.7	33.86	12.06	6.48	—
浇注以后成分，w/%	34.67	23.11	21.03	11.55	0.55
差值	+10.97	-10.75	+8.97	+5.07	+0.55

B　熔化层

熔融层的形成使钢水的传热速度减慢，同时在热作用下，膨胀剂的膨胀作用更加明显，逐渐在熔融层的上面形成一个隔离层，该层温度约在 600 ~ 900℃ 左右。部分高熔点的渣料尚未熔化，但在高温作用下，渣料之间互相烧结在一起，形成一个多孔的过渡烧结层，即熔化层。该层渣黏度较大，起到了骨架支撑作用。熔化层的形成使钢水向外的传热速度明显降低，正是由于熔化隔离带的形成，使覆盖剂的保温效果明显提高。经过实践测算，一种新型钢包覆盖剂的保温效果明显优于炭化稻壳覆盖剂，其温降速率比炭化稻壳低 0.4℃/min（镇静 15min 后钢水降温速度由原炭化稻壳覆盖剂 1.33℃/min 降低到 0.93℃/min）。

C　原始层

熔化层的上面由于温度较低，覆盖剂的成分和状态基本未发生变化，即原始层。随着浇注时间的推移，覆盖剂中的发热物质逐渐开始反应，并放出热量，熔融层不断增加，原始层逐渐缩小。但是由于发热物质与 Fe_2O_3 进行反应，反应的速度较慢，反应持续的时间较长，而且熔化隔离层在相当长的时间里比较稳定。使导热系数仍保持相对较低的数值。至最初的原始层基本熔化掉（覆盖剂表面出现发红现象）大约需要 60min，因此覆盖剂起保温作用的时间明显比炭化稻壳延长。

4.11.3.2　中间包覆盖剂

中间包覆盖剂的作用主要有以下几点：

（1）中间包加入覆盖剂，覆盖剂覆盖在钢水表面，防止钢水裸露在空气中，防止钢水温度迅速下降，造成钢水温度过低、液面结壳、水口冻结。

（2）隔绝空气、防止钢水二次氧化。覆盖剂加入后，形成透气性差的熔融层，将钢水与空气隔绝开，防止了钢水的二次氧化，减少了钢水的夹杂物。

（3）吸收钢液面上的非金属夹杂物。覆盖剂在钢水表面形成一定厚度的熔融层，可以吸附上浮到钢水表面的非金属夹杂物、耐火材料颗粒等浮游物，起到净化钢水的作用。中间包越大，钢水在其中停留的时间越长，覆盖剂吸收夹杂的作用越明显。

酸性覆盖剂主要是炭化稻壳等，目前冶炼优质钢较少使用，碱性覆盖剂的使用较为常见，几种碱性中间包覆盖剂的理化性能见表4-32。

表4-32　几种碱性中间包覆盖剂的理化性能

化学成分，$w_B/\%$					容重/g·mL^{-1}	熔化温度/℃	提高保温性方法
CaO + MgO	Al_2O_3	SiO_2	C$_固$	碱度			
40.4	6.8	8.7		4.6		1270	轻质材料
34	18	22		1.18			气体分解
>55		<12	<6		1.0	1350	引气剂
54	<6	24	4	2.0	0.4	1400	轻质材料
>50		34	26	1.3	0.8	1300	膨胀材料

注：碱性覆盖剂的最大缺点是保温性差，其导热系数为酸性的2倍；其次是容易结壳。

4.12　转炉溅渣护炉炉渣改质剂

氧气顶吹转炉溅渣护炉是在转炉出钢后将炉体保持直立位置，利用顶吹氧枪向炉内喷射高压氮气，将炉渣喷溅到炉衬的大部分区域或指定区域，在炉衬上黏附于炉衬内壁逐渐冷凝成固态的坚固保护渣层，成为可消耗的耐火材料层。转炉冶炼时，保护层可减轻高温气流及炉渣对炉衬的化学侵蚀和机械冲刷，以维护炉衬、提高炉龄，降低喷补料等耐火材料消耗。转炉的溅渣护炉的工艺如图4-17所示。

影响炉渣熔点的物质主要有 FeO、MgO 和炉渣碱度。渣相熔点高可提高溅渣层在炉衬的停留时间，提高溅渣效果，减少溅渣频率。由于 FeO 易与 CaO 和 MnO 等形成低熔点物质，不利于溅渣护炉工艺过程中，炉渣的黏附性，提

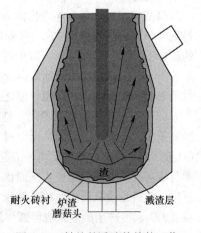

图4-17　转炉的溅渣护炉的工艺

高 MgO 的含量可减少 FeO 相应产生的低熔点物质数量，有利于炉渣熔点的提高。

为了有利于溅渣，转炉出钢后往往加调渣剂（例如石灰、焦粉、镁质材料等），加入调渣剂，使炉渣改质，以满足炉渣溅渣护炉的工艺要求。主要有菱镁矿、镁球和钙质改质剂。钙质改质剂的主要目的是提高溅渣护炉炉渣碱度为目的的。主要采用石灰粉末与焦炭粉，或者是石灰石粉末与炭质原料压球而成。不同的厂家使用的工艺条件不同，故成分各不相同。

4.13 脱氧剂

4.13.1 氧化钙碳球

向钢液中间加入电石进行沉淀脱氧的工艺，主要是利用碳化钙分解以后，其中的碳与钢液或者钢渣中间的氧或者氧化物反应，起到减少钢液或者钢渣中间氧含量的工艺目的。电石脱氧工艺的脱氧产物为 CO 和 CaO，在对钢液脱氧的时候，脱氧产物 CO 直接从钢液中间逸出，不污染钢液，并且分解的产物 CaO 与钢液中间的 S^{2-} 离子结合生成 CaS，与 Al_2O_3 发生反应，生成低熔点的化合物 $nCaO \cdot mAl_2O_3$，达到上浮去除的目的。电石的反应遵循基本的冶金反应原理，即 CaC_2 受热分解后再与钢中的氧反应，反应总的方程式如下：

$$CaC_2 + 3[O] = CaO + 2CO$$

炼钢使用电石脱氧，成本提高，并且炼钢使用电石脱氧在运输和仓储过程中，容易受潮变质，安全问题突出，产生负面影响。加上电石生产属于高能耗行业，属于国家控制发展的行业，所以炼钢过程中使用电石炼钢的前景和成本对于炼钢都有一定的压力。

以下是某厂因为电石应用或者管理不到位引起的一些典型的案例：

（1）2007 年 11 月，110t 电炉炉盖漏水，造成存放在炉后出钢位的电石引发的火灾，烧毁了电缆桥架上的电缆，电炉停产 16h，直接经济损失超过 50 万元。

（2）2013 年 12 月，第一炼钢厂 150t 转炉上料皮带因为电石遇潮水解产生的乙炔气爆炸断裂，同年料仓上发生乙炔气引起的爆炸，造成一名职工受伤。

（3）2015 年，第二炼钢厂发生两起因为电石受潮产生乙炔气，引起的皮带着火燃烧的事故。

利用机械力化学反应原理生产的氧化钙碳球，遵循冶金学的基础原理，将高温合成的电石改为机械力合成，在生产中应用，成为能够替代电石的脱氧剂，杜绝了以上的安全风险，其生产原理表述为：

（1）竖窑或者旋窑生产出的石灰（CaO）属于多孔物质，容易吸潮失效，将石灰破碎磨粉到 0.5~1mm 之间，在这一过程中，磨粉的机械能施加在石灰以后，石灰中间的氧化钙粉末的反应活性能力增加，为了防止石灰粉末的吸潮失效，将粒度在 0.5mm 以下的高纯膨胀石墨炭粉末与石灰颗粒混匀，加入钝化剂和石灰石粉，再使用高压干粉压球机造球，压制成为细粉封闭氧化钙表面细孔的球团，使之成为能够防止吸潮反应的脱氧剂。

（2）石灰中的膨胀石墨碳，遇热膨胀使得氧化钙碳球迅速碎裂成为小颗粒，较快的参与脱氧反应。与钢液或者熔渣反应过程中，在接触熔渣或者钢液的一侧，碳元素直接反应产生的 CO 或者 CO_2 溢出过程中促使炉渣起泡，增加了钢渣和钢液，或者钢渣和钢渣反应的界面，CaO 参与成渣反应的速度加快，从而优化了 LF 炉的炼钢脱氧工艺。与电石相比，电石首先是分解反应，然后是脱氧反应，故这种脱氧剂的迅速反应，能够缩短脱氧时间，并且反应产生的 CO 或者 CO_2 起泡产生的泡沫渣埋弧作用，能够有效减少 LF 炉的电弧热能辐射损失，节电效果优于电石的使用效果。

所以说氧化铝碳球炼钢，是解决炼钢安全问题的一个重要技术手段，能够消除炼钢工艺环节中的安全风险，是一种提升企业安全本质化的工艺选择。

2014 年国家最主要的钢铁冶金类期刊《钢铁》杂志刊登了一篇鞍钢的科技工作者王晓峰、唐复平等人发表的题为《反应诱发微小异相净化钢水技术》的技术论文，钢铁研究总院的倪冰和刘浏也发表了《微小异相去除夹杂物的实验研究》的论文，提出的工艺思路与氧化钙碳球的工艺思路是异曲同工。使用氧化钙碳球可以产生以下的有益效果：

（1）能够减少炼钢工艺对于工业电石的依赖，有利于国家环保政策在高能耗行业的实施。

（2）在脱氧的时候，还能够促进氧化物夹杂上浮，有利于钢液的净化。

（3）本产品的成本比电石的成本低 40%，有利于炼钢企业的降本增效。

（4）本产品由于使用石灰和石墨碳的混合物，遇潮以后不会产生乙炔气，便于运输和仓储管理，与使用电石相比，安全上没有爆炸和燃烧的潜在风险和危险因素。

同时国内的各大冶金核心期刊也于最近刊出了以氧化钙碳球为基本原理的一些工艺技术进步，鞍钢介绍的工艺如图 4-18 所示。

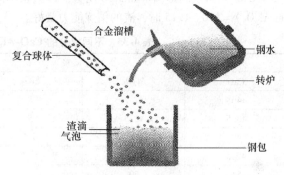

图 4-18　转炉出钢过程中复合球体加入示意图

从该图可以看出，氧化钙碳球不仅具有脱氧的功能，还具有去除夹杂物的功能，是一种传统工艺的突破。

4.13.2　精炼渣

精炼渣是近几年发展起的新型脱氧剂，主要用于 LF 钢水脱硫、去除夹杂而净化钢液的目的。从熔点、流动性等方面而言，由于它对 CaO 和 Al_2O_3 具有很强的容纳能力，因而可配加大量的石灰、发泡剂等组合成具有很强脱硫能力的 LF 精炼渣，尤其适用于铝脱氧钢，包括薄板在内的品种钢，因此在国内它的应用发展得很快，很多厂家已开始使用它。

4.13.2.1　烧结精炼渣

将要求成分的粉料添加黏结剂混匀后烧结成块状，破碎成颗粒状后使用。一种转炉和 LF 使用精炼渣的主要成分见表4-33。

表 4-33　精炼渣的主要成分

成　分	SiO_2	Al_2O_3	CaO	MgO	添加剂
含量 $w/\%$	<10	<30	>45	<3	<12

4.13.2.2　合成精炼渣

将不同的脱氧剂或者渣料原料破碎加工成粉状，按照一定比例的质量分数进行混合，配成粉料使用，以达到加入钢包以后，能够较快的熔化参与反应，进行脱氧和脱硫，去除夹杂物的目的，此类脱氧剂叫做合成渣。典型的有将电石、铝灰、萤石粉、镁钙石灰、石墨炭粉、添加剂等按照 4:2:1:2:0.5:0.5 的比例进行机械混合，包装成为 5~20kg/袋，或者罐装运输到工厂的料仓进行使用的一种多功能的脱氧剂。表4-34 是合成渣的典型成分。

表 4-34　合成渣的理化指标

成分	CaO	Al$_2$O$_3$	SiO$_2$	S + P	CaF$_2$	粒度
含量/%	65 ~ 75	≥20	< 8	≤0.07	< 5	3 ~ 20mm

　　在钢包内用合成渣精炼钢水时，渣的熔点应当低于被渣洗钢液的熔点。合成渣的熔点，可根据渣的成分利用相应的相图来确定。

　　在 CaO-Al$_2$O$_3$ 渣系中，当 $w(Al_2O_3)$ 为 48% ~ 56% 和 $w(CaO)$ 为 52% ~ 44% 时，其熔点最低（1450 ~ 1500℃）。这种渣当存在少量 SiO$_2$ 和 MgO 时，其熔点还会进一步下降。SiO$_2$ 含量对 CaO-Al$_2$O$_3$ 系熔点的影响不如 MgO 明显。该渣系不同成分合成渣的熔点见表 4-35。当 $w(CaO)/w(Al_2O_3)$ = 1.0 ~ 1.15 时，渣的精炼能力最好。

表 4-35　不同成分的 CaO-Al$_2$O$_3$ 渣系合成渣的熔点

成分 w/%				熔点/℃
CaO	Al$_2$O$_3$	SiO$_2$	MgO	
46	47.7		6.3	1345
48.5	41.5	5	5	1295
49	49.5	6.5	5	1315
49.5	43.7	6.8		1335
50	50			1395
52	41.2	6.8		1335
56 ~ 57	43 ~ 44			1525 ~ 1535

　　当 CaO-Al$_2$O$_3$-SiO$_2$ 三元渣系中加入 6% ~ 12% 的 MgO 时，就可以使其熔点降到 1500℃ 甚至更低一些。加入 CaF$_2$、Na$_3$AlF$_6$、Na$_2$O、K$_2$O 等，也能降低熔点。

　　CaO-SiO$_2$-Al$_2$O$_3$-MgO 渣系具有较强的脱氧、脱硫和吸附夹杂的能力。当黏度一定时，这种渣的熔点随渣中 $w(CaO + MgO)$ 总量的增加而提高（见表 4-36）。

表 4-36　不同成分的 CaO-SiO$_2$-Al$_2$O$_3$-MgO 渣系合成渣的熔点

成分 w/%						熔点/℃
CaO	MgO	CaO + MgO	SiO$_2$	Al$_2$O$_3$	CaF$_2$	
58	10	68.0	20	5.0	7.0	1617
55.3	9.5	65.8	19.0	9.5	6.7	1540
52.7	9.1	61.8	18.2	13.7	6.4	1465
50.4	8.7	59.1	17.4	17.4	6.1	1448

　　石灰基固体合成渣，是一种机械合成的混合渣料，它在转炉出钢过程中加入后不易成渣，精炼过程中补加石灰后也需要较长时间才能形成流动性较好的渣。这种合成渣在南方湿度较大的地区使用时，由于渣中活性石灰的存在使它的运输和贮存变得很困难，容易吸收水分变质，变质后的精炼渣对冶金效果影响很大。

　　合成渣在生产和使用的过程中烟尘产生量大，原料损失和环境污染严重，并且由于渣料成分不均匀，使用时钢水产生较大温降，降低了精炼生产效率，目前已经在逐渐淡出。

4.13.2.3　预熔精炼渣

　　预熔精炼渣是按照理想渣系组元的成分范围，配料以后在化渣炉将要求成分的原料熔化成液态渣，倒出凝固后，按照粒度的要求进行破碎，然后包装使用。预熔渣的主要作用是脱硫脱氧，促使钢中夹杂物上浮。预熔渣解决了合成渣不易储运的问题，同时经过成分的优化，解决了造渣工艺中所存在的问题，常见的预熔渣的主要配置成分是以 $12CaO \cdot 7Al_2O_3$ 为基础成分生产的。

4.13.2.4 LF 埋弧精炼剂

不同的精炼剂的功能是各不相同的，在起到埋弧加热作用的同时，有的精炼剂是在 LF 起脱氧作用的，兼顾起发泡剂的作用；有的是调整碱度，促使炉渣向吸附夹杂物的渣组分的方向转变，一种埋弧精炼剂的成分见表4-37。

表 4-37　埋弧精炼剂的成分

成　分	SiO_2	Al_2O_3	$CaCO_3$	石墨
含量/%	11.49	31.58	48	8.9

4.13.2.5　脱硫剂

脱硫剂也是脱氧剂的一种，主要有脱氧单质元素或者复合脱氧剂组成，其配方组成各个厂家的各不相同，表4-38是某厂家使用的脱硫剂的成分。

表 4-38　某个厂家使用的脱硫剂的成分

项目	CaO/%	SiC + Si/%	C/%	Al/%	粒度/mm
指标	35 ~ 45	10 ~ 20	10 ~ 20	1 ~ 2	0 ~ 8

4.13.2.6　铝渣球

铝渣球可用于转炉出钢脱氧和 LF 炉的造渣冶炼。

（1）转炉出钢过程中加入使用。当产品加入钢液中时，产品中含有 10% ~ 18% 的金属铝迅速与钢液中的氧反应，进行脱氧的同时，吸附铝合金脱氧产生的 Al_2O_3 团聚长大，在吹氩的作用下，上浮到钢液的顶部，达到去除夹杂物的作用，同时与顶渣中的氧化钙反应形成铝酸钙渣系，这种渣流动性好，吸附夹杂物的能力强。

（2）LF 冶炼过程中加入。产品在 LF 冶炼过程中加入，主要目的是脱氧的同时，调整炉渣中 Al_2O_3 含量，达到调整炉渣流动性，起到脱氧、脱硫和吸附夹杂的目的。

铝是很强的脱氧剂，主要用于生产镇静钢，它的脱氧能力比锰大两个数量级，比硅及碳大一个数量级。加入的铝量不大时，也能使钢液中碳的氧化停止，并能减少凝固过程中再次脱氧生成的夹杂物。

仅当铝浓度很低（[Al] < 0.001%）时，才能形成熔点高达 1800 ~ 1810℃ 的铁铝尖晶石（$FeO \cdot Al_2O_3$），一般是形成纯 Al_2O_3，其脱氧反应是

$$2[Al] + 3[O] = Al_2O_3(s)$$

$$\lg K_{Al}^{\ominus} = \lg \frac{1}{(w[Al])^2 \cdot (w[O])^3} = \frac{63655}{T} - 20.58$$

式中，$a_{Al_2O_3} = 1$，而 $f_{Al}^2 f_O^3 \approx 1$，故有 $(w[Al])^2 \cdot (w[O])^3 = 1/K_{Al} = K'_{Al}$。

由上式可计算得，1600℃，$K'_{Al} = 4.0 \times 10^{-14}$，因此，当 $w[Al] = 0.01\%$ 时，$w[O] = 0.0007\%$，在这样低的 $w[O]$ 下，钢液中的 [C] 不可能再发生脱氧反应了，所以用铝脱氧，

才能使钢液完全达到镇静。

　　铝脱氧生成的 Al_2O_3 是熔点很高的细小不规则形状质点，难以聚合成大质点，但它能在钢液强大的对流作用下排出一些，因为钢液对 Al_2O_3 的黏附功小，不易为钢液所润湿。

　　氧化铝分子式为 Al_2O_3，熔点 2050℃，呈白色，有许多同质异晶体，据研究报道过的有十多种，他们的结晶结构和物理性质各不相同，但常见的有 3 种：$\alpha\text{-}Al_2O_3$、$\beta\text{-}Al_2O_3$、$\gamma\text{-}Al_2O_3$。$\alpha\text{-}Al_2O_3$ 是氧化铝各种变体中最稳定的结晶形态，它的稳定温度可直至熔化温度，熔点为 2050℃，密度为 $3.96\sim4.01g/cm^3$，晶型为六方结构，相当于天然刚玉，晶体形状呈柱状、粒状或板状。一般所知氧化铝的性质主要是指 $\alpha\text{-}Al_2O_3$ 的性质。$\alpha\text{-}Al_2O_3$ 的一个主要的性质是在高温下具有的团聚功能，在钢液内 $\alpha\text{-}Al_2O_3$ 能够相互碰撞黏附在一起，是造成钢液结瘤的原因，同时 $\alpha\text{-}Al_2O_3$ 也是钢材内不能够沿着轧制方向变形的刚性夹杂物，所以必须尽可能的将从钢液内去除。北京科技大学的王平教授和傅杰教授，采用电解铝铝灰配加石灰在转炉出钢过程中进行脱氧，取得了显著的效果，基本原理是向采用铝脱氧的钢液内加入含有金属铝粒和 Al_2O_3 的脱氧剂后，Al_2O_3 形成的团簇状物体在密度和钢液吹氩搅拌等手段下，向钢液上部上浮，在上浮的过程中，钢液内铝脱氧产生的 Al_2O_3 颗粒，不断地融入其中，随之上浮，达到净化钢液的目的。此后以氧化铝为主原料的脱氧剂得到了大范围的应用。此类脱氧剂称为 AD 球、钢水改性剂等。

　　目前国内的低铝渣球普遍的采用电解铝厂家的铝灰为主原料生产铝渣球，河南和广西是中国铝产业最为密集的地区，产品主要以河南为主。

　　铝渣球的主要指标见表 4-39。

表 4-39　铝渣球的主要指标

项目	Mal/%	SiO_2/%	Al_2O_3/%	CaO/%	粒度/mm
指标	≥10.0	≤6.00	≥40	>20	30

5 炼钢用气体

钢铁工业与空分气体是相互依存、相互促进的关系。钢铁工业的增长带动了气体工业的发展，气体工业的发展又促进了钢铁工业，两者的关系类似一对作用力与反作用力密不可分。钢铁工业新工艺的出现不时向工业气体提出新的数量、质量和工艺需求，气体工业在不断满足这些需求的过程中发展壮大了自己，同时又推动了钢铁工业的发展。炼钢厂常用气体有氧气、氮气、氩气、煤气、水蒸气等。钢厂常见的气体管道的标识颜色见表 5-1。

表 5-1　钢厂常见的气体管道的标识颜色

气体	水蒸气	氧气	氮气	煤气	氩气	压缩空气
标识	红	天蓝	黄	黑	中黄	深蓝

5.1 氧气

炼钢是一个去除铁液中对钢种有负面影响的一些元素的过程，如铁液中过多的 C、Si、Mn、P、S 等。去除这些元素最有效的方法是将它们氧化后，转变成为氧化物从铁液中去除。完成这些元素的氧化任务可以使用含铁的氧化物和氧气，但是使用含铁的氧化物作为主要的氧化剂去除钢液中的杂质，存在以下的缺陷：

（1）这些氧化物去除铁液中的杂质元素，需要通过渣层的扩散完成，反应速度慢，效率较低，无法满足现代炼钢的产能要求和经济性的要求。

（2）采用氧化物去除杂质的过程，铁液的降温明显，影响了炼钢的热能平衡，不利于炼钢的操作。

（3）采用氧化物去除杂质，氧化铁的富集，会造成冶炼过程中的喷溅和大沸腾事故的发生。

（4）不能够有效的调整冶炼过程中的工艺进程。

而采用氧气炼钢，能够弥补以上的缺陷，所以氧气炼钢成为去除铁液内部的杂质，完成炼钢任务的最佳氧化剂。廉价氧气生产工艺的诞生，成就了转炉炼钢的发展。

钢铁工业的炼铁与炼钢过程是氧气的最大用户。在钢铁企业将制氧工序称之为心脏，常用有氧就有钢来形容其重要性，同时也显示出其地位。

5.1.1 氧气的生产

氧气的工业化生产主要有物理方法和化学方法两大类。国内大型钢铁企业几乎清一色用深冷法（ASU）生产氧气，这是由于这种方法除可得到转炉炼钢所需纯度氧气外，还可以同时得到所需要的氮和氩，就是说一套空气分离设备就可以满足钢铁生产全过程对空分气体的需要。但随着钢铁企业短流程电炉炼钢领域的拓宽，另外一种制氧方法即变压吸附法（VPSA）将会占有一席之地。短流程电炉炼钢由于对氧气纯度要求不如转炉高，因此变压吸附法产氧可以满足其需要。

5.1.1.1 空气冷冻分离法

空气中的主要成分是氧气和氮气。利用氧气和氮气的沸点不同（氧气沸点为 – 183℃，氮气沸点为 – 196℃），从空气中制备氧气称空气分离法。首先把空气预冷、净化（去除空气中的少量水分、二氧化碳、乙炔、碳氢化合物等气体和灰尘等杂质），然后进行压缩、冷却，使之成为液态空气，把液态空气多次蒸发和冷凝，将氧气和氮气分离开来，得到纯氧（可以达到 99.6% 的纯度）和纯氮（可以达到 99.9% 的纯度）。如果增加一些附加装置，还可以提取出氩、氖、氦、氙等在空气中含量极少的惰性气体。由空气分离装置产出的氧气，经过压缩机的压缩，最后将压缩氧气装入高压钢瓶贮存，或通过管道直接输送到工厂、车间使用。使用这种方法生产氧气，虽然需要大型的成套设备和严格的安全操作技术，但是产量高，每小时可以产出数千、万立方米的氧气，而且所耗用的原料仅仅是不用买、不用运、不用仓库贮存的空气，所以从 1903 年研制出第一台深冷空分制氧机以来，这种制氧方法一直得到最广泛的应用。其工艺如图 5-1 所示。

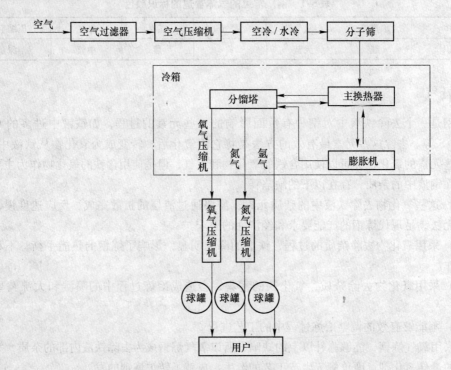

图 5-1 空气冷冻分离法

某钢铁厂的氧气供应框图如图 5-2 所示。

5.1.1.2 分子筛制氧法（吸附法）

利用氮分子大于氧分子的特性，使用特制的分子筛把空气中的氧离分出来。首先，用压缩机迫使干燥的空气通过分子筛进入抽成真空的吸附器中，空气中的氮分子即被分子筛所吸附，氧气进入吸附器内，当吸附器内氧气达到一定量（压力达到一定程度）时，即可打开出氧阀门放出氧气。经过一段时间，分子筛吸附的氮逐渐增多，吸附能力减弱，产出的氧气纯度下降，需要用真空泵抽出吸附在分子筛上面的氮，然后重复上述过程。这种制取氧的方法也称吸附法。工艺示意图如图5-3 所示。

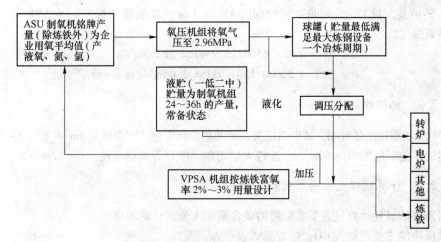

图 5-2 某钢铁厂的氧气供应框图

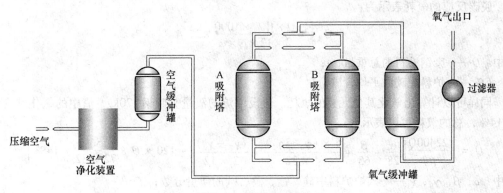

图 5-3 分子筛制氧法

5.1.1.3 电解制氧法

把水放入电解槽中，加入氢氧化钠或氢氧化钾以提高水的电解度，然后通入直流电，水就分解为氧气和氢气。每制取 1m³ 氧，同时获得 2m³ 氢。用电解法制取 1m³ 氧要耗电 12 ~ 15kW·h，与上述两种方法的耗电量（0.55 ~ 0.6kW·h）相比，是很不经济的。所以，电解法不适用于大量制氧。

5.1.2 炼钢过程中氧气使用量计算

5.1.2.1 氧气顶吹转炉炼钢用氧气的核算

顶吹转炉吨钢氧耗为 50 ~ 60m³。转炉使用的氧气，和冶炼的转炉吹炼时装入量（出钢量），铁水的成分等有关，平均的 1h 耗氧量计算如下：

$$Q = 60GW/T$$

式中 G——平均装入量（也可按照出钢量计算）；

W——吨钢氧耗，m^3/t；

T——冶炼周期，min。

氧气流量和供氧强度的计算见以下例题。

例　转炉装入量120t，每炉吹炼时间为15min，每炉耗氧量（标态）为5500m³，求氧气流量和供氧强度？

$$Q = V/t = 5500/15 \times 60 = 22000 \text{m}^3/\text{h}$$
$$I = Q/T = 22000/120 \div 60 = 3.06 \text{m}^3/(\text{min} \cdot \text{t})$$

5.1.2.2　电炉炼钢的氧耗

电炉吹氧能缩短熔化时间，减少热损失，降低单位耗电量。吨钢吹氧1m³可节电3~5kW·h，电炉炼钢的单位氧耗为30~50m³/t。连铸火焰切割、清理等吨钢氧耗为6~12m³。

5.1.2.3　计算脱碳反应的氧耗和总的氧耗

脱碳需要的氧耗计算只需要将炉料的碳含量代入公式计算即可。

脱碳反应的主要产物为CO，故方程式表示为：

$$2C + O_2 \Longrightarrow 2CO$$

脱碳反应的氧耗表示为：

$$O_{脱碳} = \frac{Q \times C\% \times 1000}{2 \times 12 \times \mu \times \varphi} \times 22.4$$

式中　Q——废钢铁料的总重量，t；

$C\%$——炉料配碳的平均含碳量。

同样可以计算出氧化其他元素的氧耗。假设电炉的渣量为吨钢120kg，渣中的氧化铁含量为14%，总的氧耗可以表示为：

$$Q = \left\{ \frac{22400Q}{\mu\varphi} \left[\frac{\alpha}{28} + \frac{\beta}{65} + \frac{5 \times (\gamma_0 - \gamma_1)}{4 \times 32} + \frac{(\chi_1 - \chi_0)}{2 \times 12} \right] + 120 \times Q \times \frac{56}{72 \times 32} \times 14\% \right\}$$

式中　α，β，γ_0，χ_1——入炉炉料中硅、锰、磷、碳的质量分数；

μ——氧气的利用率，0.95~0.99；

φ——氧气的纯度，99%；

γ_1，χ_0——冶炼钢种的目标出钢磷和碳的百分含量。

其中的具体关系如下：

1mol 的氧气等于32g，体积为22.4L，1m³ = 1000L。

5.2　氮气

氮气在空气中含量的体积分数为78.03%，常温常压下，氮气是无色无味气体，化学性质不活泼，是惰性气体，在高温条件下，能够与铁液中的钛、钒、铁等反应。氮气来源于深冷法的空分设备，氮气虽然是常温惰性气体、无毒，但是浓度高的区域，氧的数量减少，容易使人窒息，钢厂发生氮气使人窒息死亡的案例时有发生。氮气在炼钢厂中主要用作溅渣护炉用气体、转炉底吹气体、转炉烟罩密封气、输送气、保护气、搅拌气、吹扫气、仪表气等。

目前炼钢厂消耗的氧、氮比例约为1:1，氮气用量还有上升趋势，防止氮气窒息的安全注意事项主要有以下几点：

（1）不能够将氮气排放至室内，氮气宜高空排放。氮气放散管应伸出厂房墙外，并高出附近操作面4m以上。

（2）地坑排放氮气的放散管口，距主控室应大于10m以上，氮气排放口，放散管口附近应挂警示牌，地坑排放应设警戒线，悬挂标识牌，排放氮气时禁止入内。

（3）生产使用氮气的现场或操作室等区域，要通风换气良好，必要时设风机强制换气。使用氮气仪表气源时，应有防止人员窒息的防护措施。

（4）在氮气浓度大的环境作业，必须戴氧气呼吸器。检修充氮设备容器管道时，必须先用空气转换，并分析氧含量合格，方允许工作，防止氮气窒息。

（5）检修时应对氮气阀门加强管理措施，检修人员与生产人员加强联系，防止误开阀门窜入氮气，造成窒息伤亡事故。

（6）氮气管道不准敷设在通行地沟内，防止氮气漏泄时酿成窒息事故。

（7）各种使用氮气的场所，应定期分析周围大气的含氧量，其浓度不应低于18%，防止氮气伤害。缺氧程度的生理影响见表5-2。

（8）氮气窒息事故发生后，到氮气环境区救人，应首先切断氮气来源或戴氧气呼吸器，不宜贸然施救。

表 5-2 缺氧程度的生理影响

氧气（体积）/%	影 响 与 症 状
23.5	最高"安全级别"
21	一般情况下空气中的氧气浓度
19.5	最低"安全级别"
15~19	缺氧的最初征兆：工作能力降低，冠状动脉、肺及循环系统出现问题
12~14	呼吸加速、脉跳剧烈、肌肉协调能力降低、知觉和判断力下降
10~12	呼吸急促、几乎失去判断力、嘴唇发紫
8~10	失去知觉、脸色苍白、嘴唇发紫、恶心、呕吐、身体无法自由移动
6~8	6min - 50%死亡可能性；8min - 100%死亡可能性
4~6	40s后昏迷、痉挛、呼吸停止、死亡

炼钢对于氮压机的要求简单计算如以下例题。

例 某厂日产钢120炉，每炉钢产量为120t，1t溅渣消耗氮气为10m³，则氮压机能力的控制计算如下（m³/h）：

$$120 \times 120 \times 10/24 = 6000 m^3/h$$

5.3 氩气

5.3.1 管道输送的氩气

氩气是一种稀有气体，在冶金过程中，即使在高温高压的环境下，氩也不会与其他物质化合，其化学性质非常不活泼，是一种无色无味气体，在空气中仅占0.93%。工业上可通过冷却空气，与氧气、氮气等一同分离精制而成。在空分气体中氩气产量远小于氧、氮，但其利用范围和价值与氧、氮不相上下。

氩气由于在钢液中的溶解度低，且不与金属铁液反应，在钢水吹氩过程中，由于搅拌作用，促进钢液中夹杂物的碰撞、长大、上浮。利用氩气去除钢液中的夹杂物主要是利用较大氩气泡的尾流效应去除较大颗粒的夹杂物，利用较小的氩气泡黏附去除钢液中粒度较小的夹杂物，所以优质合金钢精炼过程几乎离不开用氩气吹炼，冶炼钢过程吹氩是最佳的质量保障手段。随着钢铁工业的发展，其用量也将大增。目前大型钢铁企业产量一般大于消耗量。

氩气的主要作用是用于 AOD、VOD、KMS 法等不锈钢的冶炼、钢水包吹氩、连铸钢包和中间包水口密封、保护气体等。目前冶金工厂的氩气耗量尚不大，1t 钢约 3 ~ 4.5m^3，通常是按全量提取后，多余部分外销。

作为冶炼过程中钢液精炼的重要手段，在氩气吹氩压力不足的时候，通常使用氮气作为事故搅拌气体，所以氩气与氮气在冶炼过程中的管道是相邻的，管理不当，错将氮气作为氩气使用，在作者就职的钢厂，发生过多达 960t 板坯产生废品的事故。

氩气在普通大气压下无毒。高浓度时，使氧分压降低而发生窒息。氩浓度达 50% 以上时，引起严重症状；75% 以上时，可在数分钟内死亡。当空气中氩浓度增高时，先出现呼吸加速，注意力不集中，共济失调。继之，疲倦乏力、烦躁不安、恶心、呕吐、昏迷、抽搐，以致死亡。液态氩可致皮肤冻伤，眼部接触可引起炎症。

2011 年，乌鲁木齐市高新区一企业 2 名工人在乌鲁木齐国际机场飞机维修基地加气站旁一工程施工焊接过程中，发生氩气泄漏窒息。机场机务维护人员及医护人员在不明情况下进行施救，又造成多人昏迷。事故造成 5 人死亡、5 人重伤。

2015 年，南京钢厂炼钢厂转炉车间一钢包底吹用氩气的金属软管发生故障。协力检修单位江都建设公司安排人员去现场更换，随后两名检修人员在事故现场窒息，另一位监护人员救援时也发生窒息事故，3 人经医院抢救无效死亡。

所以为了正确使用氩气，使用过程中需要作为特殊的气体加以管理，避免使用过程中发生的质量事故和安全事故。

5.3.2 瓶装氩气的管理

在一些特殊的情况下，炼钢厂会使用瓶装氩气，作为应急吹氩，或者在中频炉和小电炉上，使用瓶装氩气作为净化钢液的重要手段，瓶装氩气的使用需要注意其使用的方法，防止安全事故的发生。主要的控制要点如下：

（1）氩气瓶上应贴有出厂合格标签，其纯度 ≥99.95%，气瓶中的氩气不能用尽，瓶内余压不得低于 0.5MPa，防止空气进入，以保证充氩纯度。

（2）液氩对眼、皮肤、呼吸道会造成冻伤。液氩溅入眼内可引起炎症，触及皮肤可引起冷烧事故。

（3）氩气瓶流量计应开闭自如，没有泄漏现象。不可先开流量计、后开气瓶，避免造成高压气流直冲低压，损坏流量计；关闭时先关流量计而后关氩气瓶。

（4）氩气本身不燃烧，但盛装氩气容器与设备遇明火、高温可使器内压力急剧升高直至爆炸。所以氩气瓶要立放，并放置在离明火 3m 以外的安全地方。在夏季炎热季节，应保存在阴凉处，不可暴晒，如环境温度超过 50℃，应采用降温手段。

（5）在清理管路、气化器的结霜时，不能剧烈冲击，防止管路变形、泄漏，密封失效。

6 铁 合 金

6.1 铁合金在炼钢中的作用

6.1.1 合金用于炼钢过程中的脱氧

炼钢使用铁合金主要是为了满足钢材的各种性能的需要和冶炼过程中的脱氧。在炼钢的过程中，为了脱除炼钢原料铁水和废钢中的有害元素，需要将这些有害元素氧化成为氧化物的形式，与炼钢加入的渣辅料反应，进入渣相加以去除，所以电炉（指现代电炉，不包括传统的三期冶炼的电炉）和转炉炼钢过程是一个氧化的过程，在氧化反应中去除不需要的有害杂质的同时，钢中溶解了部分的氧。氧在钢液中以两种形式存在。一种是溶解于钢液中的氧，另一种是以单原子形式或FeO 形式存在。氧在钢液中的溶解度是随温度的升高而增大的，其溶解的示意图如图 6-1 所示。

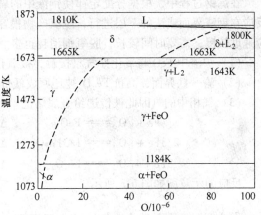

图 6-1　氧在钢液中的溶解的示意图

在冶炼过程中，如果溶解在钢液中氧量过高，超过平衡值，或者即使达到平衡值，在钢液冷却过程中也会发生过饱和现象，这些过饱相的氧，以 FeO 形式析出。氧是在钢的凝固过程偏析倾向最严重的元素之一，氧的偏析系数（$[O]_{固体钢}/[O]_{钢液}$）为 0.98。在钢凝固和随后的冷却过程，由于溶解度急剧降低，钢中原溶解的绝大部分氧以铁氧化物、氧硫化物等微细夹杂物形式在奥氏体或铁素体晶界处富集存在；氧化物、氧硫化物等微细夹杂物会造成晶界脆化，在钢的加工和使用过程容易成为晶界开裂的起点，导致钢材发生脆性破坏；钢中氧含量增加会降低钢材的延性、冲击韧性和抗疲劳破坏性能，提高钢材的韧—脆转换温度，降低钢材的耐腐蚀性能等。所以必须对钢液进行脱氧。

钢液的脱氧原理是选用和氧的亲和力大于铁的元素，加入铁液内部，或者和铁液接触以后，这些脱氧元素和铁液中的氧化铁发生还原反应，和氧结合，形成氧化物排出铁液的过程，部分的脱氧产物没有及时排除钢液，成为夹杂物留在钢中。这些与氧亲和力大于铁的元素多数以纯金属或者以铁合金的形式加入钢液，所以称为脱氧合金，这类合金典型的有铝铁、硅铁、硅锰合金等。铁合金脱氧具有脱氧速度快，效率高的优点，所以被炼钢作为主要的脱氧剂使用。

脱氧的方式有沉淀脱氧、扩散脱氧和真空脱氧三大类。沉淀脱氧多采用合金脱氧。扩散脱氧一般采用熔剂类的脱氧剂和金属类的脱氧剂两种。

6.1.1.1　沉淀脱氧

将脱氧剂加入钢液，脱氧元素与溶解在钢液中的氧作用，生成氧化物或复合氧化物，这些脱氧产物上浮到熔渣中达到脱氧的目的。由于从钢液中析出氧化物的过程属于沉淀反应，故名沉淀脱氧。沉淀脱氧的优点是脱氧反应在钢液内部进行，速度快，但其缺点是脱氧产物可能留存于钢液之中成为非金属夹杂物，污染钢液。如果不能有效地排除脱氧产物，则钢液中含氧量实质上并未降低，只是存在的形式不同，对于成品钢的性能仍然有害。单独元素的脱氧反应可以表示为：

$$x[M] + y[O] \Longrightarrow M_xO_y$$

脱氧产物活度为 1 的条件下，元素脱氧能力：$Ca > Al > Ti > C > Si > V > Cr > Mn$，如图 6-2 所示。

6.1.1.2　扩散脱氧

在炼钢过程中，根据分配定律使钢液中的氧向熔渣中扩散，称为扩散脱氧。由于扩散脱氧反应在钢渣界面或渣的下层进行，脱氧产物很容易进入熔渣内部而不玷污钢液。但其缺点是反应速度较慢，需要时间较长，脱氧剂消耗也多。进行扩散脱氧的主要工艺原因如下：

（1）炉渣中 FeO 与氧化性气氛接触，被氧化成高价氧化物 Fe_2O_3。

（2）渣—铁界面，高价 Fe_2O_3 被还原成低价 FeO；

（3）气相中的氧因此被传递给金属熔池。

$$Fe + [O] \Longrightarrow FeO \qquad \Delta G^{\ominus} = -112442 + 46.56T^{[1,2]}$$
$$2/3Fe + [O] \Longrightarrow 1/3Fe_2O_3 \qquad \Delta G^{\ominus} = -152988 + 87.94T^{[1,2]}$$
$$3Fe + 4[O] \Longrightarrow Fe_3O_4 \qquad \Delta G^{\ominus} = -177232 + 92.96T^{[1,2]}$$

反应的示意图如图 6-3 所示。

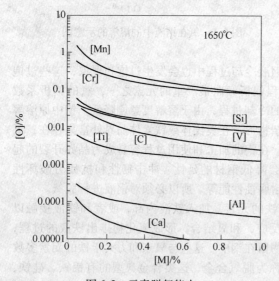

图 6-2　元素脱氧能力

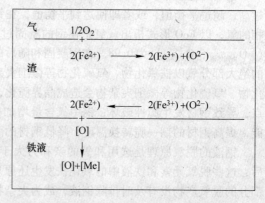

图 6-3　炉气中的氧向钢液扩散示意图

采用扩散脱氧的钢液，与碱性顶渣中氧化铁的存在示意图如图 6-4 所示。

炼钢过程中，对钢液脱氧剂的要求有以下几点：

（1）脱氧元素应具有足够的脱氧能力，即脱氧元素的氧化度要高。由于溶解在钢液中的氧原子与铁原子结合成氧化铁，脱氧元素的氧化度应当比铁的氧化度大，或者说，脱氧元素的氧化物的分解压力要较氧化铁的分解压力为小，才能作为脱氧剂。

（2）脱氧剂的熔点应低于钢液温度。由于钢液中存在着细小的非金属夹杂物，可以成为脱氧产物析出的核心，因此脱氧产物的析出不是脱氧反应的限制性环节，脱氧所必需的时间主要决定于钢液中脱氧剂的溶解速度和脱氧元素的扩散速度。由于脱氧剂的溶解速度主要取决于熔点，故大多数脱氧剂均采用具有低熔点的合金形式。

（3）脱氧产物应不溶于钢液并能上浮去除。脱氧产物一般不溶于钢液，且其密度较钢液小，故有可能从钢液中上浮进入熔渣。这就要求脱氧产物熔点低些，密度小些，颗粒大些，易于聚集去除。

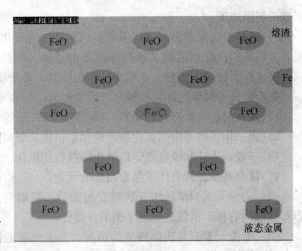

图 6-4　钢液与碱性顶渣中氧化铁的存在示意图

（4）残留在钢中的脱氧元素不应当对钢质量产生不利的影响，否则相当于增加了金属杂质。例如有的钢种对碳的含量要求严格，碳越低越好，这时就不宜用炭粉或电石脱氧，以免增碳。

6.1.2　合金对钢材性能的影响

钢材是根据不同的用途和需求来分类生产制造的。不同的钢材，对于钢材的力学性能和机械加工性能、抗疲劳性能、抗腐蚀性能等各个方面要求各不相同。随着现代工业和科学技术的不断发展，在机械制造中，对工件的强度、硬度、韧性、塑性、耐磨性以及其他各种物理化学性能的要求越来越高，碳钢已不能完全满足这些要求了。主要原因如下：

（1）由碳钢制成的零件尺寸不能太大，否则，因淬透性不够而不能满足对强度、塑性、韧性的要求。加入合金元素可增大淬透性。

（2）用碳钢制成的切削刀具不能满足切削红硬性材料的要求，只有使用合金工具钢、高速钢和硬质合金才能够满足的这些要求。

（3）碳钢不能满足特殊性能的要求，如要求耐热、耐低温、抗腐蚀、有强烈磁性或无磁性等，只有特种的合金钢才能具有这些性能。

所以冶炼不同的钢种需要加入不同的合金元素，来满足钢材的组织结构和性能的需要。在钢中加入合金元素后，钢的基本组元铁和碳与加入的合金元素会发生交互作用。钢的合金化目的是利用合金元素与铁、碳的相互作用和对铁碳相图及对钢的热处理的影响来改善钢的组织和性能。以下分为几个方面说明：

（1）合金元素对热处理奥氏体化的影响。奥氏体晶粒的生长是温度达到生成温度后，分为：1）奥氏体晶粒在铁素体与碳化物边界处生核并长大；2）剩余碳化物的溶解；3）奥氏体成分的均匀化，在高温停留时奥氏体晶粒的长大粗化等过程。

在钢中加入合金元素后对三个过程均有不同程度的影响，具体的影响原因如下：

1）含有碳化物形成元素的合金钢，其组织中的碳化物，是比渗碳体更稳定的合金渗碳体或特殊碳化物，因此，在奥氏体化加热时碳化物较难溶解，即需要较高的温度和较长的时间。一般来说，合金元素形成碳化物的倾向越强，其碳化物也越难溶解。

2）合金元素在奥氏体中的均匀化，也需要较长时间，因为合金元素的扩散速度，均远低于碳的扩散速度。

3）某些合金元素强烈地阻碍着奥氏体晶粒的粗化过程，这主要与合金碳化物很难溶解有关，未溶解的碳化物阻碍了奥氏体晶界的迁移，因此，含有较强的碳化物形成元素（如钼、钨，钒，铌、钛等）的钢，在奥氏体化加热时，易于获得细晶粒的组织。

各合金元素对奥氏体晶粒粗化过程的影响，一般可归纳如下：

1）强烈阻止晶粒粗化的元素：钛、铌、钒、铝等，其中以钛的作用最强。

2）钨、钼、铬等中强碳化物形成元素，也显著地阻碍奥氏体晶粒粗化过程。

3）一般认为硅和镍也能阻碍奥氏体晶粒的粗化，但作用不明显。

4）锰和磷是促使奥氏体晶粒粗化的元素。

（2）合金元素对奥氏体分解转变的影响。多数合金元素使奥氏体分解转变的速度减慢，即 C 曲线向右移，也就是提高了钢的淬透性。

（3）合金元素对马氏体转变的影响。合金元素能够增加冷却时间，降低冷却速度，多数合金元素均使马氏体开始转变温度（M_s）降低，其中锰、铬、镍的作用最为强烈，只有铝、钴是提高 M_s。

（4）合金元素对回火转变的影响。合金元素对淬火钢回火转变的影响主要有下列三个方面：

1）提高钢的回火稳定性。这主要表现为合金元素在回火过程中推迟了马氏体的分解和残余奥氏体的转变，提高了铁素体的再结晶温度，使碳化物难以聚集长大而保持较大的弥散度，从而提高了钢对回火软化的抗力，即提高了钢的回火稳定性。

2）产生二次硬化。一些合金元素加入钢中，在回火时，钢的硬度并不是随回火温度的升高一直降低的，而是在达到某一温度后，硬度开始增加，并随着回火温度的进一步提高，硬度也进一步增大，直至达到峰值。这种现象称为回火过程的二次硬化。回火二次硬化现象与合金钢回火时析出物的性质有关。当回火温度低于约450℃时，钢中析出渗碳体，在450℃以上渗碳体溶解，钢中开始沉淀析出弥散稳定的难熔碳化物 Mo_2C、VC 等，使钢的硬度开始升高，而在 550 ~ 600℃左右沉淀析出过程完成，钢的硬度达到峰值。

3）增大回火脆性。钢在回火过程中出现的第一类回火脆性（250 ~ 400℃回火），即回火马氏体脆性和第二类回火脆性（450 ~ 600℃回火），即高温回火脆性均与钢中存在的合金元素有关。

6.1.2.1　合金元素对氧化与腐蚀的影响

一些合金元素加入钢中能在钢的表面形成一层完整的、致密而稳定的氧化保护膜，从而提高了钢的抗氧化能力。最有效的合金元素是铬、硅和铝。但钢中硅、铝的质量分数较多时钢材变脆，因而它们只能作为辅加元素，一般都以铬为主加元素，以提高钢的抗氧化性。钢中加入少量的铜、磷等元素，可提高低合金高强度钢的耐大气腐蚀。

6.1.2.2　合金元素对力学性能的影响

金属材料的强化方法主要有以下几个途径：

（1）结晶强化。结晶强化就是通过控制结晶条件，在凝固结晶以后获得良好的宏观组织和显微组织，从而提高金属材料的性能。它包括：

1）细化晶粒。细化晶粒可以使金属组织中包含较多的晶界，由于晶界具有阻碍滑移变形作用，因而可使金属材料得到强化。同时也改善了韧性，这是其他强化机制不可能做到的。

2）提纯强化。在浇注过程中，把液态金属充分地提纯，尽量减少夹杂物，能显著提高固态金属的性能。夹杂物对金属材料的性能有很大的影响。在损坏的构件中，常可发现有大量的夹杂物。采用真空冶炼等方法，可以获得高纯度的金属材料。

（2）形变强化。金属材料经冷加工塑性变形可以提高其强度。这是由于材料在塑性变形后位错运动的阻力增加所致。

（3）固溶强化。通过合金化（加入合金元素）组成固溶体，使金属材料得到强化称为固溶强化。

（4）相变强化。合金化的金属材料，通过热处理等手段发生固态相变，获得需要的组织结构，使金属材料得到强化，称为相变强化。相变强化可以分为两类：

1）沉淀强化（或称弥散强化）。在金属材料中能形成稳定化合物的合金元素，在一定条件下，使之生成的第二相化合物从固溶体中沉淀析出，弥散地分布在组织中，从而有效地提高材料的强度，通常析出的合金化合物是碳化物相。在低合金钢（低合金结构钢和低合金热强钢）中，沉淀相主要是各种碳化物，大致可分为三类。一是立方晶系，如 TiC、V_4C_3、NbC 等；二是六方晶系，如 Mo_2C、W_2C、WC 等；三是正菱形，如 Fe_3C。对低合金热强钢高温强化最有效的是体心立方晶系的碳化物。

2）马氏体强化。金属材料经过淬火和随后回火的热处理工艺后，可获得马氏体组织，使材料强化。但是，马氏体强化只能适用于在不太高的温度下工作的元件，工作于高温条件下的元件不能采用这种强化方法。

（5）晶界强化。晶界部位的自由能较高，而且存在着大量的缺陷和空穴，在低温时，晶界阻碍了位错的运动，因而晶界强度高于晶粒本身；但在高温时，沿晶界的扩散速度比晶内扩散速度大得多，晶界强度显著降低。因此强化晶界对提高钢的热强性是很有效的。

（6）综合强化。在实际生产上，强化金属材料大都是同时采用几种强化方法的综合强化，以充分发挥强化能力。例如：

1）固溶强化＋形变强化。常用于固溶体系合金的强化。

2）结晶强化＋沉淀强化。用于铸件强化。

3）马氏体强化＋表面形变强化。对一些承受疲劳载荷的构件，常在调质处理后再进行喷丸或滚压处理。

4）固溶强化＋沉淀强化。对于高温承压元件常采用这种方法，以提高材料的高温性能。

合金元素通过固溶强化、结晶强化、沉淀强化等方法，不仅影响钢材的强度，同时也影响其韧性。

合金元素对调质钢力学性能的影响，主要是通过它们对淬透性和回火性的影响而起作用的。主要表现于下列几方面：

（1）由于合金元素增加了钢的淬透性，使截面较大的零件也可淬透，在调质状态下可获得综合力学性能优良的回火索氏体。

（2）许多合金元素可使回火转变过程缓慢，因而在高温回火后，碳化物保持较细小的幂颗粒，使调质处理的合金钢能够得到较好的强度与韧性的配合。

（3）高温回火后，钢的组织是由铁素体和碳化物组成，合金元素对铁素体的固溶强化作用可提高调质钢的强度。

6.1.2.3　合金元素对钢的工艺性能的影响

（1）合金元素能够改善钢的焊接工艺性能。钢的焊接性能，主要取决于它的淬透性、回火性和碳的质量分数等方面。

合金元素对钢材焊接性能的影响，可用焊接碳当量来估算。我国目前所广泛应用的普通低合金钢，其焊接碳当量可按下述经验公式计算：

$$C_e = C + 1/6Mn + 1/5Cr + 1/15Ni + 1/4Mo + 1/5V + 1/24Si + 1/2P + 1/13Cu$$

近年来，对厚度为 15~50mm 的 200 个钢种，以低氢焊条进行常温下的 Y 型坡口拘束焊接裂纹试验。在试验基础上，提出了一个用以估计钢材出现焊接裂纹可能性的指标，称为钢材焊接裂纹敏感性指数，其计算公式为：

$$P_c = C + 1/30Si + 1/20Mn + 1/20Cu + 1/60Ni + 1/20Cr + 1/15Mo + 1/10V + 5B + 1/600t + 1/60H\%$$

（2）合金元素对切削加工的影响。金属的切削性能是指金属被切削的难易程度和加工表面的质量。为了提高钢的切削性能，可在钢中加入一些能改善切削性能的合金元素，最常用的元素是硫，其次是铅和磷。

由于硫在钢中与锰形成球状或点状硫化锰夹杂，破坏了金属基体的连续性，使切削抗力降低，切屑易碎断，在易切削钢中硫的质量分数可达 0.08%~0.30%。铅在钢中完全不溶，以 2~3pm 的极细质点均匀分布于钢中，使切屑易断，同时起润滑作用，改善了钢的切削性能，在易切削钢中铅的质量分数控制在 0.10%~0.30%。少量的磷溶入铁素体中，可提高其硬度和脆性，有利于获得良好的加工表面质量。

（3）合金元素对塑性加工性能的影响。钢的塑性加工分为热加工和冷加工两种。

1）热加工工艺性能通常由热加工时钢的塑性、变形抗力、可加工温度范围、抗氧化能力、对锻造加热和锻后冷却的要求等来评价。合金元素溶入固溶体中，或在钢中形成碳化物，都能使钢的热变形抗力提高和塑性明显降低，容易发生锻裂现象。但有些元素（如钒 + 铌、钛等），其碳化物在钢中呈弥散状分布时，对钢的韧性影响不大。另外，合金元素一般都降低钢的导热性和提高钢的淬透性，因此为了防止开裂，合金钢锻造时的加热和冷却都必须缓慢。

2）冷加工工艺性能主要包括钢的冷态变形能力和钢件的表面质量两方面。溶解在固溶体中的合金元素，一般将提高钢的冷加工硬化程度，使钢承受塑性变形后很快地变硬变脆，这对钢的冷加工是很不利的。因此，对于那些需要经受大量塑性变形加工的钢材，在冶炼时应限制其中各种残存合金元素的量，特别要严格控制硫、磷等。另一方面，碳、硅、磷、硫、镍、铬、钒、铜等元素还会使钢材的冷态压延性能恶化。

（4）合金元素对铸造性能的影响。钢的铸造性能主要由铸造时金属的流动性、收缩特点、偏析倾向等来综合评定。它们与钢的固相线和液相线温度的高低及结晶温度区间的大小有关。固、液相线的温度越低和结晶温度区间越窄，铸造性能越好。因此，合金元素的作用主要取决于其对状态图的影响。另外，一些元素如铬、钼、钒、钛、铝等，在钢中形成高熔点碳化物或氧化物质点，增大了钢液的黏度，降低其流动性，使铸造性能恶化。

6.1.2.4　合金元素与氧化物冶金工艺的关系

部分的合金元素，在钢液结晶凝固和热加工过程中，起到特殊的作用，以满足产品的性能要求和降低生产成本的要求，比如 V、Ti 等与钢液中的 N、O 反应形成的氧化物，能够起到细化晶粒，优化钢材组织的作用，即目前的氧化物冶金。

氧化物冶金技术的概念是 1990 年前后由日本新日铁公司的研究人员提出的。其原理可概括如下：首先控制钢中氧化物的成分、熔点、尺寸、分布等，再利用这些氧化物作为钢中硫化物、氮化物和碳化物等的非均质形核核心，对硫、氮、碳等析出物的析出和分布进行控制，最后利用钢中所形成的氧、硫、氮、碳化物，通过钉扎高温下晶界的迁移对晶粒的长大进行抑制或通过促进针状铁素体和晶内粒状铁素体的形核来细化钢的组织。使钢材具有良好的韧性、较高的强度及优良的可焊性，使钢中的夹杂物变害为利，这一技术开创了一条提高钢材质量的新途径。

国内外很多科研工作者对钛、铝、锆等氧化物进行了研究，认为钛氧化物可诱导晶内铁素体形核，并且进一步证明了在各种钛氧化物中，如 TiO、TiO_2、Ti_2O_3 和 Ti_3O_5，Ti_2O_3 是促进晶内铁素体形核最有效的非均质形核的氧化物质点。Ti_2O_3 颗粒周围贫锰区的形成是由于锰被吸收进入 Ti_2O_3 颗粒所致，贫锰区的形成增加了奥氏体向铁素体转变的驱动力，因而促进了针状铁素体板条在 Ti_2O_3 颗粒上的形核。在含钛钢中，常常以钛的氧化物为核心形成取向杂乱、相互交叉连接的铁素体板条，称为针状铁素体又称为晶内铁素体，这种针状铁素体组织能够提供高强度和高韧性相结合的细化组织。

非金属夹杂物一直被认为是钢中的有害杂质，是钢铁产品出现缺陷的主要诱因。但是，对多数钢种而言，尺寸 50μm 以上的大型夹杂物对钢的性能才有影响，几微米以下的小夹杂物在凝固和轧制过程中可作为硫化物、碳化物和氮化物的异质形核核心，通过控制夹杂物的大小、形态、数量和分布，可以提高钢材的性能。

氧化物冶金的最新应用主要是改善高强度厚钢板的大线能量焊接性能和非调质钢的韧性。大线能量焊接要求钢中的细小氧化物颗粒在 1400℃ 高温下仍有很强的钉扎作用，同时进一步细化焊缝和焊接热影响区的组织，以缩小焊接部位与母材性能的差异。非调质钢则要求既保证材料的韧性，又要省掉热锻后的调质热处理工序，以降低成本。此外，氧化物冶金技术在凝固、厚板压力加工等工序的应用也有新进展。

Ti 和 B 对 780MPa 高强钢焊缝组织影响示意图如图 6-5 所示。

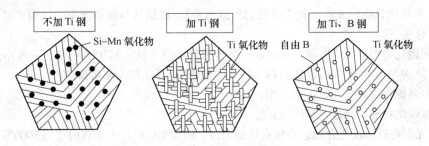

图 6-5　Ti 和 B 对 780MPa 高强钢焊缝组织影响示意图

为了实现氧化物冶金的工艺目的，需要在钢中加入一些元素，在钢中这些元素的含量较少，被称为微合金化元素。微合金元素的主要作用是：在钢中形成细小的碳化物和氮化物或碳氮化合物，其质点钉扎在晶界处，在再加热过程中阻止奥氏体晶粒的长大，在再结晶控轧过程中阻止形变奥氏体的再结晶，延缓再结晶奥氏体晶粒的长大，在焊接过程中阻止焊接热影响区晶粒的粗化，从而显著地改善微合金化钢的综合性能。Nb、Ti、V 是最常用的微合金化元素，以上 3 种元素对晶界的钉扎作用是依次降低的。在低合金高强度钢中，复合微合金化的作用大于单独加入某种元素的总和。Nb、Ti、V 这 3 种元素都可以在奥氏体或铁素体中沉淀，因为在奥氏体中溶解度大而扩散率小，故在奥氏体中沉淀比在铁素体中缓慢，形变可以加速沉淀过程。一般地，应使在奥氏体中沉淀减至最小，在固溶体中保持较多的合金元素而留待在铁素体中沉淀，这可依靠合金化增加微合金元素在奥氏体中的溶解度，例如在含 Nb 钢中加入 Mn 或 Mo 来实现。所以在冶炼一些特钢时，钢中需要加入一些含量较低的合金元素，以低耗条件实现生产高强钢的目的。不同的合金元素在钢中的作用，合金的类型将在以下的章节详述。

6.1.2.5　合金元素在钢中的存在形式

炼钢过程中的成分偏析问题很常见，了解合金元素在钢中的存在形式，对于配加合金的计算和操作均有指导作用。

合金在炼钢过程中被加入钢液，有的是在冶炼的过程中被加入（如铜板和镍铁等），有的在出钢过程中或者 LF 精炼过程中加入，也有的在 RH、VD、VOD、LFV 工位加入，有的在连铸机的中间包内加入，或者在连铸机的结晶器内加入。在冶炼过程中加入的合金元素，一般是不容易氧化的元素。

在冶炼过程中，向液态铁液加入的合金，由于高温，金属铁液的原子振动大，间隙较大，合金熔化后合金元素溶解在铁液中，有的与铁液中的元素形成新的化合物存在，有的以金属元素存在，钢水在凝固过程中，合金元素随着钢液的凝固，留在钢坯中。不同的合金元素，原子半径的大小、化学性质等不同，最终钢液凝固后，它们的存在在钢材中间的形式各不相同，有的合金元素溶解于铁素体（或奥氏体）中，以固溶体形式存在于钢中；有的合金元素与钢中的氮、氧、硫等化合，以氮化物、氧化物、硫化物和硅酸盐等非金属夹杂物的形式存在于钢中；有的以游离态形式存在，既不溶于铁，也不溶于化合物的合金元素，如铅、铜。还有的合金元素与钢中的碳相互作用，形成碳化物存在于钢中，按合金元素在钢中与碳相互作用的情况，它们可以分为两大类：

（1）不形成碳化物的元素（称为非碳化物形成元素），包括镍、硅、铝、钴、铜等。由于这些元素与碳的结合力比铁小，因此在钢中它们不能与碳化合，它们对钢中碳化物的结构也无明显的影响。

（2）形成碳化物的元素（称为碳化物形成元素），根据其与碳结合力的强弱，可把碳化物形成元素分成三类。

1）弱碳化物形成元素：锰。锰对碳的结合力仅略强于铁。锰加入钢中，一般不形成特殊碳化物（结构与 Fe_3C 不同的碳化物称为特殊碳化物），而是溶入渗碳体中。

2）中强碳化物形成元素：铬、钼、钨。

3）强碳化物形成元素：钒、铌、钛。

这些元素与碳形成化合物，有极高的稳定性，例如 TiC 在淬火加热时要到 1000℃ 以上才开始缓慢溶解。这些碳化物有极高的硬度，例如在高速钢中加入钒，形成 V_4C，使之有更高的耐磨性。

6.2　常见合金元素的作用

6.2.1　硅（Si）

硅是地壳中间含量最多的元素之一，并且在钢中，硅是最常见的脱氧元素和合金化元素，在钢中以固溶体形态存在于铁素体或奥氏体中。在铸铁工业中硅铁是重要的孕育剂和球化剂；在铁合金生产中，硅铁则常常用作还原剂；在炼钢过程中加硅作为脱氧剂和合金化元素，所以镇静钢含有 0.15%~0.30% 的硅。如果钢中含硅量超过 0.50%~0.60%，硅就算合金元素。硅在钢中存在时，有以下的特点：

（1）硅是性价比较好的脱氧剂。硅是比锰强的脱氧剂，常用于生产镇静钢。仅当 $w[Si]$ 在 0.002%~0.007% 及 $w[O]$ 在 0.018%~0.13% 的范围内，脱氧产物才是液相硅酸铁（2FeO·SiO_2），而在一般钢种的含硅量（$w[Si]$=0.17%~0.32%）范围内，脱氧产物是 SiO_2。一般钢种的含硅量可较大地降低钢液中的 $w[O]$，但是当钢液中 $w[C]$ 由于选分结晶，发生偏析时，其浓度增高，和硅的脱氧能力相近或高于彼时，则 [C] 和 [O] 将再度强烈反应，析出 CO 气泡。因此，仅用硅脱氧是不能抑制低温下发生的碳脱氧的反应，不能使钢液完全镇静，获得优质的镇静钢锭或钢坯。为此，需加入比硅脱氧能力更强的脱氧剂，如 Al。

（2）硅能溶于铁素体和奥氏体中提高钢的硬度和强度，其作用仅次于磷，较锰、镍、铬、钨、钼和钒等元素。但含硅超过3%时，将显著降低钢的塑性和韧性。

（3）硅不形成碳化物，有强烈的促进碳的石墨化的作用，在硅含量较高的中碳和高碳钢中，如不含有强碳化物形成元素，易在一定温度条件下发生石墨化现象，使钢材表面的脱碳加剧；在渗碳钢中，硅减小渗碳层厚度和碳的浓度。硅含量较高的碳钢可作为冷作模具材料。

（4）硅能提高钢的弹性极限、屈服强度和屈服比，以及疲劳强度和疲劳比等，所以各种弹簧钢都含有一定量的硅元素。硅含量为 0.5%~2.8% 的 SiMn 或 SiMnB 钢（碳含量 0.5%~0.7%）广泛用于高载荷弹簧材料，同时加人 W、V、Mo、Nb、Cr 等强碳化物。

（5）硅能降低钢的密度、热导率、电导率和磁感强度，能促使铁素体晶粒粗化，提高铁素体的磁导率，有减小晶体的各向异性倾向，使磁化容易，磁阻减小，可用来生产电工用钢。含硅 1.0%~4.5% 的低碳和超低碳钢，制成的硅钢片可用于电机和变压器。

（6）含硅的钢在氧化气氛中加热时，表面将形成一层 SiO_2 薄膜，从而提高钢在高温时的抗氧化性，硅和钼、钨、铬等结合，有提高抗腐蚀性和抗氧化的作用，添加硅作为制造耐热钢是一种经济型的选择。在不锈钢和耐蚀钢中，硅常与 Mo、W、Cr、Al、Ti、N 等配合，用于生产不锈钢。硅的质量分数为 15%~20% 的高硅铸铁，是很好的耐酸材料。

（7）硅在普通低合金钢中能够提高钢材强度，改善钢材局部抗腐蚀的能力，在调质钢中可提高淬透性和抗回火性，所以在多元合金结构钢中是主要合金元素之一。

（8）硅能促使铸钢中的柱状晶成长，降低塑性，硅能够提高钢材的塑/脆转变温度，所以硅含量超过 2.5% 时，钢的塑性和韧性降低，其变形加工较为困难。

（9）因为硅与氧的亲和力硅比铁强，在焊接时容易生成低熔点的硅酸盐，增加熔渣和熔化金属的流动性，引起喷溅现象，影响焊缝质量，所以硅能够降低钢的可焊性。

综上所述，硅在炼钢过程中既是常见的脱氧元素，也是常见的功能性合金元素，最常见的是以硅铁合金、硅锰合金、硅铝钡合金、硅钙合金等形式用于炼钢。

6.2.2 铝（Al）

铝是一种轻金属，表面呈银白色，密度为 2.7g/cm³，是铜的 1/3；导电性好，大约是铜的 60%，仅次于银、金、铜；导热性好，是铁的三倍；比热大，是铁的 2 倍，是铜的 3 倍；熔化热较大。炼钢过程中，铝是最好的脱氧剂之一，铝镇静钢与钢液中 Al 含量达到 0.015%，钢液中的氧含量就会脱至很低，钢材的气泡问题就会消除，并且铝在钢中，还能够细化晶粒，优化钢材的性能。

铝在钢中的作用有以下的几点：

（1）用作炼钢时的脱氧定氮剂，细化晶粒，抑制低碳钢的时效性，改善钢在低温时的韧性，特别是降低了钢的脆性转变温度。

（2）提高钢的抗氧化性能。曾对铁铝合金的抗氧化性进行了较多的研究，4% Al 即可改变氧化铁皮的结构，加入 6% Al 可使钢在 980℃ 以下具有抗氧化性。当铝和铬配合并用时，其抗氧化性能有更大的提高。例如，含铁 50%~55%、铬 30%~35%、铝 10%~15% 的合金，在 1400℃ 高温时，仍具有相当好的抗氧化性。由于铝的这一作用，近年来，常把铝作为合金元素加入耐热钢中。

（3）铝还能提高对 H_2S 和 P_2O_5 的抗腐蚀性。炼钢过程中采用铝脱氧和合金元素，其缺点如下：

1）脱氧时如用铝量过多，钢水容易在浇注过程中产生结瘤事故，钢坯在冷却、轧制加工过程中表面易出现石墨化倾向，出现脱碳层。

2）当含铝较高时，其高温强度和韧性较低。铝是钢中常用的脱氧剂。铝脱氧的化学反应表述如下：

$$2[Al] + 3[O] \Longrightarrow (Al_2O_3)$$
$$\lg K = 64000/T - 20.57$$

炼钢过程中使用的含铝脱氧剂为纯铝块、铝饼、铝铁合金等。

6.2.3　锰（Mn）

锰是灰白色的金属，硬而脆，熔点1244℃，沸点2097℃，密度7.44g/cm³。锰矿石是重要的矿物原料。主要用于冶金工业，在其他工业上，锰的用途也很广泛。二氧化锰在干电池中作消极剂；在有色金属湿法冶金、氢醌（对苯二酸）生产、铀的提炼上作氧化剂；在陶瓷和搪瓷生产中作氧化剂和釉色；在玻璃生产中用于消除杂色和制作装饰玻璃；化学工业上生产硫酸锰、高锰酸钾、碳酸锰、氯化锰、硝酸锰、一氧化锰等，是化学试剂、医药、焊接、油漆、合成工业等的重要原料。

锰矿石的自然类型主要有氢氧化锰—氧化锰矿石、氧化锰矿石、碳酸锰矿石、氧化锰—碳酸锰矿石，次要的有硫化锰—氧化锰矿石、硫化锰—碳酸锰矿石、硅酸锰—碳酸锰矿石、硼酸锰—碳酸锰矿石。工业锰矿床，主要属外生（沉积、风化）矿床，内生矿床在国内外锰矿储量中所占的比重极小。轻微变质作用可以使氧化锰矿石脱水变富，但强烈变质作用可使原来有用的锰矿石，变成复杂的锰硅酸盐，锰失去利用价值。但结晶良好的蔷薇辉石，称为粉翠，是一种玉石矿。一般地说，只有受变质锰矿，而尚未发现变质成因的锰矿。

锰在地球上分布广泛，储量丰富。锰在世界洋底锰结核的资源非常丰富。根据有关数据显示，整个大洋的锰结核资源约有3万亿吨，其中太平洋约有1.7万亿吨。世界锰矿储量为6.8亿吨、储量基础50亿吨。我国锰矿资源丰富。根据我国锰矿资源分布特点、成矿原因、品位高低等，我国锰矿呈现出锰矿资源分布不平衡；矿床规模多为中、小型；矿石质量较差，且以贫矿为主；矿石物质组分复杂；矿石结构复杂、粒度细；矿床多属沉积或沉积变质型，开采条件复杂特征。虽然我国有21个省、市、自治区查明有锰矿，但大多分布在南方地区，尤以广西和湖南两省、区为最多，占全国锰矿储量的56%，因而在锰矿资源开采方面形成了以广西和湖南为主的格局。我国近80%的锰矿属于沉积或沉积变质型，这类矿床分布面广，矿体呈多层薄层状、缓倾斜、埋藏深，需要进行地下开采，开采技术条件差。适合露天开采的储量只占全国总储量的6%。

锰具有资源丰富、效能多样的特点，获得了广泛的应用。含锰元素的合金，在不同的钢中起到不同的作用，主要作用如下：

（1）作为脱氧合金使用。锰是脱氧能力比较弱的脱氧剂。而它的脱氧产物是由 MnO + FeO 组成的液熔体或固溶体，与温度及 [Mn] 的平衡浓度有关。$w[Mn]$ 增加，脱氧产物中的 $w[Mn]/w(FeO)$ 比增加，其熔点提高，倾向于形成固溶体。

在生产镇静钢（全脱氧钢）时，锰和其他强脱氧剂同时加入进行脱氧，可形成含有 MnO 的液体产物，并能提高其他强脱氧剂的脱氧能力，故炼钢有一句谚语，即无锰不成钢。在冶金工业中，大约80%的锰被用作炼钢脱氧剂。

（2）作为功能化元素使用。锰是良好的脱氧剂和脱硫剂。钢中一般都含有一定量的锰，它能消除或减弱由于硫所引起的钢的热脆性，从而改善钢的热加工性能。

锰和铁形成固溶体，提高钢中铁素体和奥氏体的硬度和强度；同时又是碳化物形成元素，进入渗碳体中取代一部分铁原子。锰在钢中由于降低临界转变温度，起到细化珠光体的作用，也间接地起到提高珠光体钢强度的作用；锰稳定奥氏体组织的能力仅次于镍，也强烈增加钢的淬透性。

锰也作为耐磨钢的主要合金元素在高碳高锰耐磨钢中广泛应用，锰含量可达10%~14%，经固溶处理后有良好的韧性，当受到冲击而变形时，表面层将因变形而强化，具有高的耐磨性。

随锰含量的增加，钢的热导率急剧下降，线膨胀系数上升，使快速加热或冷却时形成较大内应力，工件开裂倾向增大；当锰含量很高时，钢的抗氧化性能下降，降低钢材的焊接性能。易切削钢中常有适量的锰和磷，MnS夹杂使切屑易于碎断；普通低合金钢中利用锰来强化铁素体和珠光体，提高钢的强度，锰含量一般为1%~2%；渗碳和调质合金结构钢的许多系列中含有不超过2%的锰；弹簧钢、轴承钢和工具钢中利用锰强烈提高淬透性的作用；耐磨钢、无磁钢、不锈钢、耐热钢，包括高碳高锰耐磨铸钢（C 1.0%~1.4%，Mn 10%~14%），中碳高锰无磁钢（C 0.3%~0.6%，Mn 18%~19%），低碳高锰不锈钢（有Cr，无Ni或少Ni），高锰耐热钢（以Mn代Ni的耐热不起皮钢等）。作为脱氧的合金，硅锰合金、高碳锰铁、中碳锰铁在冶炼中高碳钢时使用，低碳锰铁在冶炼低碳铝镇静钢的时候使用，更多的时候是以满足合金化元素而使用的。

6.2.4　铬（Cr）

铬是银白色金属，在元素周期表中属ⅥB族，原子序数24，原子量51.996，体心立方晶体，常见化合价为+3、+6和+2。1797年法国化学家沃克兰（L. N. Vauquelin）在西伯利亚红铅矿（铬铅矿）中发现一种新元素，次年用碳还原，得金属铬。因为铬能够生成美丽多色的化合物，根据希腊字chroma（颜色）命名为chromium，本意是一种金属元素，质硬而脆，抗腐蚀性强。

铬铁是生产不锈钢的最重要的原料，主要应用于生产不锈钢、滚珠轴承、工具钢、渗氮钢、热强钢、调质钢、渗碳钢和耐氢钢，这是由于铬在不锈钢中起决定作用。决定不锈钢属性的元素只有一种，这就是铬，每种不锈钢都一定含有一定数量的铬。铬在钢中主要作为功能性合金元素使用，鲜见用于脱氧。铬在钢中的作用和特点如下：

（1）铬与铁能够形成连续固溶体和金属键化合物σ相（FeCr），缩小奥氏体相区域，能增加钢的淬透性并有二次硬化作用，可提高高碳钢的硬度和耐磨性而不使钢变脆；铬能提高工具钢的耐磨性、硬度和红硬性，有良好的回火稳定性。

（2）铬与碳形成多种碳化物，与碳的亲和力大于铁和锰，而低于钨、钼等，故含铬的弹簧钢在热处理时不易脱碳；在渗碳钢中还可以形成含铬的碳化物，从而提高材料表面的耐磨性。轴承钢中主要利用铬的特殊碳化物对耐磨性的贡献及研磨后表面光洁度高的优点。

（3）钢中铬含量超过12%时，铬能够促使钢的表面形成钝化膜，显著提高钢的耐腐蚀性能（特别是硝酸），使钢有良好的高温抗氧化性和耐氧化性介质腐蚀的作用，还增加钢的热强性，铬为不锈耐酸钢及耐热钢的主要合金元素。

（4）铬能提高碳素钢轧制状态的强度和硬度，降低伸长率和断面收缩率。

（5）铬能够减缓奥氏体的分解速度，显著提高钢的淬透性。在调质结构钢中的主要作用是提高淬透性；在合金结构钢中主要利用铬提高淬透性，并可在渗碳表面形成含铬碳化物以提高耐磨性。故含铬钢经淬火回火后具有较好的综合力学性能，但也增加钢的回火脆性倾向，在弹簧钢中常利用铬和其他合金元素一起提高钢的综合性能。

（6）铬镍钢提高钢的矫顽力和剩余磁感，故含铬钢广泛用于制造永磁钢。

铬在钢中存在的缺点：

（1）显著提高钢的脆性转变温度。

（2）铬能促进钢的回火脆性。

铬铁合金主要是铬与铁的合金，其中还含有碳、硅等元素。按照含碳量的不同铬铁可分为高、中、低和微碳铬铁，含有足够量铬和硅的合金为硅铬合金。

6.2.5　钼（Mo）

钼是呈银白色的坚硬金属，密度为 $10.2g/cm^3$，熔点高达 $2620℃$。钼在地壳中的平均丰度为 1.3×10^{-6}，多存在于辉钼矿、钼铅矿、水钼铁矿中，矿物燃料中也含钼。天然水体中钼浓度很低，海水中钼的平均浓度为 $14\mu g/L$。钼在大气中主要以钼酸盐和氧化钼状态存在，浓度很低，钼化物通常低于 $1\mu g/m^3$。

纯钼富有延展性，但含有少量杂质会变得很脆，钼的化学性质稳定，不会被盐酸、氢氟酸、碱液所腐蚀，初制的钼是粉末状，因熔点高不易熔化需在高温和 H_2 气氛中加压烧结才变为块状。

钼发现于 1778 年，十年后用碳还原钼酸获得金属钼。19 世纪初，用氢还原得到了较纯的钼。大约 1910 年发现钼能显著改善钢的性能，从此钼便成为各种结构钢和耐蚀钢的主要添加元素。钼具有较好的延伸性使其在电子和电气工业上都得到应用。近十年来在超硬材料行业复合片生产由宝鸡三立公司首次将钼及其合金，以板、箔、棒、线各种异性钼球杯、钼梯形杯、钼锥形杯在超硬材料复合片生产中被广泛应用。

钼是元素周期表中 VIB 族元素，化合价有 2、3、4、5、6 几种。在低化合价时呈碱性，高化合价时呈酸性。6 价钼的化合物最稳定。钼直到熔点也不与氢反应，氢是制造钼粉的主要还原剂，也是钼高温加工过程中良好的保护气体。

在冶金工业中，钼作为生产各种合金钢的添加剂，或与钨、镍、钴、锆、钛、钒、铼等组成高级合金，以提高其高温强度、耐磨性和抗腐性，用来制造运输装置、机车、工业机械，以及各种仪器。某些含钼 4%~5% 的不锈钢用于生产精密化工仪表和在海水环境中使用的设备。含 4%~9.5% 的高速钢可制造高速切削工具。钼和镍、铬的合金用于制造飞机的金属构件、机车和汽车上的耐蚀零件。钼和钨、铬、钒的合金用于制造军舰、坦克、枪炮、火箭、卫星的合金构件和零部件。在化学工业中，钼主要用于润滑剂、催化剂和颜料。

中国钼行业将持续进口钼精矿和其他原材料。受世界范围内伴生矿，尤其是南美铜矿的巨大压力，其生存空间将在很大程度上萎缩。因为中国绝大多数矿山为原生矿，采选成本要明显高于伴生矿。由于中国不锈钢产品产量的急剧膨胀以及高速钢、工业钢、低合金钢、化工和其他工业对钼日渐增加的需求，中国国内企业对钼的消费量将持续增加。作为拥有丰富钼储量的国家，尽管面临着来自伴生矿生产国的强大竞争压力，国内各企业将利用最先进的技术来改进产品，并调整钼产品结构，中国钼行业仍将在未来的国际市场上占有极其重要的地位。

钼被列入稀有高熔点金属材料。钨、钼都是同属周期表中 VIB 族元素，是典型的高熔点金属，它们基本性质相似，但也各具特点，表面具有银灰色光泽，粉末呈暗灰色。它们的共性是：高熔点、高强度、高弹性模量、膨胀系数小、蒸气压低、导电导热性能优越、抗腐蚀性能好，且都具有高温氧化和低温脆性的共同的缺点。因此钼便成为各种结构钢和耐腐蚀钢的主要添加元素。

我国富产钼，但在世界范围内的储量并不丰富，但钼是重要战略物资，钼在钢中可固溶于铁素体、奥氏体和碳化物中，当钼含量较低时，与铁、碳形成复合的渗碳体；含量较高时，可形成钢的特殊碳化物。它是缩小奥氏体相区的元素，能使钢的晶粒细化，在调质和渗碳结构钢、弹簧钢、轴承钢、工具钢、不锈耐酸钢、耐热钢、磁钢中都得到了广泛应用，铬钼钢在许多情况下可代替铬镍钢来制造重要的部件。钼在钢中的主要作用如下：

（1）钼在钢中能提高淬透性和热强性，防止回火脆性。在调质钢中，钼能使较大断面的零件淬深、淬透，提高钢的抗回火性或回火稳定性，使零件可以在较高温度下回火，从而更有效地消除（或降低）残余应力，提高塑性。在渗碳钢中钼除具有上述作用外，还能在渗碳层中降低碳化物在晶界上形成连续网状的倾向，减少渗碳层中残留奥氏体，相对地增加了表面层的耐磨性。含1%左右钼的 W12Cr4V4Mo 高速钢具有高的耐磨性、回火硬度和红硬性等。

（2）钼对铁素体有固溶强化作用，同时也提高碳化物的稳定性，从而提高钢的强度。

（3）钼提高钢的回火稳定性，作为单一合金元素存在时，增加钢的回火脆性；与铬、锰等并存时，钼又降低或抑止因其他元素所导致的回火脆性。

（4）钼能够增加剩磁和矫顽力，能够用于制造磁钢。

（5）由于钼使形变强化后的软化和恢复温度以及再结晶温度提高，并强烈提高铁素体的蠕变抗力，有效抑制渗碳体在450~600℃下的聚集，促进特殊碳化物的析出，因而成为提高钢的热强性的最有效的合金元素。在锻模钢中，钼还能保持钢有比较稳定的硬度，增加对变形、开裂和磨损等的抗力。

（6）钼对改善钢的延展性和韧性起到有利作用，含钼不超过8%的钢仍可以锻、轧，但含量较高时，钢对热加工的变形抗力增高。

（7）在还原性酸及强氧化性盐溶液中都能使钢表面钝化，因此钼可以普遍提高钢的抗蚀性能，防止钢在氯化物溶液中的点蚀。在不锈耐酸钢中，钼能进一步提高对酸（如蚁酸、醋酸、草酸等）、过氧化氢、硫酸、亚硫酸、硫酸盐、酸性染料、漂白粉液等的抗蚀性。特别是由于钼的加入，防止了氯离子存在所产生的点腐蚀倾向。

钼在钢中的主要不良作用是它能使低合金钼钢发生石墨化倾向。常用的含钼合金为钼铁。

6.2.6 铌（Nb）

铌是一种可塑性金属，灰色，具有体心立方结构，其密度为 $8.57g/cm^3$。铌与铁形成化合物 Fe_3Nb_2，它溶于大量的铁中。Nb 在钢中以置换溶质原子存在，Nb 原子比铁原子尺寸大，易在位错线上偏聚，对位错攀移产生强烈的拖曳作用，使再结晶形核受到抑制，因而对再结晶具有强烈的阻止作用，Nb 的这种作用高于 Ti 和 V。Nb 在钢中可以形成 NbC 或 NbN 等间隙中间相。在再结晶过程中，因 NbC、NbN 对位错的钉扎及对亚晶界的迁移进行阻止等作用，从而大大增加了再结晶的时间。在高于临界温度时，Nb 元素对再结晶的作用表现为溶质拖曳机制，而在低于临界温度时，则表现为析出钉扎机制。Nb 的完全固溶温度较高，在均热温度不是很高时，Nb 不宜单独加入，可以和 V 一起进行复合添加，这样既能提高钢的强度又能改善钢的韧性，主要因为 V 的固溶温度低，可以起到沉淀强化作用，而 Nb 在较低的均热温度下大部分还没有溶解，可以起到细化晶粒的作用。

Nb 在钢中的特点就是提高奥氏体的再结晶温度，从而达到细化奥氏体晶粒的目的。一般钢中 Nb 的加入量在 0.05% 以下，高于 0.05% 的 Nb 对强韧化的贡献将不再明显。微量的 Nb 足可使钢得到极好的综合性能，因为在低 Nb 浓度下，钢的屈服强度增长较快，并且和浓度成正比，但当 Nb 含量大于 0.03% 时，强化效果就开始降低。有研究表明，当 Nb 含量大于 0.06% 时，多余的 Nb 对钢将不再有强化作用。

另外，值得一提的是，微量 Nb 在近年来发展起来的新型超低碳贝氏体钢中，起着极为重要的作用。首先，在贝氏体钢中，微量元素 Nb 与 B 共同作用，能够显著地提高钢的再结晶终止温度，在热机械控制工艺（TMCP）过程中，Nb 应变诱导析出于奥氏体晶界，因而强烈延迟了奥氏体的再结晶，使未再结晶区的控制轧制更易于实现，从而保证了奥氏体基体中的畸变积累，导致贝氏体转变的形核数量大幅度增加，细化了晶粒，改善了贝氏体钢的综合性能。第二，微量 Nb 的析出物钉扎贝氏体组织中的高密度位错的移动，从而保证了超低碳贝氏体钢组织及性能的回火稳定性。第三，贝氏体钢中微量 Nb 与 Cu、B 等元素的相互作用，大大降低了相变温度，使贝氏体相变能够在较低的温度下进行，相变后的贝氏体板条细小，从而促进了超细组织的形成。第四，微量 Nb 与 Cu、B 等元素的综合加入，加速高温变形后的应变诱导 Nb（C，N）的析出，明显地稳定了奥氏体中的位错结构，阻止了新相组织的进一步长大，在贝氏体相变过程中大幅度提高了贝氏体中的位错密度，从而使贝氏体钢具有强韧性。第五，在超低碳贝氏体钢的焊接过程中，钢中 Nb、B 原子的偏聚和析出阻止了加热过程奥氏体晶粒的进一步粗化，保证焊接后热影响区组织的性能。

铌作为一种重要的微合金化元素，在钢中起着十分重要的作用。在炼钢和轧钢生产过程中，铌元素在钢中的作用概括如下：

（1）铌在钢中可形成细小的碳化物和氮化物，抑制奥氏体晶粒的长大，故在轧制过程中可提高再结晶温度，抑制奥氏体的再结晶，延缓奥氏体再结晶的发生，保持变形效果，从而细化铁素体晶粒。

（2）在控轧过程中的终轧温度下，固溶的铌可用于形成铁素体的 Nb（C，N）沉淀，从而通过沉淀硬化来提高基体强度，即获得高强钢。

（3）铌在铁素体中沉淀析出，可以提高钢的强度以及在焊接过程中阻止热影响区晶粒的粗化，故铌能细化晶粒和降低钢的过热敏感性及回火脆性，提高强度，同时铌可改善焊接性能。

（4）含铌钢在连铸过程中，在高温下细小铌及其化合物析出相在晶内弥散分布，强化了晶内基体。在连铸时，铸坯所受各种应力更易集中于沿柱状晶界析出的先共析铁素体带，使裂纹大多沿柱状晶界萌生并扩张，故含铌钢冶炼控制不当，铸坯容易产生裂纹。

（5）铌与碳形成 NbC，其溶化温度为 3500~3800℃，其硬度为 9~10Mohs，优良的特性是制作合金工具钢的良好添加剂。

（6）在普通低合金钢中加铌，可提高抗大气腐蚀及高温下抗氢、氮、氨腐蚀能力；在奥氏体不锈钢中加铌，可防止晶间腐蚀现象。采用 Ti-Nb 复合微合金化钢，如 HRB400。铌在合金钢中的作用同样是利用铌的碳氮化合物质点阻止奥氏体晶粒长大、细化晶粒，通过细化晶粒可以有效地提高钢的强度和韧性。铌在铁素体中的平衡固溶度积非常小，在铁素体中析出铌的碳氮化合物对基体有强烈的沉淀强化作用。

铌常和钽（Ta）共生，它们在钢中的作用相近。铌和钽部分溶入固溶体，起固溶强化作用。溶入奥氏体时显著提高钢的淬透性，但以碳化物和氧化物微粒形式存在时，细化晶粒并降低钢的淬透性。它能增加钢的回火稳定性，有二次硬化作用。微量铌可以在不影响钢的塑性或韧性的情况下提高钢的强度。由于有细化晶粒的作用，能提高钢的冲击韧性并降低其脆性转变温度。当含量大于碳的 8 倍时，几乎可以固定钢中所有的碳，使钢具有良好的抗氢性能。在奥氏体钢中可以防止氧化介质对钢的晶间腐蚀。由于固定碳和沉淀硬化作用，能提高热强钢的高温性能，如蠕变强度等。

6.2.7 氮 (N)

氮和碳一样可固溶于铁，形成间隙式的固溶体，渗入钢表面的氮与铬、铝、钒、钛等元素可化合成极稳定的氮化物，起到固溶强化作用，成为表面硬化和强化元素。主要的作用如下：

（1）氮可降低高铬铁素体钢的晶粒长大倾向，从而改善其焊接性能。

（2）氮扩大钢的奥氏体相区，是一种很强的形成和稳定奥氏体的元素，且效力约 20 倍于镍，在一定的范围内可代替一部分镍用于钢中。氮使高铬和高铬镍钢的组织致密坚实，提高高铬和高铬镍钢的强度，而塑性并不降低，冲击韧性还有显著提高，氮还能提高钢的蠕变和高温持久强度。

（3）含氮铁素体钢中，在快冷后的回火或在室温长时间停留时，由于析出氮化物，可发生沉淀硬化的作用，近年来氧化物冶金技术中多有应用。含氮钢冷作变形硬化率较高，采用冷变形工艺时，需要控制钢中的氮含量，汽车板、冷轧板中严格限制钢中的氮含量。

（4）钢中残留氮量过高会导致宏观组织疏松或气孔，氮也使低碳钢发生应变时效现象。在强度和硬度提高的同时，钢的韧性下降，缺口敏感性增加，氮导致钢的脆性的特性近似磷，其作用远大于磷，氮也是导致钢产生蓝脆的主要原因。

（5）氮对钢的高温抗氧化性无显著影响，但氮含量过高（如高于 0.16%）可使抗氧化性恶化。氮作为合金元素，在钢的含量一般小于 0.3%，特殊情况下可高达 0.6%，主要应用于渗氮调质结构钢、普通低合金钢、不锈耐酸钢及耐热不起皮钢。目前氮在钢中作为合金元素的应用还在扩大，采用含氮合金有钒氮合金等。

6.2.8 磷 (P)

磷溶于铁素体，虽然能提高钢的强度和硬度，最大的害处是偏析严重，增加回火脆性，显著降低钢的塑性和韧性，致使钢在冷加工时容易脆裂，降低钢材的冷冲压性能，也即所谓"冷脆"现象。磷对焊接性也有不良影响。对于大多数钢种来讲，磷是有害元素，应严加控制，一般含量不大于 0.030%~0.040%。但是磷在钢中固溶强化和冷作硬化作用强，作为合金元素加入低合金结构钢中，能提高其强度和钢的耐大气腐蚀性能。磷与硫和锰联合使用，能增加钢的切削性能，增加加工件的表面质量，用于易切钢，所以易切钢含磷也较高。含磷合金通常以磷铁的形式用于炼钢。

6.2.9 硫 (S)

提高硫和锰的含量，可改善钢的切削性能，在易切削钢中硫作为有益元素加入。硫在钢中偏析严重，恶化钢的质量。在高温下，降低钢的塑性，是一种有害元素，它以熔点较低的 FeS 的形式存在；单独存在的 FeS 的熔点只有 1190℃，而在钢中与铁形成共晶体的共晶温度更低，只有 988℃，当钢凝固时，硫化铁析集在原生晶界处。钢在 1100~1200℃ 进行轧制时，晶界上的 FeS 就将熔化，大大地削弱了晶粒之间的结合力，导致钢的热脆现象。因此对硫应严加控制，一般控制在 0.020%~0.050%。为了防止因硫导致的脆性，应加入足够的锰，使其形成熔点较高的 MnS。若钢中含硫量偏高，焊接时由于 SO₂ 的产生，将在焊接金属内形成气孔和疏松。在钢中加入 0.08%~0.20% 的硫，可以改善切削加工性，所以在易切削钢的生产中间，硫铁作为合金使用。

6.2.10　钛（Ti）

钛是一种强脱氧剂和强的固氮元素，是优化高强钢组织性能的主要元素，钛在钢中具体的作用如下：

（1）钛脱氧钢在凝固过程中只要钢液中 $w(O) > 0.0005\%$（5ppm），在液相中生成的钛氧化物为 Ti_2O_3。因此，实验条件下生成的钛氧化物认为是 Ti_2O_3，反应式为：

$$2[Ti] + 3[O] = (Ti_2O_3)　　　lgK = 56060/T - 18.08$$

钛的脱氧产物，弥散于钢中，对于钢材的性能有改善的作用。

（2）Ti/N 化学计量比为 3.42，利用 0.02% 左右钛就可固定钢中 0.006% 的氮，在连铸时可形成细小的高温稳定的 TiN 析出相。这种细小的 TiN 粒子可有效地阻碍板坯再加热时奥氏体晶粒长大，有助于提高铌在奥氏体中的固溶度，同时对改善焊接热影响区冲击韧性有明显作用。

（3）Ti 是强碳化物形成元素，它和 N、O、C 都有极强的亲和力。另外，Ti 和 S 的亲和力大于 Fe 和 S 的亲和力，因此在含 Ti 钢中优先生成硫化钛，降低了生成硫化铁的几率，可以减少钢的热脆性。

（4）Ti 与 C 形成的碳化物结合力极强、极稳定、不易分解，只有当加热温度达 1000℃ 以上时，才开始缓慢地溶入固溶体中，在未溶入前，TiC 微粒有阻止钢晶粒长大粗化的作用。

（5）Ti 是极活泼的金属元素，Ti 还能与 Fe 和 C 生成难溶的碳化物质点，富集于钢的晶界处，阻止钢的晶粒粗化，在钢液凝固过程中形成的大量弥散分布的 TiC 颗粒，可以成为钢液凝固时的固体晶核，利于钢的结晶，细化钢的组织，减少粗大柱状晶和树枝状组织的生成，可减少偏析降低带状组织级别。

（6）Ti 也能与 N 结合生成稳定的高弥散化合物，Ti 还能减慢珠光体向奥氏体的转变过程。

（7）含有微量 Ti 的钢，在低于 900℃ 正火时，能提高钢的屈服点及屈强比，同时不降低钢的塑韧性，但是当钢中的 Ti/C 比高于 4 时，钢的强度及韧性均急剧下降。在大于 1100℃ 加热时，大部分的碳化物可以溶入奥氏体中，这样在正火或淬火处理后，钢的强度将大幅度地提高。

（8）钛能使钢的内部组织致密，晶粒细化，降低时效敏感性和冷脆性，改善焊接性能。在 Cr18Ni9 奥氏体不锈钢中加入适当的钛，可避免晶间腐蚀。

铬—镍奥氏体不锈钢在 450~800℃ 温度区加热，常发生沿晶界的腐蚀破坏，称为晶间腐蚀。一般认为，晶间腐蚀是碳从饱和的奥氏体以 $Cr_{23}C_6$ 形态析出，造成晶界处奥氏体贫铬所致。防止晶界贫铬是防止晶间腐蚀的有效方法。将各种元素按与碳的亲和力大小排列，顺序为：Ti、Zr、V、Nb、W、Mo、Cr、Mn。钛和铌与碳的亲和力都比铬大，把它们加入钢中后，碳优先与它们结合生成碳化钛（TiC）和碳化铌（NbC），这样就避免了析出碳化铬而造成晶界贫铬，从而有效防止晶间腐蚀。

另外，钛和铌与氮可结合生成氮化钛和氮化铌，钛与氧可结合生成二氧化钛，奥氏体中还能溶解一部分铌（约 0.1%）。考虑这些因素，实际生产中为防止晶间腐蚀，钛和铌加入量一般按下式计算：

$$Ti = C\% \times 5 ~ 0.8\%$$

$$Nb \geqslant 10 \times C\%$$

含钛和铌的钢固溶处理后得到单相奥氏体组织，这种组织处于不稳定状态，当温度升高到

450℃以上时，固溶体中的碳逐步以碳化物形态析出，650℃是 $Cr_{23}C_6$ 形成温度，900℃是 TiC 形成温度，920℃是 NbC 形成温度。要防止晶间腐蚀就要减少 $Cr_{23}C_6$ 含量，使碳化物全部以 TiC 和 NbC 形态存在。由于钛和铌的碳化物比铬的碳化物稳定，钢加热到700℃以上时，铬的碳化物就开始向钛和铌的碳化物转化。稳定化处理是将钢加热到 850~930℃ 之间，保温1h，此时铬的碳化物全部分解，形成稳定的 TiC 和 NbC，钢的抗晶间腐蚀性能得到改善。

不锈钢中加入钛和铌，在一定条件下弥散析出 Fe_2Ti 和 Fe_3Nb_2 金属间化合物，钢的高温强度有所提高。由于铌的价格昂贵（是钛的70倍），广泛采用的是加钛不锈钢。含钛钢存在一些缺点，如：TiO_2 和 TiN 以夹杂物存在，含量高且分布不均，降低钢的纯净度；铸锭表面质量差，增加工序修磨量，极易造成大批废品；成品抛光性能不好，很难得到高精度表面等。

钛能改善钢的热强性，提高钢的抗蠕变性能及高温持久强度，并能提高钢在高温高压氢气中的稳定性，使钢在高压下对氢的稳定性高达600℃以上。在珠光体低合金钢中，钛可阻止钼钢在高温下的石墨化现象。因此，钛是锅炉高温元件所用的热强钢中的重要合金元素之一。

6.2.11 钒（V）

钒是我国富有的元素之一，钒铁用于冶炼优质钢和特种钢。钒既是合金的组分，又是钢的优良脱氧剂，钒在钢中具有较高的溶解度，是微合金化钢最常用也是最有效的强化元素之一，钢中钒的加入量一般在 0.042%~0.12% 之间。钒在钢中的作用如下：

（1）钒与钢中的氮具有较强的亲和力，所以钒可以固定钢中的"自由"氮。在钢中，钒与碳和"自由"氮结合形成 V(C，N) 化合物，大大降低了钢中的"自由"氮含量，避免了钢的应变时效性。

（2）钒的作用是通过形成 V(C，N) 影响钢的组织和性能，主要在奥氏体晶界的铁素体中沉淀析出，在轧制过程中能抑制奥氏体的再结晶并阻止晶粒长大，从而起到细化铁素体晶粒、提高钢的强度和韧性的作用。钢中加 0.5% 的钒可细化组织晶粒，提高强度和韧性。钢中加钒后，强度可以增加 150~300MPa。所以，要发挥钢中钒的强化效果，钢中要有一定的氮含量，在缺氮的情况下，大部分钒没有充分发挥其析出强化的作用，增氮后，钢中原来处于固溶状态的钒转变成了析出状态的钒，充分发挥了钒的沉淀强化作用。

（3）当钒单独加入时，钒并不抑制铁素体晶粒的形成，相反，它还加速珠光体的形成，在低 VN 钢和不含钒的高氮钢中只有晶界铁素体，而无晶内铁素体，但在高 VN 钢中，由于 V(C，N) 的析出，促进了晶内铁素体的形成，使铁素体和珠光体均匀分布在晶界与晶内，晶粒明显细化。

（4）钒能提高钢的韧性、弹性和强度，钒的碳化物和氮化物比较稳定，硬度较高，使钢具有很高的耐磨性和耐冲击性。

（5）钒与碳形成的碳化物，在高温高压下可提高抗氢腐蚀能力，在目前的管线钢的生产中间，加入钒对于钢材的性能影响明显。

（6）在双相钢中，钒对钢的淬透性有重要影响，当钢被加热到临界温度时，钒溶于最初形成奥氏体的高碳区，从而增加了钢的淬透性，在快速冷却过程中产生马氏体组织。

6.2.12 钨（W）

钨是稀有高熔点贵重金属，属于元素周期表中的ⅥB族。钨是一种银白色金属，外形似钢。钨的熔点高，密度大，蒸气压很低，蒸发速度也较小。钨的熔点为3410℃，沸点约为5900℃，热导率在 10~100℃ 时为 174W/(m·K)，在高温下蒸发速度慢、热膨胀系数很小，膨胀系数在 0 ~ 100℃时为 4.5×10^{-6} m/K。钨的比电阻约比铜大 3 倍。电阻率在 20℃为 $10^{-8}\Omega$ · m，钨的硬度大、密度高（密度为 19.25g/cm³），高温强度好，电子发射性能好。钨的力学性能主要决定于它的压力加工状态与热处理过程。在冷状态下钨不能进行压力加工。锻压、轧压、拉丝均需在热状态下进行。常温下钨在空气中稳定，在 400 ~ 500℃钨开始明显氧化，形成蓝黑色的致密的 WO_3 表面保护膜。不加热时，任何浓度的盐酸、硫酸、硝酸、氢氟酸以及王水对钨都不起作用；当温度升至 80 ~ 100℃时，上述各种酸中，除氢氟酸外，其他的酸对钨发生微弱作用。

钨及其合金广泛应用于电子、电光源工业。用于制造各种照明用灯泡，电子管灯丝使用的是具有抗下垂性能的掺杂钨丝。掺杂钨丝中添加铼。由含铼量低的钨铼合金丝与含铼量高的钨铼合金丝制造的热电偶，其测温范围极宽（0 ~ 2500℃），温度与热电动势之间的线性关系好，测温反应速度快（3s），价格相对便宜，是在氢气气氛中进行测量的较理想的热电偶。钨丝不仅触发了一场照明工业的革命，同时还由于它的高熔点，在不丧失其机械完整性的前提下，成为电子的一种热离子发射体，比如作扫描电（子显微）镜和透射电（子显微）镜的电子源。还用于 X 射线管的灯丝。在 X 射线管中，钨丝产生的电子被加速，使之碰撞钨和钨铼合金阳极，再从阳极上发射出 X 射线。为产生 X 射线要求钨丝产生的电子束的能量非常之高，因此被电子束碰撞的表面上的斑点非常之热，故在大多数 X 射线管中使用的是转动阳极。此外，大尺寸的钨丝还用作真空炉的加热元件。

钨的密度为 19.25g/cm³，约为铁（7.87g/cm³）的 2.5 倍，是周期系最重的金属元素之一。基于钨的这一特性制造的高密度的钨合金（即高比重钨合金）已成为钨的一个重要应用领域。采用液相烧结工艺，在钨粉中同时加入镍、铁、铜及少量其他元素，即可制成高密度钨合金。根据组分的不同，高密度钨合金可分为钨—镍—铁和钨—镍—铜两个合金系。通过液相烧结，其密度可达 17 ~ 18.6g/cm³。所谓液相烧结是指混合粉末压坯在烧结温度下有一定量液相存在的烧结过程。其优点在于液相润湿固相颗粒并溶解少量固体物质，大大加快了致密化和晶粒长大的过程，并达到极高的相对密度。比如对通常在液相烧结时使用的镍铁粉而言，当烧结进行时，镍铁粉熔化。尽管在固相钨（占 95% 的体积分数）中液态镍铁的溶解度极小，但固态钨却易于溶解在液态镍铁中。一旦液体镍铁润湿钨粒并溶解一部分钨粉，钨颗粒则改变形状，其内部孔隙当液流进入时立即消失。过程继续下去，则钨颗粒不断粗化和生长，到最后产生接近 100% 致密且具有最佳显微组织的最终产品。用液相烧结制成高密度钨合金除密度高外，还有比纯钨更好的冲击性能，其主要用途是制造高穿透力的军用穿甲弹。

钨与碳形成碳化钨有很高的硬度和耐磨性。碳化钨在 1000℃ 以上的高温仍能保持良好的硬度，是切削、研磨的理想工具。1923 年德国的施罗特尔（Schroter）正是利用 WC 的这一特性才发明 WC-Co 硬质合金的。由于 WC-Co 硬质合金作为切削刀具及拉伸、冲压模具带来了巨大的商机，很快在 1926 ~ 1927 年便实现了工业化生产。简单地说，先将钨粉（或 WO_3）与炭黑的混合物在氢气或真空中在一定温度下碳化，即制成碳化钨（WC），再将 WC 与金属黏结剂 Co 按一定比例配料，经过制粉、成型、烧结等工艺，制成刀具、模具、轧辊、冲击凿岩钻头等硬质合金制品。

目前使用的碳化钨基硬质合金大体上可分为碳化钨—钴、碳化钨—碳化钛—钴、碳化钨—碳化钛—碳化钽（铌）—钴及钢结硬质合金等四类，在当前全球每年约 5 万吨钨的消费量中，碳化钨基硬质合金约占 63%。据最近的消息，全球硬质合金的总产量约 33000t/a，消耗钨总供应量的 50% ~ 55%。

在工具钢中加钨，可显著提高红硬性和热强性，作切削工具及锻模具用。钨是高速工具钢、合金结构钢、弹簧钢、耐热钢和不锈钢的主要合金元素，用于生产特种钢的钨的用量很大。

钨可以通过固溶强化、沉淀强化和弥散强化等方法实现合金化，借以提高钨材的高温强度、塑性。通过合金化，钨已形成多种对当代人类文明有重大影响的有色金属合金。

钨中加入铼（3%~26%）能显著提高延展性（塑性）及再结晶温度。某些钨铼合金经适当高温退火处理后，伸长率可达到5%，远较纯钨或掺杂钨（1%~3%）高。

钨中加入0.4%~4.2%氧化钍（ThO_2）形成的钨钍合金，具有很高的热电子发射能力，可用作电子管热阴极、氩弧焊电极等，但ThO_2的放射性长期未得到解决。

我国研制的铈钨（W-CeO_2）合金及用La_2O_3和Y_2O_3作弥散剂制成的镧钨、钇钨合金（氧化物含量一般在2.2%以下）代替W-ThO_2合金，均已大量用作氩弧焊、等离子焊接与切割及非自耗电弧炉等多种高温电极。

钨铜、钨银合金是一种组成元素间并无反应因而不形成新相的粉冶复合材料。钨银、钨铜合金实际上不是合金，故被视为假合金。钨银合金即是常提及的渗银钨。此类合金含20%~70%铜或银，兼有铜、银的优异导电导热性能与钨的高熔点、耐烧蚀等性能，主要用作火箭喷嘴、电触点及半导体支撑件。国外一种北极星A-3导弹的喷嘴就是用渗有10%~15%银的钨管制造的，重量达数百千克的阿波罗宇宙飞船用的火箭喷嘴也是钨制造的。

钨钼合金具有比纯钨更高的电阻率、更优异的韧性，已用作电子管热丝、玻璃密封引出线。钨作为合金元素，在有色金属合金中要提及的还有超合金。上个世纪40年代为适应航空用涡轮发动机对高温材料的需要，在隆隆的炮火中诞生了超合金。超合金由镍基、钴基、铁基三类特种结构合金组成。它们在高温（500~1050℃）下作业时仍能保持极高的强度、抗蠕变性能、抗氧化性能及耐蚀性。此外，它们在长达数年的使用期限内，可保证不会断裂，也就是具有耐高周期疲劳和低周期疲劳的特性。这类性能对人命关天的航空航天产业万分重要。

钨在钢中的作用如下：

（1）提高强度。

（2）提高钢的高温强度。

（3）提高钢的抗氢性能。

（4）碳化钨具有较高的硬度和耐磨性，使钢具有热硬性，因此钨是高速工具钢中的主要合金元素之一，也是特种合金的主要成分元素。

6.2.13 铜（Cu）

铜的原子量为63.55，密度为8.92g/cm³，熔点为1083℃，沸点为2567℃。纯铜是柔软的金属，表面刚切开时为红橙色带金属光泽，单质呈紫红色。铜有很好的延展性，导热和导电性能较好。因此在电缆和电气、电子元件是最常用的材料，也可用作建筑材料，可以组成众多种合金。铜合金机械性能优异，电阻率很低，其中最重要的数青铜和黄铜。此外，铜也是耐用的金属，可以多次回收而无损其机械性能。

铜能提高强度和韧性，特别是大气腐蚀性能。如果钢中的含铜量大于0.75%，通过固溶和时效处理，可以取得沉淀强化的效果，显著增强钢的强度。缺点是在热加工时容易产生热脆，铜含量超过0.5%塑性显著降低。当铜含量小于0.50%对焊接性无影响。

6.2.14 硼（B）

硼的原子量为10.81，结晶形硼的密度为2.31g/cm³（20℃），而无定形硼的密度为2.30g/cm³

（20℃），熔点 2079℃，沸点 3660℃。硼元素在炼钢条件下的限制与硅等接近，不同元素脱氧的方程式如下：

$$[Fe] + [O] \rightleftharpoons FeO \qquad \Delta G^{\ominus} = -277820 + 113.14T$$

$$[C] + [O] \rightleftharpoons CO \qquad \Delta G^{\ominus} = -39680 - 81.24T$$

$$[Si] + 2[O] \rightleftharpoons SiO_2 \qquad \Delta G^{\ominus} = -555940 + 209.3T$$

$$4/3[B] + 2[O] \rightleftharpoons 2/3B_2O_3 \qquad \Delta G^{\ominus} = -497873.34 + 174.54T$$

式中　　$\Delta G^{\ominus}$——自由能变化，kJ/mol；

　　　　T——钢水温度，K。

从上可知，硼在钢中容易被氧化。

硼矿又分为硼镁石矿和硼镁铁矿，前者不含铁或含铁甚微，俗称白矿，后者含铁 25%~30%，俗称黑矿。我国硼矿探明储量位居世界第五位。硼在炼钢过程中和钢中的作用有如下几点：

（1）将低品位硼镁铁矿作为烧结和球团生产中的添加剂，可降低焙烧温度和能耗，提高产品强度及成品率，改善产品质量和冶金性能。硼的添加可以抑制 β-2CaO·SiO₂ 晶型转变，B_2O_3 可以同许多氧化物形成固溶体并降低熔点，促进烧结过程中液相的形成。半径很小的硼可以扩散进入 β-2CaO·SiO₂ 中，冷却过程中不以 γ-2CaO·SiO₂ 析出。根据这一原理，烧结矿添加含硼的组分能有效防止烧结矿体积膨胀而形成大量的粉末。同理，炼钢白渣加入含硼原料可以防止白渣的粉化污染。

（2）硼在铁基合金中只有微量固溶，钢中加入硼会形成硼化物，硼化物比碳化物具有更高的硬度和热稳定性，钢中只需加入极少量的硼（$w(B) = 0.0005\% \sim 0.005\%$）即可显著提高淬透性，其作用相当于一般合金元素如锰、铬、镍的几百倍，因而可用微量硼代替大量合金元素，可提高耐热钢的高温强度、蠕变强度，改善高速钢的红硬性和刀具的切削能力等。

（3）钢中添加少量硼生成的 Fe-C-B 脆性相复合化合物，在轧制过程中固溶于奥氏体中，逐渐弥散强化，能够提高钢的淬透性；硼在晶界上的偏聚可以减少磷等元素的偏聚程度，对提高低温冲击韧性具有重要作用；硼还能使含铌钢的热延性得到进一步改善。

（4）钢中加入微量的硼就可改善钢的致密性和热轧性能，提高强度。

（5）高铬铁素体不锈钢 Cr17Mo2Ti 钢中加 0.005% 硼，可使其在沸腾的 65% 醋酸中的耐腐蚀性能提高。加微量的硼（0.0006%~0.0007%）可使奥氏体不锈钢的热态塑性改善。

（6）少量的硼由于形成低熔点共晶体，使奥氏体钢焊接时产生热裂纹的倾向增大，但含有较多的硼（0.5%~0.6%）时，形成奥氏体—硼化物两相组织，使焊缝的熔点降低。熔池的凝固温度低于半溶化区时，母材在冷却时产生的张应力，由处于液态—固态的焊缝金属承受，此时是不致引起裂缝的，即使在近缝区形成了裂纹，也可以为处于液态—固态的熔池金属所填充，反而可防止热裂纹的产生。

在 700℃ 以下时，硼在 α-Fe 中的溶解度小于 0.0004%，910℃ 时为 0.0081%，在 γ-Fe 中的溶解度从 910℃ 时的 0.0021% 到 1149℃ 时的 0.02%。当硼的质量分数超过 0.01% 时，组织中会沿晶界沉淀出"硼相"（硼化物相），研究分析表明，硼在晶粒边界和树枝晶区偏析。研究人员从 Fe-B 相图分析发现，含硼钢在连铸中凝固的钢水会随着硼相的析出会再次熔化，重熔后的钢水熔点低，可保持在 1120~1170℃，钢水较长时间保持熔融态而延长凝固时间。钢中即使加入微量的硼，铸坯也会产生表面裂纹、内部裂纹和中心偏析等，甚至漏钢。被认为是导致铸坯缺陷的主要原因。导致硼钢出现所谓的"硼脆"现象，因此在相当长的时间内限制了硼钢的发展。

硼钢是以硼为主要合金元素的钢，又称硼处理钢。从目前的研究分析来看，冶炼硼钢需要在炉外精炼和连铸过程中加以控制。精炼中要做到有效地脱氧定氮，防止生成硼的氧化物和氮化物，以提高硼的收得率，连铸中为了防止硼的偏析以及低熔点 Fe-B 相导致的铸坯缺陷，关键是控制好钢水的凝固冷却。从目前国内外的研究现状来看，国外更注重钢水凝固过程的控制，他们认为硼的偏析以及钢水重熔是导致铸坯缺陷的重要原因，国内则侧重于精炼中对氧和氮含量的控制。精炼过程钢水加入含硼合金的收得率取决于硼元素的还原率，主要与钢水温度、钢水铝活度及渣中氧化硼和氧化铝质量分数的比值有关。

硼钢的种类主要有合金结构硼钢、低合金高强度硼钢和弹簧硼钢等。合金结构硼钢应用较多，主要包括调质硼钢、表面处理硼钢和冷变形硼钢。

（1）调质硼钢。调质硼钢具有高强度、高韧性、高耐磨性等，可用于汽车、拖拉机、机床、矿山机械、电站设备等。这类钢的碳质量分数在 0.25% 以上，除了单独加硼以外，还可加入锰硼、铬硼、锰钛硼、锰钒硼、铬锰硼等多种系列合金。

（2）表面处理硼钢。表面处理硼钢主要是渗碳硼钢，其碳质量分数一般低于 0.25%，这类钢渗碳性能较好，渗碳层不会形成大量残余奥氏体，因而硬度高、耐磨性高和抗疲劳性能良好，而且缺口敏感性较小。美国、日本、德国和俄罗斯等国开发了一些新渗碳硼钢制造齿轮，这种齿轮钢变形小，有的还可快速渗碳等。

（3）冷变形硼钢。冷变形硼钢主要用于制造螺栓等各类紧固件，可代替原来用的中碳钢、中碳铬镍钼钢。其优点是冷变形抗力小，可省去变形前的球化退火处理。这类钢的碳质量分数一般低于 0.25%。现在美、日、英、俄等国都有许多冷变形用硼钢牌号，用于制造汽车、拖拉机、建筑等行业需要的高强度螺栓。

6.2.15 稀土元素（RE）

稀土元素是指元素周期表中原子序数为 57～71 的 15 个镧系元素。这些元素都是金属，但他们的氧化物很像土，所以习惯上称稀土。钢中加入稀土，可以改变钢中夹杂物的组成、形态、分布和性质，从而改善了钢的各种性能，如韧性、焊接性，冷加工性能。在犁铧钢中加入稀土，可提高耐磨性。

6.2.16 镍（Ni）

镍的主要物理化学性质为：相对原子质量 58.71，密度（g/cm³）8.91，熔点（℃）1455，沸点（℃）2910，摩尔热容（25℃时，J/(mol·C)）25.51，电阻率（0℃时，Ω·cm)6.14×10^{-6}。纯镍呈银白色，镍能与一些元素形成化合物。

镍与碳可以形成 Ni_3C，在 380℃以上时分解成镍和碳。但是液体中的 Ni_3C，直到 2000℃以上才是稳定的。镍不仅是制造镍合金的基础材料，更是其他合金（铁、铜、铝基等合金）中的合金元素。目前，镍及其合金用于特殊用途的零部件、仪器制造、机器制造，火箭技术装备中，原子反应堆，用于生产碱性蓄电池，多孔过滤器，催化剂，以及零部件与半制品的防蚀电镀层等。镍被视为重要战略物资，其资源一直为各国所重视。

镍是常用的固溶强化剂，也是较好的淬透性添加剂，最重要的是镍能有效地改善钢的低温性能（特别是低温韧性），因此，镍是重要的合金元素，被广泛的用作合金钢的成分。在钢中的作用如下：

（1）可提高钢的强度而不显著降低其韧性。

（2）镍可降低钢的脆性转变温度，即可提高钢的低温韧性。

（3）改善钢的加工性和可焊性。

（4）镍可以提高钢的抗腐蚀能力，不仅能耐酸，而且能抗碱和大气的腐蚀。

炼钢过程中采用电解镍生产的镍板，目前采用含镍的矿物加入钢液直接炼钢的技术，是一种环保经济的工艺。

正因为铜、镍在钢中的重要作用，相当多的钢种需进行铜或镍的合金化。传统冶炼方法是通过直接加入电解铜、镍或含镍的矿石直接进行冶炼，通过炼钢过程中的热力学条件，将其从矿石中还原而进入钢液。

6.2.17　锆（Zr）

锆是强碳化物形成元素，它在钢中的作用与铌、钽、钒相似。加入少量锆有脱气、净化和细化晶粒作用，有利于钢的低温性能，改善冲压性能，它常用于制造燃气发动机和弹道导弹结构使用的超高强度钢和镍基高温合金中。

6.2.18　钴（Co）

钴是稀有的贵重金属，钴作为合金元素在钢中应用不多，这是因为钴的价格高及其在其他方面（如高速钢、硬质合金、钴基耐热合金、磁钢或硬磁合金等）有着更重要的用途。含钴合金多用于特殊钢冶炼，其主要的作用和特点如下：

（1）含钴的高速钢有较高的高温硬度，与钼同时加入马氏体时效钢中可以获得超高硬度和良好综合力学性能。

（2）钴在热强钢和磁性材料中也是重要的合金元素。

（3）钴能够降低钢的淬透性，因此，单独加入碳素钢中会降低调质后的综合力学性能。

（4）钴能强化铁素体，加入碳素钢中，在退火或正火状态下能提高钢的硬度、屈服点和抗拉强度，但是对伸长率和断面收缩率有不利的影响，冲击韧性也随着钴含量的增加而降低。

（5）钴具有抗氧化性能，在耐热钢和耐热合金中得到应用。钴基合金燃气涡轮中更显示了它特有的作用。在一般不锈钢中加钴作合金元素的也不多，常用不锈钢如 9Cr17MoVCo 钢（含 1.2% ~ 1.8% 钴）加钴，目的并不在于提高耐腐蚀性能而在于提高硬度，因为这种不锈钢的主要用途是制造切片机械刃具、剪刀及手术刀片等。

6.3　炼钢常用铁合金简介

炼钢用铁合金的种类繁多，生产方法各异，但归纳起来主要有以下五种：

（1）高炉法。高炉冶炼铁合金与高炉冶炼生铁相似，是利用高炉的高温及还原性气氛使合金矿石还原制成铁合金的。在高炉中生产的铁合金主要是高碳锰铁。此外，用高炉还可冶炼低硅硅铁（Si 约 10%）与镜铁，前者供铸造使用。用高炉冶炼铁合金，劳动生产率高，成本低。但因高炉内氧化带的存在，高熔点或难还原的氧化物不能还原，所以其他一些铁合金不能用高炉冶炼。

（2）电热法。电热法是铁合金生产的主要方法。由于碳的还原能力随着温度的升高而增强，故很多难还原的氧化物，如 CaO、Al_2O_3、稀土氧化物等，都可以在还原电炉中还原出来。在还原电炉内以电能为热源，用碳作还原剂，还原矿石生产铁合金。此法的缺点是许多金属极易和碳生成碳化物，故用碳作还原剂生产的合金（除硅质外）含碳都很高。为了得到低碳合金，就不能用碳作还原剂，而只能用低碳硅质合金作还原剂。因此低碳铁合金不能用电热法生产。

（3）电硅热法。此法是在电炉内用硅（如硅铁或中间产品硅锰或硅铬合金）还原矿石、氧化物或炉渣，并以石灰作熔剂生产铁合金。获得的产品含碳量较低。目前，用这种方法生产微碳铬铁、中低碳铬铁、中低碳锰铁、钒铁和稀土硅合金等。成品的含碳量主要取决于原料的含碳量。用电硅热法生产铁合金时，电极会使合金增碳，故生产含碳量极低或纯的金属，不能使用电炉。熔点很高而不能从炉内流出的铁合金也不能用电炉生产。

（4）金属热法。金属热法是用还原反应产生的化学热加热合金与炉渣，并使反应自动进行。这种方法又叫炉外法。此法常用的还原剂有铝、硅铁（75% Si）、铝镁合金等。得到的铁合金或纯金属含碳量极低。目前用这种方法生产钛铁、钼铁、硼铁、铌铁、高钨铁、高钒铁与金属铬等。

（5）转炉法。此法是将液态的高碳合金（如高碳铬铁）兑入转炉，吹氧脱碳，得到中低碳合金。

铁合金的种类虽多，但99%的铁合金是用上述五种方法生产的。了解铁合金的生产工艺，目的是在了解到铁合金生产的特点以后，能够明确铁合金的使用特性，加以正确的制定工艺路线，比如冶炼弹簧钢使用含钙较高的硅铁，必须注意连铸机浇注过程中钢液中钙对于铝碳质塞棒和钢包滑板和水口的侵蚀；使用含铝的钛铁注意钢液浇注过程中的结瘤问题。此外铁合金的生产不容易，需要每个炼钢工从思维上意识到，炼钢有时候不能够用成本衡量炼钢操作水平，经济型炼钢和环保型炼钢是目前的主流前进方向，使用最合理的铁合金使用量和最佳的合金成分满足钢材的需求，是今后我国钢铁业的努力方向之一。最后还要注意到，铁合金的仓储和运输过程中，管理不妥当，铁合金受潮受热后，释放出的有毒物质，已经有造成职工受伤害的案例出现，变质和对于搬运工人的伤害也需要注意。

6.3.1 硅铁

6.3.1.1 硅铁生产工艺简介

硅铁就是铁和硅组成的铁合金。液态的硅与铁，能够按照任意的比例互溶，可以生成 $FeSi_2$、$FeSi$、Fe_5Si_3、Fe_2Si 等硅化物，其中以 $FeSi$ 最为稳定，熔点为 1683K，熔化时不分解，能够以 $FeSi$ 形式存在于液态合金中，其余的硅化物在固态加热时就分解。

硅铁是以焦炭、钢屑、石英（或硅石）为原料，用电炉冶炼制成的铁硅合金。由于硅和氧很容易化合成二氧化硅，所以硅铁常用于炼钢时作脱氧。由于 SiO_2 生成时放出大量的热，在脱氧的同时，对提高钢水温度也是有利的。同时，硅铁还可作为合金元素加入剂，广泛应用于低合金结构钢、弹簧钢、轴承钢、耐热钢及电工硅钢之中。冶炼硅铁使用的冶金焦是还原剂，用于还原石英或者硅石中的硅，钢屑是硅铁的调节剂。其生产流程如图6-6所示。

硅铁按含硅量有45%、65%、75%和90%多种品级。硅铁按硅及其杂质含量，分为十六个牌号，其化学成分见表6-1。

在1187℃时硅铁中硅含量越高，则其碳含量越低。据资料指出，硅铁中硅含量约大于30%时，硅铁中的碳绝大部分是以碳化硅（SiC）状态存在。碳化硅在坩埚内易被二氧化硅或一氧化硅氧化。碳化硅在硅铁中，尤其温度低时，其溶解度很小，易析出而上浮。所以，留在硅铁中的碳化硅很少，故硅铁含碳量很低。

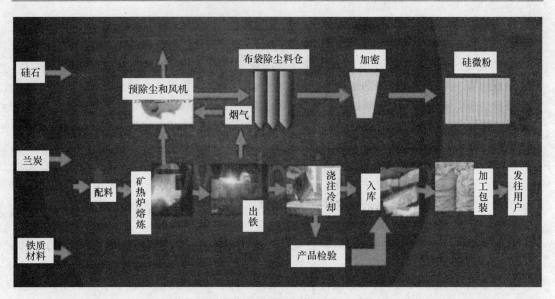

图 6-6   硅铁的生产流程

表 6-1   硅铁的化学成分

牌 号	化学成分/%							
	Si	Al	Ca	Mn	Cr	P	S	C
		不大于						
FeSi90Al1.5	87.0~95.0	1.5	0.5	0.4	0.2	0.04	0.02	0.2
FeSi90Al3	87.0~95.0	3	0.5	0.4	0.2	0.04	0.02	0.2
FeSi75Al10.5-A	74.0~80.0	0.5	1	0.4	0.3	0.035	0.02	0.1
FeSi75Al10.5-B	72.0~80.0	0.5	1	0.5	0.5	0.04	0.02	0.2
FeSi75Al1.0-A	74.0~80.0	1	1	0.4	0.3	0.035	0.02	0.1
FeSi75Al1.0-B	72.0~80.0	1.5	1	0.5	0.5	0.04	0.02	0.2
FeSi75Al1.5-A	74.0~80.0	1.5	1	0.4	0.3	0.035	0.02	0.1
FeSi75Al1.5-B	72.0~80.0	1.5	1	0.5	0.5	0.04	0.02	0.2
FeSi75Al2.0-A	74.0~80.0	2	1	0.4	0.3	0.035	0.02	0.1
FeSi75Al2.0-B	74.0~80.0	2	1	0.4	0.3	0.035	0.02	0.1
FeSi75Al2.0-C	72.0~80.0	2	—	0.5	0.5	0.04	0.02	0.2
FeSi75-A	74.0~80.0	—		0.4	0.3	0.035	0.02	0.1
FeSi75-B	74.0~80.0	—		0.4	0.3	0.04	0.02	0.1
FeSi75-C	72.0~80.0	—		0.5	0.5	0.04	0.02	0.2
FeSi65	65.0~72.0			0.6	0.5	0.04	0.02	—
FeSi45	40.0~47.0			0.7	0.5	0.04	0.02	—

6.3.1.2   硅铁的仓储注意事项

75%的硅铁是目前国内生产数量最多的硅铁品种。在一般情况下，产品放置数月不会发生明显的粉化。从全国诸多生产厂家的生产实践看，粉化多发生在超厚（硅铁浇注厚度超过100mm）、含硅量低、杂质含量高的硅铁产品（Si<72%，Al、P、Ca等杂质含量高）。但也有

一些75%的硅铁，因所使用的原料严重不纯，原料中某一、二项杂质超标，而造成产品严重粉化。这种硅铁生产出来后，初期看不出粉化的迹象，放置一个多星期后，表面开始出现龟裂纹，继而大面积粉化，特别是下雨受潮后，粉化情况加剧。

硅铁粉化的主要原因是硅铁中的含硫量超过0.01%，含碳量超过0.1%，且含有一定量钙时，贮存的硅铁易碎裂和产生气体，这是由硫化物和碳化物与空气中的水分作用造成的。另外，在潮湿的大气中，硅铁中磷和砷也将与空气中的水蒸气反应生成气态磷化氢（PH_3）或砷化氢（AsH_3），造成硅铁粉化，还会引起人员的中毒。所以硅铁的包装及运输要根据需方要求，可采用散装、集装箱、袋装等形式发货。采用袋装或集装箱包装时，包装外面应有明显标志，做好防潮和防水的工作。基于含硅量45%的硅铁有毒易粉化，不建议在炼钢中使用。

6.3.2 含锰合金

锰铁是锰和铁组成的铁合金。主要分类：高碳锰铁（含碳7%）、中碳锰铁（含碳1.0%~1.5%）、低碳锰铁（含碳0.5%）、金属锰、镜铁、硅锰合金。

锰铁根据其含碳量不同分为三类：低碳类，碳不大于0.7%；中碳类，碳不大于0.7%~2.0%；高碳类，碳介于2.0%~8.0%之间。

6.3.2.1 高碳锰铁

高碳锰铁主要是由锰、铁两种元素组成的合金，它以锰矿石为原料，在高炉或电炉里熔炼制成的。锰铁是炼钢生产中用得最多的一种脱氧剂和合金化材料，随着中低碳锰铁生产工艺的进步，高碳锰铁还可应用于生产中低碳锰铁。目前以高炉法生产为主。

高炉法是高碳锰铁生产最早采用的一种方法。该法以焦炭作为还原剂和热源，白云石或石灰作熔剂。用高炉生产高碳锰铁，一般采用1000m³以下的高炉，设备和生产工艺大体与炼铁高炉相同。锰矿石在由炉顶下降的过程中，高价的氧化锰（MnO_2，Mn_2O_3，Mn_3O_4）随温度升高，被CO逐步还原到MnO。但MnO只能在高温下通过碳直接还原成金属，所以冶炼锰铁需要较高的炉缸温度，为此炼锰铁的高炉采用较高的焦比（1600kg/t左右）和风温（1000℃以上）。为降低锰损耗，炉渣应保持较高的碱度（CaO/SiO_2大于1.3）。由于焦比高和间接还原率低，炼锰铁高炉的煤气产率和含CO量比炼铁高炉高，炉顶温度也较高（350℃以上）。富氧鼓风可提高炉缸温度，降低焦比，增加产量，且因煤气量减少可降低炉顶温度，对锰铁的冶炼有显著的改进作用。高炉锰铁按锰及杂质含量的不同分为5个牌号（见表6-2）。

表6-2 高炉锰铁的成分

类 别	牌 号	化学成分/%					
		Mn	C	Si		P		S
				I	II	I	II	
				不大于				
高碳锰铁	FeMn78	75.0~82.0	7.5	1	2	0.3	0.5	0.03
	FeMn74	70.0~77.0	7.5	1	2	0.4	0.5	0.03
	FeMn68	65.0~72.0	7	1	2.5	0.4	0.6	0.03
	FeMn64	60.0~67.0	7	1	2.5	0.5	0.6	0.03
	FeMn58	55.0~62.0	7	1	2.5	0.5	0.6	0.03

为了便于使用,高碳锰铁的合金粒度要求块度在 5~100mm,对物理状态有特殊要求的,可由买卖双方商定。

6.3.2.2　电炉生产锰铁

锰铁的电炉还原冶炼有熔剂法(又称低锰渣法)和无熔剂法(高锰渣法)两种。熔剂法原理与高炉冶炼相同,只是以电能代替加热用的焦炭。通过配加石灰形成高碱度炉渣(CaO/SiO_2 为 1.3~1.6)以减少锰的损失。无熔剂法冶炼不加石灰,形成碱度较低(CaO/SiO_2 小于 1.0)、含锰较高的低铁低磷富锰渣。此法渣量少,可降低电耗,且因渣温较低可减轻锰的蒸发损失,同时副产品富锰渣(含锰 25%~40%)可作冶炼锰硅合金的原料,取得较高的锰的综合回收率(90% 以上)。现代工业生产大多采用无熔剂法冶炼碳素锰铁,并与硅锰合金和中、低碳锰铁的冶炼组成生产流程。现代大型锰铁还原电炉容量达 40000~75000kV·A,一般为固定封闭式。熔剂法的冶炼电耗一般为 2500~3500kW·h/t,无熔剂法的电耗为 2000~3000kW·h/t。硅锰合金用封闭或半封闭还原电炉冶炼。一般采用含二氧化硅高、含磷低的锰矿或另外配加硅石为原料。富锰渣含磷低、含二氧化硅高是冶炼硅锰合金的好原料。冶炼电耗一般约 3500~5000kW·h/t。入炉原料先作预处理,包括整粒、预热、还原和粉料烧结等,对电炉操作和技术经济指标起显著改善作用。

最常见的是电炉冶炼硅锰合金,然后生产中低碳锰铁,也有生产高碳锰铁,然后再生产中低碳锰铁。

电炉高碳锰铁是含有少量硅、磷、硫杂质的 Mn-Fe-C 三元合金,锰铁中锰与铁之和为92% 左右,含碳量 6%~7%。电炉锰铁按锰及杂质含量的不同,分为 9 个牌号(见表 6-3)。

表 6-3　电炉锰铁的成分

类　别	牌　号	化学成分/%						
		Mn	C	Si		P		S
				I	II	I	II	
				不大于				
低碳锰铁	FeMn88C0.2	85.0~92.0	0.2	1	2	0.1	0.3	0.02
	FeMn84C0.4	80.0~87.0	0.4	1	2	0.15	0.3	0.02
	FeMn84C0.7	80.0~87.0	0.7	1	2	0.2	0.3	0.02
中碳锰铁	FeMn82C1.0	78.0~85.0	1	1.5	2.5	0.2	0.35	0.03
	FeMn82C1.5	78.0~85.0	1.5	1.5	2.5	0.2	0.35	0.03
	FeMn78C2.0	75.0~82.0	2	1.5	2.5	0.2	0.3	0.03
高碳锰铁	FeMn78C8.0	75.0~82.0	8	1.5	2.5	0.2	0.33	0.03
	FeMn74C7.5	70.0~77.0	7.5	2	4.5	0.25	0.38	0.03
	FeMn68C7.0	65.0~72.0	7	2.5	4.5	0.25	0.4	0.03

6.3.2.3　硅锰合金

硅锰合金是锰与硅、铁组成的三元合金,产品呈块状,颜色为灰褐色,主要元素为锰、硅、铁、碳、磷、硫,其中锰、硅、铁为有用元素,碳、磷、硫为有害元素,常规检测分析元素为锰、硅、磷、硫。根据产品锰、硅量的不同,现行 GB 标准分为 8 个牌号,而每个牌号又根据含磷量的不同分为三个组级，含 Mn 量在 60%~72% 之间，含 Si 量在 14%~28% 之间。硅锰合金作为炼钢过程的重要原料，在我国工业生产中占有十分重要的地位。

硅锰合金生产设备一般采用电炉（矿热炉），其冶炼过程实际上是各种氧化物的还原过程（在矿热炉内将电能转变成热能），用硅作还原剂，同时还原锰矿石和硅石中的锰、硅和铁的氧化物，使之结合成稳定的 MnSi，最终生产出合格的硅锰合金。硅锰合金所用原料主要有锰矿石、硅石、焦炭，此外还可使用白云石、萤石等辅料作为调整炉渣之用。

目前，国内硅锰合金生产用矿热炉分敞口式和封闭式两种，也可分为固定式和旋转式两种，部分乡镇企业也使用较简易的矿热炉。硅锰合金按锰、硅及其杂质含量的不同分为 8 个牌号，其化学成分见表 6-4。

表 6-4　硅锰合金的化学成分

牌　号	化学成分/%						
	Mn	Si	C	P			S
				I	II	III	
			不大于				
FeMn64Si27	60.0~67.0	25.0~28.0	0.5	0.1	0.15	0.25	0.04
FeMn67Si23	63.0~70.0	22.0~25.0	0.7	0.1	0.15	0.25	0.04
FeMn68Si22	65.0~72.0	20.0~23.0	1.2	0.1	0.15	0.25	0.04
FeMn64Si23	60.0~67.0	20.0~25.0	1.2	0.1	0.15	0.25	0.04
FeMn68Si18	65.0~72.0	17.0~20.0	1.8	0.1	0.15	0.25	0.04
FeMn64Si18	60.0~67.0	17.0~20.0	1.8	0.1	0.15	0.25	0.04
FeMn68Si16	65.0~72.0	14.0~17.0	2.5	0.1	0.15	0.25	0.04
FeMn64Si16	60.0~67.0	14.0~17.0	2.5	0.2	0.25	0.3	0.05

注：硫为保证元素，其余均为被测元素。

硅锰合金以块状或粒状供货，其粒度范围及允许偏差见表 6-5。对物理状态有特殊要求的，可由买卖双方商定。

表 6-5　硅锰合金粒度指标

等　级	粒度/mm	偏差/%	
		筛上物	筛下物
		不大于	
1	20~300	5	5
2	10~150	5	5
3	10~100	5	5
4	10~50	5	5

6.3.2.4　中碳锰铁

锰铁是用于合金化的，多在钢水脱氧或者脱氧精炼时加入。钢中碳的作用有积极的，也有影响钢的性能的负面作用，所以不锈钢、IF 钢、耐热钢等钢种要求限制钢中的碳含量。高碳锰铁合金含碳量高，使用高碳锰铁合金化，在调整锰的成分同时，会影响钢水碳的成分控制，所以在冶炼中低碳钢的时候，需要加入中碳锰铁、低碳锰铁或者金属锰进行合金化。

中碳锰铁广泛应用于特殊钢生产，是炼钢的重要原料之一，同时也应用于电焊条的生产。中碳锰铁多采用转炉法生产或者电炉法进行精炼生产得到。

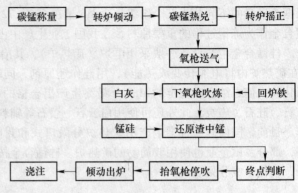

图 6-7　转炉法生产中碳锰铁的工艺流程

采用转炉法生产中碳锰铁，使用高炉生产的高碳锰铁水，或者是高碳锰铁配加锰铁铁水，用纯氧吹炼液态碳素锰铁或锰硅合金可炼得中、低碳锰铁。此法经过多年试验研究，于1976年进入工业规模生产。其生产的工艺流程如图6-7所示。

电炉法生产中低碳锰铁，主要有电炉法、吹氧法和摇包法3种。

电炉精炼中、低碳锰铁一般用 1500 ~ 6000kV·A 电炉进行脱硅精炼，以锰硅合金、富锰矿和石灰石为原料生产，反应原理如下：

$$MnSi + 2MnO + 2CaO \Longrightarrow 3Mn + 2CaO \cdot SiO_2$$

采用高碱度渣可使炉渣含锰降低，减少由弃渣造成的锰损失。联合生产中采用较低的渣碱度（CaO/SiO_2 小于 1.3）操作，所得含锰较高（20%~30%）的渣用于冶炼锰硅合金。炉料预热或装入液态锰硅合金有助于缩短冶炼时间、降低电耗。精炼电耗一般在 1000kW·h 左右。

中、低碳锰铁也用热兑法，通过液态锰合金和锰矿石、石灰熔体的相互热兑进行生产。摇包法包括在摇包中直接生产中低碳锰铁和摇包—电炉法生产中低碳锰铁。摇包—电炉法工艺比较先进、生产稳定可靠、技术经济效果好。

6.3.2.5　低碳锰铁合金

低碳锰铁主要是由锰、铁两种元素组成的合金，低碳锰铁合金是生产不锈钢、高温耐热钢、结构钢、工具钢等特种钢和电焊条的主要原料。

低碳锰铁的生产工艺，国内成熟工艺为电硅热法，电硅热法生产低碳锰铁是在精炼电炉中用锰矿对锰硅合金精炼脱硅（即用锰硅合金还原锰矿）而得到中低碳锰铁，这是目前冶炼中低碳锰铁的主要方法。所炼中低碳锰铁的含碳量取决于锰硅合金的含碳量，电极和原料进入合金的碳极少。由于炉料的状态不同，分为热装、冷装两种形式。热装方式为：上一车间生产的硅锰铁水，不用浇注，使用牵引车直接进入本项目精炼车间，然后用天车将铁水浇入精炼电炉即开始生产中低碳锰铁。冷装方式为：将已浇注好的成品块状硅锰产品破碎后，加入精炼电炉后先熔化后冶炼。

精炼电炉为间歇式生产，冶炼过程分补炉、引弧、加料、熔化、精炼和出铁几个时期。低碳锰铁合金按碳、锰及其杂质含量的不同分为3个牌号，见表6-6。

表 6-6　低碳锰铁合金的化学成分

牌　号	化学成分/%						
	Mn	C	P		Si		S
			I	II	I	II	
	不小于		不大于				
FeMn85C0.20	85 ~ 90	0.2	0.1	0.3	1	2	0.02
FeMn80C0.40	80 ~ 85	0.4	0.15	0.3	1	2	0.02
FeMn80C0.70	80 ~ 85	0.7	0.2	0.3	1	2	0.02

6.3.2.6 金属锰

金属锰是一种以锰单质为主，其他各种成分均作为杂质加以严格限制的纯锰金属。金属锰主要用于生产高温合金、不锈钢、有色金属合金和低碳高强度钢的添加剂、脱氧剂和脱硫剂；其中绝大部分用于生产铝锰合金、不锈钢和不锈钢焊条等。金属锰的生产有火法生产和湿法电解生产两种工艺。金属锰的火法生产包括硅还原法（电硅热法）和铝还原法（铝热法），国外电硅法使用高品位锰矿（48%~50%）、高硅硅锰（Si/Mn = 30:64）生产金属锰。金属锰按其锰及杂质含量的不同分为六个牌号（见表6-7）。

表6-7 金属锰的化学成分

牌　号	化学成分/%								
	Mn	C	Si	Fe	P	S	Ni	Cu	Al + Ca + Mg
	不小于	不大于							
JMn97	97.0	0.08	0.4	2.0	0.04	0.04	0.02	0.03	0.7
JMn96	96.5	0.10	0.5	2.3	0.05	0.05	0.02	0.03	0.7
JMn95-A	95.0	0.15	0.8	2.8	0.06	0.05	0.02	0.03	0.7
JMn95-B	95.0	0.15	0.8	3.0	0.06	0.05	0.02	0.03	0.7
JMn93-A	93.5	0.20	1.8	3.0	0.06	0.05	0.02	0.03	0.7
JMn93-B	93.5	0.20	1.8	4.0	0.06	0.05	0.02	0.03	0.7

A　铝热法生产工艺

利用铝作还原剂，利用还原氧化锰释放的化学热进行冶炼的一种生产金属锰方法。由于铝还原法不能除去杂质，需要高纯度的软锰矿（MnO_2），甚至电解二氧化锰做原料可得到纯度85%~92%的低牌号金属锰。此工艺成本高、反应激烈、设备及工艺简单、杂质多，目前很少采用铝还原法生产金属锰。

B　电硅法

电硅法生产电解金属锰应用广泛，其特点是生产成本低，与电解法相比对锰矿品位要求高，获得金属锰纯度不高，含锰为94%~98%。

早在1920年，英国的 A. J. Allmand、A. N. Campbell 用陶瓷隔膜电解出了金属锰，然而直到40年代中期，电解锰才真正进入工业化生产。1935年，美国矿山局的 R. S. Dean 用碳酸锰矿石加硫酸制取硫酸锰，以 SO_2 为添加剂，在隔膜电解槽中低电流密度长时间电解（48h），制得金属锰，从此确定了电解锰的工业制造方法。20世纪60年代，SeO_2 电解添加剂用于电解过程，使电解电流效率大大提高，改善了电解环境。

电解金属锰的特征是外观似铁，呈不规则片状，质坚而脆，一面光亮，另一面粗糙，为银白色到褐色，加工为粉末后呈银灰色；在空气中易氧化，遇稀酸时溶解并置换出氢，在略高于室温时，可分解水而放出氢气。

由于火法生产的金属锰纯度不超过95%~98%，而电解法（湿法）生产的电解金属锰，其纯度可达99.7%~99.9%以上，成为现在的主要生产方式。常见电解锰的牌号见表6-8。

表 6-8 常见电解锰的牌号

牌　号	化学成分/%						
	Mn	C	S	P	Si	Se	Fe
	不小于	不大于					
DJMnA	99.95	0.01	0.03	0.001	0.002	0.0003	0.006
DJMnB	99.9	0.02	0.04	0.002	0.004	0.001	0.01
DJMnC	99.88	0.02	0.02	0.002	0.004	0.06	0.01
DJMnD	99.8	0.03	0.04	0.002	0.01	0.08	0.03

注：锰含量由减量法减去产品中表列杂质含量综合得到。

6.3.3　含铬合金

含铬合金通常是各类铬铁。铬铁按不同含碳量分为高碳铬铁（包括装料级铬铁）、中碳铬铁、低碳铬铁、微碳铬铁等。常用的还有硅铬合金、氮化铬铁等。铬铁主要用作炼钢的合金添加剂，过去都在炼钢的精炼后期加入。冶炼不锈钢等低碳钢种，必须使用低、微碳铬铁，因而精炼铬铁生产一度得到较大规模的发展。由于炼钢工艺的改进，现在用 AOD 法等生产不锈钢等钢种时，用碳素铬铁（主要是装料级铬铁）装炉，因而只需在后期加低、微碳铬铁调整成分。铬铁按含碳量的不同，分为 22 个牌号，其常见的化学成分范围见表 6-9。

表 6-9　含铬合金的化学成分

类别	牌号	化学成分/%								
		Cr(≥)			C(≥)	Si(≤)		P(≤)		S(≤)	
		范围	Ⅰ	Ⅱ		Ⅰ	Ⅱ	Ⅰ	Ⅱ	Ⅰ	Ⅱ
微碳铬铁	FeCr55C3		60	52	0.03	1.5	2	0.03	0.04	0.03	
	FeCr69C0.06	63.0~75.0			0.06	1		0.03		0.025	
	FeCr55C6	—	60	52	0.06	1.5	2	0.04	0.06	0.03	
	FeCr69C0.10	63.0~75.0			0.1	1		0.03		0.025	
	FeCr55C10		60	52	0.1	1.5	2	0.04	0.06	0.03	
	FeCr69C0.15	63.0~75.0			0.15	1		0.03		0.025	
	FeCr55C15		60	52	0.15	1.5	2	0.04	0.06	0.03	
低碳铬铁	FeCr69C0.25	63.0~75.0			0.25	1.5		0.03		0.025	
	FeCr55C25		60	52	0.25	2	3	0.04	0.06	0.03	0.05
	FeCr69C0.50	63.0~75.0			0.5	1.5		0.03		0.025	
	FeCr55C50		60	52	0.5	2	3	0.04	0.06	0.03	0.05
中碳铬铁	FeCr69C1.0	63.0~75.0			1	1.5		0.03		0.025	
	FeCr55C100		60	52	1	2.5	3	0.04	0.06	0.03	0.05
	FeCr69C2.0	63.0~75.0			2	1.5		0.03		0.025	
	FeCr55C200		60	52	2	2.5	3	0.04	0.06	0.03	0.05
	FeCr69C4.0	63.0~75.0			4	1.5		0.03		0.025	
	FeCr55C400		60	52	4	2.5	3	0.04	0.06	0.03	0.05

续表6-9

类别	牌 号	化学成分/%									
		Cr(≥)			C(≥)	Si(≤)		P(≤)		S(≤)	
		范围	I	Ⅱ		I	Ⅱ	I	Ⅱ	I	Ⅱ
高碳铬铁	FeCr67C6.0	62.0~72.0			6	3		0.03		0.04	0.06
	FeCr55C600		60	52	6	3	5	0.04	0.06	0.04	0.06
	FeCr67C9.5	62.0~72.0			9.5	3		0.03		0.04	0.06

6.3.3.1 高碳铬铁的生产

高碳铬铁的生产方法有电炉法、竖炉（高炉）法、等离子法和熔融还原法。竖炉法现在只生产低铬合金（Cr<30%），较高铬含量（例如 Cr>60%）的竖炉法生产工艺尚处在研究阶段；后两种方法是正在探索中的新兴工艺。因此，绝大多数的商品高碳铬铁和再制铬铁均采用电炉（矿热炉）法生产。电炉冶炼具有以下特点：

（1）电炉使用电这种最清洁的能源。其他能源如煤、焦炭、原油、天然气等都不可避免地将伴生的杂质元素带入冶金过程。只有采用电炉才能生产最清洁的合金。

（2）电是唯一能获得任意高温条件的能源。

（3）电炉容易实现还原、精炼、氮化等各种冶金反应要求的氧分压、氮分压等热力学条件。

某厂生产高碳铬铁的工艺如图6-8所示。

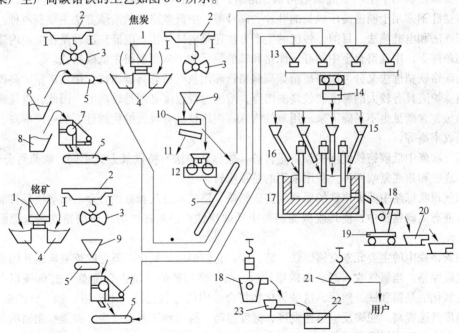

图6-8 高碳铬铁冶炼工艺

1—装料车；2—桥式吊车；3—抓斗；4—料仓；5—板式供料器；6—筛下硅石；7—颚式破碎机；
8—返回料斗；9—料仓；10—双层筛；11—筛下弃料；12—对辊破碎机；13—供料分配器；
14—供料分配车；15—供料仓；16—下料管；17—矿热炉；18—盛铁包；19—小车；20—渣罐；
21—集装箱；22—粒化槽；23—流铁槽

铬铁生产过程中的反应原理如下：

$$Cr_2O_3 + 13/3C \Longrightarrow 2/3Cr_3C_2 + 3CO \qquad T_{始} = 1100℃$$

$$2/3Cr_2O_3 + 18/7C \Longrightarrow 4/21Cr_7C_3 + 2CO \qquad T_{始} = 1130℃$$

$$2/3Cr_2O_3 + 54/23C \Longrightarrow 4/69Cr_{23}C_6 + 2CO \qquad T_{始} = 1175℃$$

$$2/3Cr_2O_3 + 2C \Longrightarrow 4/3Cr + 2CO \qquad T_{始} = 1250℃$$

$$14/5Cr_3C_2 + 2/3Cr_2O_3 \Longrightarrow 4/3Cr + 6/5Cr_7C_3 + 2CO \qquad T_{始} = 1490℃$$

$$2Cr_7C_3 + 2/3Cr_2O_3 \Longrightarrow 2/3Cr_{23}C_6 + 2CO \qquad T_{始} = 1620℃$$

$$SiO_2 + 2C \Longrightarrow Si + 2CO \qquad T_{始} = 1663℃$$

$$TiO_2 + 2C \Longrightarrow Ti + 2CO \qquad T_{始} = 1688℃$$

$$1/3Cr_{23}C_6 + 2/3Cr_2O_3 \Longrightarrow 9Cr + 2CO \qquad T_{始} = 1730℃$$

随着现代直接还原技术的发展，目前生产铬铁的工艺也有新进展，在专利网站上公开了一种新的铬铁生产工艺，即一种用固体碳质还原剂生产高碳铬铁的方法。其工艺采用铬铁矿粉、铁矿粉、煤粉或焦粉、消石灰、硅石粉等原料，通过混匀、压块或造球，干燥后在 1350 ～ 1500℃高温下还原。还原产物在冷却过程中自然粉化，通过筛分将铬铁颗粒从渣子中分离出来。该发明工艺简单、对原料质量要求低、不用电能和优质焦炭、能耗低、生产成本低、环境友好，可有效去除原料中带入的 80%（质量分数，下同）以上的硫和原料中带入的 20% ～ 40% 的磷。从原理上讲，不失为一种积极的生产工艺。

6.3.3.2　中低碳铬铁

中低碳铬铁用于生产中低碳结构钢、铬钢、合金结构钢；铬钢常用于制造齿轮、齿轮轴等；铬锰硅钢常用于制造高压风机的叶片、阀板等。中低碳铬铁的冶炼方法主要有两种：高碳铬铁精炼法和电硅热法。目前，传统的生产方法还是电硅热法。电硅热法就是在电炉内造碱性炉渣的条件下，用硅铬合金中的硅还原铬和铁的氧化物，从而制得中低碳铬铁。

高碳铬铁精炼法又分为用铬矿精炼高碳铬铁和用氧气精炼高碳铬铁。用铬矿精矿高碳铬铁时，精炼炉渣具有较大的黏度和较高的熔点，冶炼过程温度必须是较高的。因此，电耗高，炉衬寿命短，含碳量也不易降下来。用氧气吹炼高碳铬铁具有较大的优越性，如生产率高、成本低、回收率高等。

氧气吹炼中低碳铬铁使用的设备是转炉，故称转炉法。按供氧方式不同，吹氧可分侧吹、顶吹、底吹和顶底复吹四种。我国采用的是顶吹转炉法。

氧气顶吹炼制中低碳铬铁的原料为高碳铬铁、铬矿、石灰和硅铬合金。吹氧法是将氧气直接吹入液态高碳铬铁中，使其脱碳而制得中低碳铬铁。顶吹转炉冶炼中碳铬铁的流程图如图 6-9 所示。

高碳铬铁中的主要元素有铬、铁、硅、碳，它们都能被氧化。氧化吹炼高碳铬铁的主要任务是脱碳保铬。当氧气吹入液态高碳铬铁后，由于铬和铁的含量占合金总量的 90% 以上，所以首先氧化的是铬和铁，然后，这些氧化物将合金中的硅氧化掉。由于铬、铁、硅的被氧化，熔池温度迅速提高，脱碳反应迅速发展，温度越高，越有利于脱碳反应，并能抑制铬的氧化反应，合金中的碳可以降得越低。

对于转炉的高碳铬铁液要求温度要高，通常在 1723 ～ 1873K 之间。铁水含铬量要高于 60%，含硅不超过 1.5%，含硫量小于 0.036%。铬矿是用作造渣材料的，要求铬矿中的 SiO_2 含量要低，MgO、Al_2O_3 含量可适当高些，其黏度不能过大。石灰也是作造渣材料，其要求与电硅热法的相同。硅铬合金用于吹炼后期还原高铬炉渣，一般可用破碎后筛下的硅铬合金粉末。

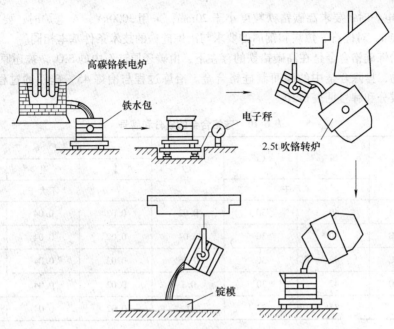

图 6-9 顶吹转炉冶炼中碳铬铁的流程图

用电硅热法冶炼中低碳铬铁是在固定式三相电弧炉内进行的，可以使用自焙电极，炉衬是用镁砖砌筑的（干砌）。炉衬寿命短是中低碳铬铁生产中的重要问题。由于冶炼温度较高（达1650℃），炉衬寿命一般较短。

冶炼中低碳铬铁的原料有铬矿、硅铬合金和石灰。铬矿应是干燥纯净的块矿或精矿粉，其中 Cr_2O_3 含量越高越好，杂质含量越低越好。铬矿中磷含量不应大于 0.03%，粒度小于 60mm。硅铬合金应是破碎的，粒度小于 30mm，不带渣子。石灰应是新烧好的，其 CaO 含量不少于85%。其生产原理是利用硅铬合金中硅还原铬铁矿中的铬。

6.3.3.3 硅铬合金

硅铬合金系铬、铁的硅化物，是含有足够硅量的铬铁，铬的硅化物较碳化物稳定，因此当Fe-Cr-Si 合金中的硅含量增高时，碳含量下降。

硅铬合金 90% 以上用作电硅热法冶炼中、低、微碳铬铁的还原剂。此外，硅铬合金还作炼钢的脱氧剂与合金剂。随着氧气炼钢的发展，用硅铬合金还原钢渣中的铬和补加部分的铬量得到了日益广泛的应用。硅铬合金的冶炼方法有一步法和二步法两种。一步法又叫有渣法；二步法又名无渣法。一步法是将铬矿、硅石和焦炭一起加入炉内，冶炼硅铬合金。二步法的第一步是将铬矿和焦炭加入第一台电炉内，冶炼出高碳铬铁；第二步是将高碳铬铁破碎，把它与硅石、焦炭一起加入另一台电炉内，冶炼硅铬合金。目前，我国在工业生产中采用二步法冶炼硅铬合金，少部分使用一步法。

一步法冶炼硅铬合金是用碳同时还原铬矿中的三氧化二铬和硅石中的二氧化硅。电炉内的主要反应有还原和精炼脱碳反应两部分。还原反应与冶炼高碳铬铁和硅铁的还原反应差不多。所不同的是一步法冶炼硅铬合金使用了难还原铬矿，铬矿的块度也较大，从而确保了 Cr_2O_3 的还原和 SiO_2 的还原在温度相差不多的条件下同时进行。

二步法冶炼硅铬合金使用的原料有高碳铬铁（再制铬铁）、硅石、焦炭和钢屑。采用

12500kV·A 电炉时，要求高碳铬铁粒度小于 20mm；采用 3000kV·A 电炉时，要求高碳铬铁粒度小于 13mm。对硅石、焦炭和钢屑的要求与冶炼硅铁的技术条件基本相同。

二步法冶炼硅铬合金是在高碳铬铁的存在下，由碳还原硅石中的 SiO_2，被还原出来的硅破坏铬的碳化物，排除合金中的碳而制硅铬合金。冶炼过程与冶炼 45% 硅铁的过程基本相同。硅铬合金的成分和牌号见表 6-10。

表 6-10　硅铬合金的成分和牌号　　　　　　（%）

牌　号	Si	Cr	C	P I	P Ⅱ	S
	不小于			不大于		
FeCr30Si40-A	40	30	0.02	0.02	0.04	0.01
FeCr30Si40-B	40	30	0.04	0.02	0.04	0.01
FeCr30Si40-C	42	30	0.06	0.02	0.04	0.01
FeCr30Si40-D	42	30	0.1	0.02	0.04	0.01
FeCr32Si35	35	32	1	0.02	0.04	0.01

6.3.4　钒铁

钒铁主要用作炼钢的合金添加剂。钢中加入钒铁之后，可以显著提高钢的硬度、强度、耐磨度及延展性，改善钢的切削性能。钒铁常用于碳素钢、低合金钢强度钢、高合金钢、工具钢和铸铁生产中。含钒的高强度合金钢以其强度大而广泛引用于输油/气管道、建筑、桥梁、钢轨等生产建设中。

6.3.4.1　钒铁的质量标准

国际上钒铁根据含钒量分为低钒铁（FeV 35%~50%，一般用硅热法生产）、中钒铁（FeV 55%~65%）和高钒铁（FeV 70%~80% 一般用铝热法生产）。

（1）我国钒铁标准（见表 6-11）。

表 6-11　我国钒铁标准

牌　号	V	C	Si	P	S	Al	Mn
	不小于	不大于					
FeV-40-A	40	0.75	2	0.1	0.06	1	
FeV-40-B	40	1	3	0.2	0.1	1.5	
FeV-50-A	50	0.4	2	0.07	0.04	0.5	0.5
FeV-50-B	50	0.75	2.5	0.1	0.05	0.8	0.5
FeV-75-A	75	0.2	1	0.05	0.04	2	0.5
FeV-75-B	75	0.3	2	0.1	0.05	3	0.5

（2）钒铁国际标准（见表 6-12 和表 6-13）。

表6-12 钒铁国际标准

代 号	化学成分/%									
	V	Si	Al	C	P	S	As	Cu	Mn	Ni
		不大于								
FeV40	35.0~50.0	2.0	4.0	0.30	0.10	0.10				
FeV60	50.0~65.0	2.0	2.5	0.30	0.06	0.05	0.06	0.10		
FeV80	75.0~85.0	2.0	1.5	0.30	0.06	0.05	0.06	0.10	0.50	0.15
FeV80Al2	75.0~85.0	1.5	2.0	0.20	0.06	0.05	0.06	0.10	0.50	0.15
FeV80Al4	70.0~80.0	2.0	4.0	0.20	0.10	0.10	0.10	0.10	0.50	0.15

表6-13 国际标准钒铁的颗粒粒度

等级	粒度范围/mm	过细粒度(最大)/%	过粗粒度(最大)/%
1	2~100	3	10
2	2~50	3	在两个或三个方向上不得有吵过规定粒度范围最大极限值×1.15 的粒度
3	2~25	5	
4	2~10	5	
5	≤2		

（3）日本钒铁标准（见表6-14~表6-16）。

表6-14 日本钒铁标准化学成分

种 类	代 号	化学成分/%					
		V	C	Si	P	S	Al
			不大于				
钒铁1号	FV1	75.0~85.0	0.2	2.0	0.10	0.10	4.0
钒铁2号	FV2	45.0~55.0	0.2	2.0	0.10	0.10	4.0

表6-15 钒铁特殊指定化学成分

种 类	化学成分/%		
	P	S	Al
	不大于		
钒铁1、2号	0.03	0.05	1.0
			0.5

表6-16 钒铁粒度

种 类	代 号	粒度/mm
一般粒度	g	1~100
小粒度	s	1~50

（4）德国钒铁标准（见表6-17 和表6-18）。

表 6-17　德国标准钒铁化学成分

名　称	代　号	化学成分/%							
		V	Al	Si	C	S	P	As	Cu
			不大于						
钒铁	FeV60	50~65	2.0	1.5	0.15	0.05	0.06	0.06	0.10
	FeV80	78~82	1.5	1.5	0.15	0.05	0.06	0.06	0.10

表 6-18　德国铁合金粒度标准

粒度范围/mm	允许筛下物/%		允许筛上物/%
	总计	<3.15mm	
25~200	10	5	10
10~100	10	5	在 2~3 个方向上不得有超过粒度范围最大极限值×1.15 的粒度
3.15~50	5	5	
3.15~25	5	5	
<3.15			

（5）前苏联标准（见表 6-19）。

表 6-19　前苏联标准化学成分

代　号	化学成分/%						
	V	C	Si	P	S	Al	As
	不小于	不大于					
Ba1	35.0	0.75	2.0	0.10	0.10	1.0	0.05
Ba2	35.0	0.75	3.0	0.20	0.10	1.5	0.05
Ba3	35.0	1.00	3.5	0.25	0.15	2.0	0.05

注：破碎粒度不超过 5kg 块状，但通过 10×10mm 筛孔的筛下量不得超过总量的 10%。

（6）瑞典钒铁标准（见表 6-20~表 6-22）。

表 6-20　瑞典钒铁标准化学成分

名　称	代　号	化学成分/%						
		V	Al	Si	C	S	P	Mn
			不大于					
钒铁	FeV40	35~50	4	2	0.3	0.1	0.1	
	FeV60	50~65	2.5	2	0.3	0.05	0.06	
	FeV80	75~85	1.5	2	0.3	0.05	0.06	0.5
	FeV80Al2	75~85	2	1.5	0.2	0.05	0.06	0.5

表 6-21　钒铁中其他元素的最大含量

元素名称	Cr	Ni	Mo	Ti	Cu	Pb	As	Sb	Sn	Bi	Zn	N
含量/%	0.2	0.2	0.75	0.15	0.15	0.02	0.06	0.05	0.05	0.02	0.02	0.2

表6-22 钒铁颗粒粒度

等级	粒度范围/mm	大于规定粒度范围的数量/%	小于规定粒度范围的数量/%
2	3.15~50	≤10	≤5
3	3.15~25	≤10	≤8

（7）美国钒铁标准（见表6-23~表6-25）。

表6-23 美国钒铁标准化学成分

等级	化学成分/%						
	V	C	Si	P	S	Al	Mn
	不小于	不大于					
A	50.0~60.0 或 70.0~80.0	0.20	1.0	0.050	0.050	0.75	0.50
B	50.0~60.0 或 70.0~80.0	1.5	2.5	0.060	0.050	1.5	0.50
C	50.0~60.0 或 70.0~80.0	3.0	8.0	0.050	0.10	1.5	
可锻铸级	35.0~45.0 或 50.0~60.0	3.0	8.0 或 7~11	0.10	0.101	1.5	

表6-24 美国钒铁标准补充的化学成分 （%）

等级	Cr	Cu	Ni	Pb	Sn	Zn	Mo	Ti	N
ABC锻	0.50	0.15	0.10	0.020	0.050	0.02	0.75	0.15	0.20

表6-25 钒铁块度和允许误差

等级	标准块度/mm	偏 差	
ABC铸铁级	<50	（>50mm）≤10%	（<0.84mm）≤10%
	<25	（>25mm）≤10%	（<0.84mm）≤10%
	<12.5	（>12.5mm）≤10%	（<0.60mm）≤10%
	<2.36	（>2.36mm）≤10%	（<0.074mm）≤10%

6.3.4.2 冶炼钒铁的方法

冶炼钒铁的方法可分为：

（1）以还原剂来区分。根据冶炼钒铁使用的还原剂不同，通常分为碳热法、硅热法或铝热法三种。

（2）以还原设备区分。在电炉中冶炼的有电炉法（包括碳热法、电硅热法和电铝热法）。不用电炉加热，只依靠自身反应放热的方法称为铝热法（即炉外法）。

（3）以含钒原料不同区分。用五氧化二钒、三氧化二钒原料冶炼的方法和用钒渣直接冶炼钒铁的方法。

A 电炉生产工艺

五氧化二钒用75%硅铁和少量铝作还原剂，在碱性电弧炉中，经还原、精炼两个阶段炼得合格产品。还原期将一炉的全部还原剂与占总量60%~70%的片状五氧化二钒装入电炉，在高氧化钙炉渣下，进行硅热还原。当渣中 V_2O_5 小于0.35%时，放出炉渣（称为贫渣，可弃去或作建筑材料用），转入精炼期。此时，再加入片状五氧化二钒和石灰，以脱除合金液中过剩的硅、铝等，铁合金成分达到要求，即可出渣出铁合金。精炼后期放出的炉渣称为富渣（含 V_2O_5 达8%~12%），在下一炉开始加料时，返回利用。合金液一般铸成圆柱形锭，经冷却、脱模、破碎和清渣后即为成品。此法一般用于含钒40%~60%的钒铁冶炼。钒的回收率可达98%。炼制1t钒铁耗电1600kW·h左右。

$$2/5V_2O_5(1) + Si \Longrightarrow 4/5V + SiO_2 \qquad \Delta G_T^\ominus(Si) = -326840 + 46.89T \quad J/mol$$

$$V_2O_5(1) + Si \Longrightarrow V_2O_3 + SiO_2 \qquad \Delta G_T^\ominus(Si) = -1150300 + 259.57T \quad J/mol$$

$$2V_2O_3 + 3Si \Longrightarrow 4V + 3SiO_2 \qquad \Delta G_T^\ominus(Si) = -103866.7 + 17.17T \quad J/mol$$

$$2VO + Si \Longrightarrow 2V + SiO_2 \qquad \Delta G_T^\ominus(Si) = -56400 + 15.44T \quad J/mol$$

在高温下用硅还原钒的低价氧化物自由能的变化是正值，说明在酸性介质中用硅还原钒的低价氧化物是不可能的。此外，这些氧化物与二氧化硅进行反应后生成硅酸钒，钒从硅酸钒中再还原就更为困难。因此炉料中配加石灰，其作用是：

（1）它与二氧化硅反应使 SiO_2 与 CaO 生成稳定的硅酸钙，防止生成硅酸钒。

（2）降低炉渣的熔点和黏度，改善炉渣的性能，强化了冶炼条件。

（3）在有氧化钙存在的情况下，提高炉渣的碱度，改善还原的热力学条件，从而使热力反应的可能性更大了。其反应为：

$$2/5V_2O_5(1) + Si + CaO \Longrightarrow 4/5V + CaO \cdot SiO_2 \qquad \Delta G_T^\ominus(Si) = -419340 + 49.398T \quad J/mol$$

$$2/5V_2O_5(1) + Si + 2CaO \Longrightarrow 4/5V + 2CaO \cdot SiO_2 \qquad \Delta G_T^\ominus(Si) = -445640 + 35.588T \quad J/mol$$

$$2/3V_2O_3 + Si + 2CaO \Longrightarrow 4/3V + 2CaO \cdot SiO_2 \qquad \Delta G_T^\ominus(Si) = -341466.67-5.43T \quad J/mol$$

此外，硅还原低价钒氧化物的能力，在高温下不如碳，为了避免增碳，生产中在还原初期是用硅作还原剂，后期用铝作还原剂。

B　硅热法冶炼钒铁工艺

硅热法所用原料如下：

V_2O_5：厚度不超过 5mm，块度不大于 200mm；

硅铁：通常用 75% 硅铁，块度 20～30mm；

石灰：应煅烧良好，有效 CaO >85%，P <0.015%，块度 30～50mm；

铝块：块度 30～40mm；

废钢：用废碳素钢或从钒渣中磁选出的废钢，这些废钢应清洁、少锈。也可用废钢屑或其他优质钢铁料，但要求这些材料含 C≤0.5%，P≤0.035%。

电硅热法冶炼钒铁的技术是很成熟的技术，冶炼都是在电弧炉内进行，分还原期和精炼期，还原期又分为二期冶炼和三期冶炼法。用过量的硅铁还原上炉的精炼渣，至炉渣中含 V_2O_5 低于 0.35%，从炉内排出废渣开始精炼，再加入五氧化二钒和石灰等混合料精炼。当合金中 Si 量小于 2% 时出炉，排出的精炼渣含 V_2O_5 10%～15%，返回下炉使用。目前国内普遍采用的三期冶炼钒铁的工艺流程如图 6-10 所示。

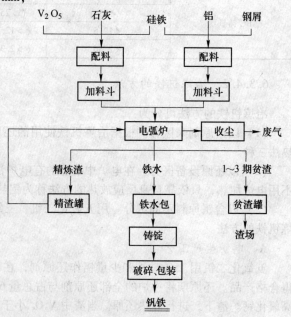

图 6-10　电硅热法冶炼钒铁工艺流程

C　铝热法工艺流程

铝热法冶炼可制得含钒品位高、杂质少的钒铁合金。用铝热法生产钒铁的原理是基于钒的

价态较多, 通常可以描述为以下的反应式:

$$3V_2O_5(s) + 10Al === 6V + 5Al_2O_3$$

$$\Delta H_{298}^{\ominus}(Al) = -368.36kJ/mol \qquad \Delta G^{\ominus}(Al) = -681180 + 112.773T \quad J/mol$$

$$3VO_2 + 4Al = 3V + 2Al_2O_3$$

$$\Delta H_{298}^{\ominus}(Al) = -299.50kJ/mol \qquad \Delta G^{\ominus}(Al) = -307825 + 40.1175T \quad J/mol$$

$$V_2O_3 + 2Al = 2V + Al_2O_3$$

$$\Delta H_{298}^{\ominus}(Al) = -221.02kJ/mol \qquad \Delta G^{\ominus}(Al) = -236100 + 37.835T \quad J/mol$$

$$3VO + 2Al === 3V + Al_2O_3$$

$$\Delta H_{298}^{\ominus}(Al) = -195.90kJ/mol \qquad \Delta G^{\ominus}(Al) = -200500 + 36.54T \quad J/mol$$

从反应方程式可见: 上述反应的 $\Delta G^{\ominus}$ 均为负值, 在热力学上都是容易进行的。从反应放热值来说, 铝热反应完全可满足反应自发进行要求的热量, 称为铝热法。实际上该反应是爆炸性的 (在绝热情况下, 反应温度可以达到 3000℃左右), 因此必须人为地控制反应速度。用铝热法冶炼高钒铁时, 反应的热量明显不足, 无法维持反应自动进行, 所以需要补充一部分热量才行, 目前是以通电的方式来补充热量的称为电铝热法。铝热法工艺流程如图 6-11 所示。

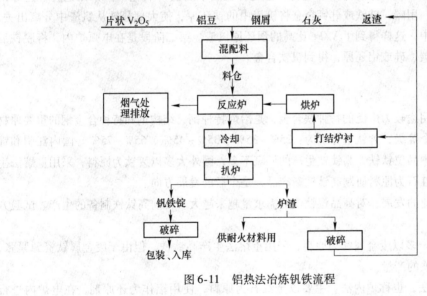

图 6-11 铝热法冶炼钒铁流程

生产的原料有: 五氧化二钒、铝豆、石灰、铁屑、返回渣, 即铝热法生产得到的炉渣 (刚玉渣) 等。铝热反应完毕后, 立即将平车送到电加热器位置, 通电加热炉渣, 保持炉渣的熔融状态, 使合金继续下降, 从而提高钒回收率。电加热可用电弧炉电极加热, 此方法的设备布置示意图如图 6-12 所示。

D 碳还原法生产钒铁

碳热法还原五氧化二钒经过如下步骤:

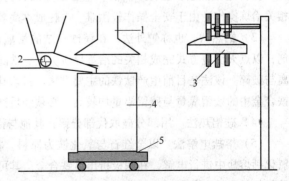

图 6-12 钒铁冶炼装置示意图

1—炉顶烟罩; 2—加料系统; 3—供电系统;

4—炉体; 5—炉底小车

$$V_2O_5 + C \longrightarrow 2VO_2 + CO \uparrow \qquad \Delta G_T^{\ominus}(C) = 49070 - 213.42T \quad J/mol \qquad (1)$$

$$2VO_2 + C \longrightarrow V_2O_3 + CO \uparrow \qquad \Delta G_T^{\ominus}(C) = 95300 - 158.68T \quad J/mol \qquad (2)$$

$$V_2O_3 + C \longrightarrow 2VO + CO \uparrow \qquad \Delta G_T^{\ominus}(C) = 239100 - 163.22T \quad J/mol \qquad (3)$$

$$VO + C \longrightarrow V + CO \uparrow \qquad \Delta G_T^{\ominus}(C) = 310300 - 166.21T \quad J/mol \qquad (4)$$

$$V_2O_5 + 7C \longrightarrow 2VC + 5CO \uparrow \qquad \Delta G_T^{\ominus}(C) = 79824 - 145.64T \quad J/mol \qquad (5)$$

碳热法还原 V_2O_5 生产钒铁时，反应都是吸热的，因此在电炉或者矿热炉内进行。反应式（5）优先进行，因为在形成碳化物反应的同时，自由能会大量减少，所以反应急剧增强，结果形成含有一定比例的碳合金。实际上在此情况下炼得的合金含碳 4%~6%，因此工业上采用碳还原法炼不出低碳钒铁。但在实验室中，采用高温高真空却可以制出低碳钒铁。国外一些工厂用类似的方法生产了含 38%~40% V，2%~3% C，5%~12% S 的钒铁。这种合金对于大多数含钒合金钢都无法使用。因此目前使用碳热法冶炼钒铁已很少使用了。

E　钒渣直接冶炼钒铁

钒渣直接冶炼钒铁的方法分两步进行。首先将钒渣中的铁（氧化铁）采用选择性还原的方法在电弧炉内，用碳、硅铁或硅钙合金将钒渣中的铁还原，使大部分铁从钒渣中分离出去，而钒仍留在钒渣中，这样得到了 V/Fe 比高的预还原钒渣。第二阶段是在电弧炉内，将脱铁后的预还原钒渣用碳、硅或铝还原，得到钒铁合金。

6.3.5　钛铁

钛铁是一种用途较为广泛的特种铁合金，是冶炼特种钢、结构钢和特种合金钢的重要原材料。钛铁分为三个等级，含钛量分别为：25%~35%、35%~45%、65%~75%。国内江阴和锦州铁合金厂生产中品位钛铁，高钛铁生产的厂家不多，国外大多以废钛为原料，采用重熔法生产高钛铁。以金红石为原料研制高钛铁新产品，是今后的发展方向。

随着冶金工业的发展，对高品位钛铁的需求量越来越大。目前高钛铁制备的生产、试验方法有以下几种：

（1）重熔法。多以废金属钛为原料，采用重熔法生产高钛铁，但由于废金属钛资源紧张，严重制约了高钛铁的产量。

（2）电铝热法，也称炉内法。主要以金红石为原料，使用铝作为还原剂，在电炉内进行相关冶炼操作。由于安全操作较困难、电耗成本高等因素目前已经淘汰。

（3）铝热法，也称炉外法。在镁砂打结的坩埚内，主要以金红石为原料，以铝粉为还原剂，以点火反应方式完成相关的冶炼反应。渣、铁随炉冷却，待冷却到室温后，再人工进行分离与破碎。该法是目前生产钛铁的主要方法。目前其存在的主要问题是，当生产高钛铁时，钛铁合金中的残留氧量与残留铝量均较高，必须经后部工序处理后方可使用。

（4）硅铝热法。用部分硅取代部分铝，其他与铝热法相同，以降低成本。

（5）熔盐电解法。以金红石与氧化铁为原料，将其混合料压块成型烧结后作为阳极，在氯化钙熔盐中进行电解，在阴极析出钛铁合金。其可解决高钛铁中杂质含量过高的问题，但目前仍处于实验室阶段。

铝热法生产钛铁的工艺概括起来可分为三部分：原料准备、配料冶炼、精整包装。工艺流程图如图 6-13 所示。

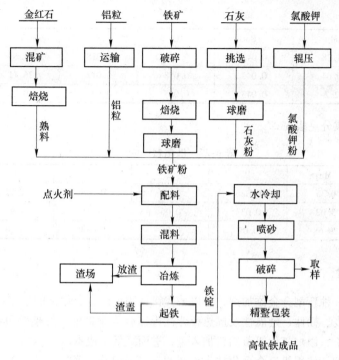

图 6-13　铝热法生产钛铁的工艺流程图

热效应是铝热法反应的关键，只有单位炉料的热量达到一定值反应才会持续进行。在进行单位炉料热量计算时每一个化学反应的反应热都应给予考虑，不足的热量由发热剂补足。为保证渣铁的分离也需加入一定量的石灰和萤石作为助熔剂。铝热法制备钛铁合金的主要反应为：

$$TiO_2 + 4/3Al \Longrightarrow Ti + 2/3Al_2O_3 \qquad \Delta G_T^{\ominus} = -40000 + 2.9T$$

$$2TiO_2 + 4/3Al \Longrightarrow 2TiO + 2/3Al_2O_3 \qquad \Delta G_T^{\ominus} = -1081150 + 3.43T$$

$$2TiO + 4/3Al \Longrightarrow 2Ti + 2/3Al_2O_3 \qquad \Delta G_T^{\ominus} = -28150 + 2.37T$$

在有 CaO 存在的情况下，反应可以由 $TiO_2 \rightarrow Ti$ 的方向进行，其化学反应的方程式如下：

$$TiO_2 + 4/3Al + 2/3CaO \Longrightarrow Ti + 2/3(CaO \cdot Al_2O_3)$$

在发生钛的还原过程中间，原料中其他元素也发生还原反应，所以钛铁中 Mn、Si 等元素很常见。

$$SiO_2 + 4/3Al \Longrightarrow Si + 2/3Al_2O_3$$

$$2FeO + 4/3Al \Longrightarrow 2Fe + 2/3Al_2O_3$$

$$2/3Fe_2O_3 + 4/3Al \Longrightarrow 4/3Fe + 2/3Al_2O_3$$

某厂使用的低硅钛铁的成分见表 6-26。

表 6-26　某厂使用的低硅钛铁的成分　（%）

Si	Mn	P	C	S	Ti	Al
1.95	2.08	0.046	0.044	0.02	31.83	8
1.74	1.94	0.03	0.04	0.021	26.74	5.34
6.89	2.28	0.057	0.03	0.015	28.98	2.86
2.22	2.43	0.04	0.052	0.022	31.66	8.26

Si	Mn	P	C	S	Ti	Al
1. 36	2. 28	0. 042	0. 063	0. 018	31. 63	9. 18
1. 82	0. 64	0. 042	0. 058	0. 012	26. 11	6. 02
1. 28	2. 2	0. 043	0. 067	0. 024	30. 22	8. 8

低铝钛铁的成分见表6-27。

表 6-27　低铝钛铁的成分　　　　　　　　　　　　（％）

Si	Mn	P	C	S	Al	Ti
0. 5	0. 35	0. 026	0. 12	0. 018	2. 72	39. 51
9. 45	3. 02	0. 033	0. 06	0. 02	2. 97	27. 7
9. 56	29. 68	0. 05	0. 06	0. 014	3. 16	1. 74

6.3.6　钒氮合金

钒氮合金是一种新型合金添加剂，可以替代钒铁用于微合金化钢的生产。氮化钒添加于钢中能提高钢的强度、韧性、延展性及抗热疲劳性等综合力学性能，并使钢具有良好的可焊性。在达到相同强度下，添加氮化钒节约钒加入量，进而降低了成本。

以建筑业为例，使用钒氮合金化技术生产的新三级钢筋，因其强度提高，不仅增强了建筑物的安全性、抗震性，而且还可以比使用二级钢筋节省 10% ~15% 的钢材。仅此一项，我国每年就可少用钢筋约 750 万吨，相应少开采铁精矿约 1240 万吨，节约煤炭 660 万吨，节约相关辅助原料 330 万吨，同时大量减少了二氧化碳和二氧化硫等废气的排放，收到资源节约和环境保护的双重效益。

钒氮合金可用于结构钢、工具钢、管道钢、钢筋及铸铁中。钒氮合金应用于高强度低合金钢中可同时进行有效的钒、氮微合金化，促进钢中碳、钒、氮化合物的析出，更有效的发挥沉降强化和细化晶粒作用。

钒氮合金具有以下的特点：

（1）比钒铁具有更有效的强化和细化晶粒作用。

（2）节约钒添加量，相同强度条件下钒氮合金与钒铁相比可节约 20% ~40% 钒。

（3）钒、氮收得率稳定，钢水成分容易控制。

（4）使用方便、损耗少。采用防潮包装，可直接入炉。

目前国内外常见的钒氮合金生产工艺有：

（1）印度 Bhabha 原子研究中心在 1500℃ 的高温下，碳热还原 V_2O_5、渗氮制取氮化钒。

（2）荷兰冶金研究所用 V_2O_5 或偏钒酸铵，采用还原气体在流动床或回转管中于 800 ~1200℃ 下，还原制取含 74. 2% ~78. 7% V、4. 2% ~16. 2% N、6. 7% ~18. 0% C 的氮化钒。

（3）美国联合碳化物公司分别用不同的几种方法制取氮化钒：

1）V_2O_3、铁粉及炭粉在真空炉内于 1350℃ 下保温 60h 后得到碳化钒，然后将温度降低至 1100℃ 时通入氮气渗氮，并在氮气气氛中冷却，得到含 78. 7% V、10. 5% C、7. 3% N 的氮化钒。

2）用 V_2O_5 和碳混合物在真空炉内加热到 1100 ~1500℃，抽真空并通入氮气渗氮，重复这样的过程数次，最后得到含碳、氧均低于 2% 的氮化钒。

3）用钒化合物（V_2O_3、V_2O_5或NH_4VO_3）在NH_3或者氮气和氢气混合气氛下（部分高温还原成氮氧钒），再与含碳物料混合，在惰性气体或氮气气氛下于真空炉内高温处理，制得含碳7%的氮化钒。

（4）1991年攀枝花钢铁研究院采用惰性气体保护用多钒酸铵（APV）为原料研制了碳化钒。当时产品的表观密度只有$400kg/m^3$左右，只能应用于粉末冶金。后来又有FeV80为原料研制了氮化钒铁，尽管解决了产品表观密度的问题，但是生产成本很高。

（5）国内攀枝花钢铁公司于2001年12月申请了一个"氮化钒的生产方法"专利，该专利提供了一种钒合金的生产方法，是将粉末状的钒氧化物、碳质粉剂和黏结剂混合均匀后压块、成型，再将成型后的物料连续加入制备炉中，同时向制备炉通入氮气或者氨气作为反应和保护气体，制备炉需要加热到1000~1800℃。物料在该温度区域发生碳化和氮化反应，持续时间小于6h，出炉前要在保护气氛下冷却到100~250℃，出炉后即获得氮化钒产品，该产品为块状或颗粒状，其表观密度大于$3000kg/m^3$。

6.3.7 铌铁

用于制作不锈钢焊条辅料及冶炼不锈钢、耐磨钢等。铌铁生产工艺流程：通常采用铝热还原法生产，生产过程中的主要反应原理为：

$$3Nb_2O_5 + 10Al \Longrightarrow 6Nb + 5Al_2O_3$$

铌铁按铌和杂质的含量不同，分为以下几个牌号，其应符合表6-28规定。

表 6-28　铌铁的化学成分

牌　号	化学成分（质量分数）/%													
	Nb + Ta	Ta	Al	Si	C	S	P	W	Mn	Sn	Pb	As	Sb	Bi	Ti
		不大于													
FeNb70	70 ~ 80	0.3	3.8	1	0.03	0.03	0.04	0.3	0.8	0.02	0.02	0.01	0.01	0.01	0.03
FeNb60-A	60 ~ 70	0.3	2.5	2	0.04	0.03	0.04	0.2	1	0.02	0.02				
FeNb60-B	60 ~ 70	2.5	3	3	0.3	0.1	0.3	1							
FeNb50-A	50 ~ 60	0.2	2	1	0.03	0.03	0.04	0.1							
FeNb50-B	50 ~ 60	0.3	2	2.5	0.04	0.03	0.04	0.2							

某厂生产的铌铁成分见表6-29。

表 6-29　某厂生产的铌铁成分

成　　分		FeNb-70	FeNb-50
杂质含量（不大于）/%	Nb	70 ~ 80	50 ~ 60
	Ta	0.8	1.5
	Al	3.8	2
	Si	1.5	4
	C	0.04	0.05
	S	0.03	0.03
	P	0.04	0.05
	W	0.3	
	Ti	0.3	
	Cu	0.03	

6.3.8　镍铁

现代生产镍的方法主要有火法和湿法两种。根据世界上主要两类含镍矿物（含镍的硫化矿和氧化矿）的不同，冶炼处理方法各异。主要的文献介绍生产工艺如下所述。

6.3.8.1　回转窑直接还原法

镍矿→烘干→破碎→配入焦炭、熔剂混合制团→预热→回转窑脱水+还原→固溶态渣铁混合物→水淬→磨碎→跳汰、强磁选等多级渣铁分离→细粒镍铁→电炉重熔→精炼脱硫→镍铁。

该工艺利用回转窑全程对镍团矿进行脱水、焙烧，NiO、FeO 等氧化物还原，金属物聚集，最后生成熔态海绵状夹渣镍铁。熔炼过程热能来自煤粉（或重油）燃烧放出的热量，其是火法冶炼镍铁生产中，设备最简单、生成金属流程最短、综合能耗最低的生产工艺。

6.3.8.2　鼓风炉法

镍矿→回转窑烘干→制块→配入焦炭→鼓风炉冶炼→粗镍铁→精炼降 Si、C、P、S→镍铁。

该工艺在冶炼设备结构方面与高炉法冶炼镍铁有相似之处。冶炼过程中以焦炭燃烧放热为热源，但反应机理有所不同。高炉直接冶炼出的镍铁，其含 Ni 量基本取决于入炉镍矿中的 Ni/Fe 比值，而鼓风炉法生产的粗镍，其含镍量，不只受限于该比值的大小。

鼓风炉工艺是最早出现的红土镍矿冶炼镍铁的技术，在法国也有采用，但该法因消耗大量优质焦炭、污染严重而为人诟病。最终该工艺在市场竞争和环保压力下停止，1985 年日本矿业公司佐贺关冶炼厂的最后一座镍铁高炉熄火，标志着鼓风炉冶炼镍铁技术在欧美、日本等发达国家寿终正寝。

6.3.8.3　高炉法

镍矿→脱水+烧结+造块→配入焦炭+熔剂→高炉冶炼→粗镍铁→精炼降 Si、C、P、S→镍铁。

在国内，近年采用的火法冶炼镍铁较为普遍，主要是借用于现有炼铁小高炉直接转产，具体操作与小高炉生产生铁操作相似，特别适合于使用低 Ni、高 Fe 镍矿生产低 Ni 镍铁（含镍生铁）。

该工艺仍以焦炭燃烧放热作为冶炼热能，入炉镍矿中 FeO 可被焦炭中的 C 充分还原，故粗镍铁中的 Ni 含量高低基本受限于入炉镍矿 Ni/Fe 的比值大小。

由于国家限制 400m³ 以下小高炉的使用，而使用矿热电炉，利用低镍高铁镍矿，直接生产低 Ni 镍铁，其工艺的合理性和易操作性，似乎不及高炉法，因而采用大容量高炉冶炼低 Ni 镍铁值得关注和研究。

6.3.8.4　电碳热法

镍矿→脱水、造块→配入焦炭、熔剂→电炉冶炼→粗镍铁→降 C、Si、P、S 精炼→镍铁。

电碳热法是以 C 作还原剂，在电能高温条件下，对镍矿中的 NiO、FeO 等氧化物进行还原，冶炼出镍铁，因而，在电炉冶炼过程中，调整合适的配炭量，限制 FeO 还原，可生产出 Ni 含量较高的电炉镍铁。

国外火法冶炼镍铁主要采用此工艺，国内厂家生产含 Ni 大于 10% 的产品时也普遍采用。

主要冶炼设备为矿热电炉，国内个别厂家也有使用与电弧炉结构相似的电炉生产（其设备最大容量为9MV·A），其镍矿预处理方式，冶炼工艺的具体操作，精炼工艺设备配套情况及精炼效果均不尽相同，各项指标对比也存在一定差异。

6.3.8.5 电硅热法

镍矿→烘干→破碎→高温脱水煅烧成块→配入熔剂→矿热电炉熔化→NiO熔体→倒入反应包→向反应包加入45%硅铁→倒包反应→粗镍铁→降P、Si精炼→镍铁

电硅热法工艺是以Si作还原剂，在高温条件下，对NiO、FeO等氧化物进行还原，生成镍铁。据介绍，国外电硅热法工艺是在炉外，通过倒包操作，使加入的Si对熔体中的NiO进行还原，生成镍铁，与热兑法生产微碳铬铁的反应机理和工艺操作基本相同。

含镍硫化矿目前主要采用火法处理，通过精矿焙烧反射炉（电炉或鼓风炉）冶炼铜镍硫吹炼镍精矿电解得金属镍。氧化矿主要是含镍红土矿，其品位低，适于湿法处理，主要方法有氨浸法和硫酸法两种。氧化矿的火法处理是镍铁法。

（1）熔炼。镍精矿经干燥脱硫后即送电炉（或鼓风炉）熔炼，目的是使铜镍的氧化物转变为硫化物，产出低冰镍（铜镍锍），同时脉石造渣。所得到的低冰镍中，镍和铜的总含量为8%~25%（一般为13%~17%），含硫量为25%。

（2）低冰镍的吹炼。吹炼的目的是为了除去铁和一部分硫，得到含铜和镍70%~75%的高冰镍（镍高硫），而不是金属镍。转炉熔炼温度高于1230℃，由于低冰镍品位低，一般吹炼时间较长。

（3）磨浮。高冰镍细磨、破碎后，用浮选和磁选分离，得到含镍67%~68%的镍精矿，同时选出铜精矿和铜镍合金分别回收铜和铂族金属。镍精矿经反射炉熔化得到硫化镍，再送电解精炼或经电炉（或反射炉）还原熔炼得粗镍再电解精炼。

（4）电解精炼。粗镍中除含铜、钴外，还含有金、银和铂族元素，需电解精炼回收。与铜电解不同的是这里采用隔膜电解槽。用粗镍做阳极，阴极为镍始极片，电解液用硫酸盐溶液或硫酸盐和氯化盐混合溶液。通电后，阴极析出镍，铂族元素进入阳极泥中，另行回收。产品电解镍纯度为99.85%~99.99%。

常见的镍铁和电解镍的成分见表6-30。

表6-30 常见的镍铁和电解镍的成分

名称	牌号	化学成分/%								
		Ni + Co	Co	C	Si	P	S	Cr	Mg	Fe
			不大于							
镍铁	FeNi25	20.0~30.0	1	0.03	0.05	0.03	0.04	0.1		
镍铁	FeNi55	50.0~60.0	1	0.05	1	0.03	0.01	0.05		
含碳镍铁	FeNi25C	20.0~30.0	1	2	4	0.04	0.04	2		
含硫镍铁	FeNi25CS	20.0~30.0	1	2	4	0.04	0.04	2		
羰基镍	C-Ni98.5	>98.5	0							<0.01
羰基镍	C-Ni99.5	>99.5	0							
羰基镍	C-Ni99.8	>99.8	0	0.01						<0.002

续表 6-30

名称	牌号	化学成分/%								Mg	Fe
		Ni + Co	Co	C	Si	P	S	Cr			
			不大于								
电解镍	E-Ni99.5	>99.5	0.8								0.17
电解镍	E-Ni99.8	>99.8	0.8	0.01			0.001				
方块镍	W-Ni99	>99.0	1.4	0.01	0.01		0.001				
镁镍	Ni-Mg15	80~85								14~46	
镁镍	Ni-Mg20	75~80								18~22	
镁镍	Ni-Mg50	45~55								48~52	

6.3.9　钨铁

钨铁用于生产特钢中的高速工具钢、模具钢进而生产机床工具。根据中国钨业协会 2004 年调查，我国高速钢对钨的需求占对钨国内需求的 30.1%。随着国内钢铁产量的增长，特钢产量也在增长，对钨的需求也在增长。第一，由于高速钢韧性和加工塑性比硬质合金刀具高一个档次，硬质合金多用于车刀刃头形状简单刀具，而高速钢可用于铣刀、拉刀、丝锥、带锯锯条等复杂刀具；第二，高速钢制备工艺日益完善，为提高材料纯净度和均匀性，采用电渣重熔精炼、微合金化、快速凝固及表面涂层等新技术的发展；第三，高速钢价格低廉；第四，高速钢可回收再利用。所以，高速钢在机床工具工业中占有很重要的地位。作为高速钢的主要原料之一，钨铁的重要性自然是很明显。

钨铁属铁合金系列（含钨量为：70%~80%），是钨和铁组成的合金，用作炼钢的合金添加剂。常用的钨铁有含钨 70% 和 80% 两种。

钨铁的密度大，熔点高，且钨含量越高，密度越大，熔点也越高。如含 W80% 钨铁的密度约为 16.5t/m³，熔点大于 2000℃，因此在还原期加入钨铁的块度不应太大，一般为 10~130mm。由于工具钢中锰和硅的含量较低，而钨铁中锰和硅的含量较高，在大量使用钨铁时，应控制钢液中锰和硅的成分。计算钢的化学成分时，也应考虑钨铁所带入的锰及硅的含量，以避免这两种元素的含量超标。为了节约钨铁合金，冶炼有时也用钨酸钙或钨砂矿直接加入炉内还原，来达到钢液钨合金化的目的。某厂生产钨铁的牌号和成分见表 6-31。

表 6-31　某厂生产钨铁的牌号和成分　　　　　　　　　（%）

牌　号	W	C	P	S	Si	Mn	Cu	As	Bi	Pb	Sb	Fe
		小于										
FeW80-A	75~85	0.1	0.03	0.06	0.5	0.25	0.1	0.06	0.05	0.05	0.05	余量
FeW80-B	75~85	0.3	0.04	0.07	0.7	0.35	0.12	0.06				
FeW80-C	75~85	0.4	0.06	0.08	0.7	0.5	0.15	0.1				
FeW70	>70	0.6	0.06	0.1	1	0.6	0.16	0.1				

20 世纪 50 年代由苏联援建的吉林铁合金厂和随后建成的峨眉铁合金厂是我国钨铁生产的主要厂家，生产能力达到 1.6 万吨。近年来络绎建成了江钨铁合金、河南郸城财鑫、常州苏南、福建上杭、湖南衡东、湖南汝城三江、四川广汉等钨铁冶炼企业，钨铁生产能力已经达到

3 万吨以上。

钨铁用电炉冶炼，由于熔点高，不能液态放出，所以采用结块法或取铁法生产。20 世纪 30 年代前一般用小型（100～500kV·A）单相电弧炉进行结块法冶炼，后来改用三相电炉，并发展出取铁法，后面又有铝热法生产的工艺投用。钨铁是高能耗、高污染的生产工艺，1t 钨铁冶炼综合电耗大于 4000kW·h，排放大量 CO_2（$300m^3/t$），SO_2 及氧化氮，环境污染很重。

6.3.9.1 结块法

采用可在轨道上移动、炉体上段可拆的敞口电炉，用碳作还原剂。精钨矿、沥青焦（或石油焦）和造渣剂（铝矾土）组成的混合炉料分批陆续加入炉中，炉内炼得的金属一般呈黏稠状，随着厚度增高，下部逐渐凝固。炉子积满后停炉，把炉体拉出，拆除上段炉体使结块冷凝。然后取出凝块，进行破碎和精整。挑出边缘、带渣和不合格的部分回炉重熔。产品含钨 80% 左右，含碳不大于 1%。

6.3.9.2 取铁法

取铁法适于冶炼熔点较低的含钨 70% 的钨铁。采用硅和碳作还原剂，分还原（又称炉渣贫化）、精炼、取铁三个阶段操作。还原阶段炉中存有上一炉取铁后留下的含 WO_3 大于 10% 的炉渣，再陆续加进多批钨精矿炉料，然后加入含硅 75% 的硅铁和少量沥青焦（或石油焦）进行还原冶炼，待炉渣含 WO_3 降到 0.3% 以下时放渣。随后转入精炼阶段，在此期内分批加入钨精矿、沥青焦混合料，用较高电压操作，在较高温度下脱除硅、锰等杂质。取样检验，确定成分合格后，开始取铁。取铁期内仍根据炉况，适当地加进钨精矿、沥青焦料。冶炼电耗约 3000kW·h/t，钨回收率约 99%。

6.3.9.3 铝热法

为了利用废硬质合金粉末钨钴分离提钴后的再生碳化钨，铝热法钨铁工艺，用再生碳化钨与铁为原料，以铝作还原剂，利用碳化钨中自身的碳和铝燃烧的热能，使原料中的钨和铁转化为钨铁，可节约大量的电能，并降低成本。同时由于原料碳化钨中的杂质远远低于钨精矿的杂质，产品质量均高于以钨精矿为原料的钨铁。钨的回收率也高于以钨精矿为原料的工艺。

6.3.10 钼铁合金

钼铁是钼与铁的合金，主要用途是在炼钢中作为钼元素的加入剂。钢中加入钼可使钢具有均匀的细晶组织，并提高钢的淬透性，有利于消除回火脆性。在高速钢中，钼可代替一部分钨。钼同其他合金元素配合在一起广泛地应用于生产不锈钢、耐热钢、耐酸钢和工具钢，以及具有特殊物理性能的合金。钼加于铸铁里可增大其强度和耐磨性。

钼铁最大的应用在于依据钼含量和范围的不同，生产铁合金，它适用于机床和设备、军事装备、炼油厂油管、承重部件和旋转部件。钼铁也被用于轿车、卡车、机车、船舶等。此外，钼铁用于不锈钢和耐热钢，以及合成燃料和化学工厂、换热器、发电机、炼油设备、泵、涡轮管、船舶推进器、塑料和酸、贮存容器内壁用钢。工具钢具有高比例的钼铁范围内，用于高速机械加工件、冷作工具、钻头、螺丝刀、模具、凿子、重型铸件、球和轧机、轧辊、缸体、活塞环大钻头。

钼与氧能产生多种氧化物。氧化过程与温度的关系可分为四个阶段：

（1）在 475℃ 以下，钼与氧生成致密的黏附氧化膜是 MoO_2 薄层，外表层是 MoO_3。

（2）在 475~700℃ 形成氧化膜的同时，发生 MoO_3 蒸发，氧化速度取决于金属表面吸附、化学反应和解吸过程。

（3）在 700~800℃ 范围内，内层达到临界厚度后发生破裂，引起氧化速度突然加快。超过 725℃，钢的氧化迅速在钼的表面不再生成氧化钼层，只见到黄色氧化物（MoO_3）的升华，出现"毁灭性氧化"。这是由于挥发性 MoO_3 和液化钼的出现而成，氧化速度如此之快使氧化反应时释放出来的热来不及扩散，自生热使温度超过 MoO_3 的熔点。这种自催化作用导致材料毁灭性破坏。生产中应利用这种放热反应回收废钼。

（4）超过 850℃，MoO_3 的蒸气在钼的表面上形成致密的屏蔽层，阻止氧达到钼的表面，氧化速度有所回落。这时氧化速度由氧透过屏蔽层的扩散速率来决定。

钼在 900℃ 以上温度和一个气压下吸收氨 NH_3。在 900~2600℃ 之间随温度升高，氨在钼中的溶解度（原子分数）大约由 0.01% 增加到 0.1%。在 1500℃ 左右时生成氮化钼，钼材料在加工过程中吸入氮后会发脆，致密钼材料在氨中加热到 1100~1500℃ 时就会有氮化物生成。在分解氨介质中（氨分解为 N_2 和 H_2）氮化速度比在纯氨中快。氮化物稳定性高。在 1000~1400℃ 工作温度下，可用氮化物弥散强化钼合金。所以氨分解不能做钼粉的还原气使用。

我国钼矿资源比较丰富，已探明的钼矿区分布于全国 29 个省区，从钼矿分布区域来看：中南地区占全国钼储量的 35.7%，居首位。其次是东北 19.5%、西北 14.9%、华东 13.9%、华北 12%，而西南地区仅占 4%。河南储量最多，占全国钼矿总储量的 29.9%，其次陕西占 13.6%，吉林占 13%。另外储量较多的省（区）还有山东占 6.7%、河北占 6.6%、江西占 4%、辽宁占 3.7%、内蒙古占 3.6%，以上 8 个省（区）合计储量占全国钼矿总保有储量的 81.1%。

钼铁通常采用金属热法熔炼。冶炼钼铁的原料主要为辉钼矿（MoS_2）。冶炼前通常把钼精矿用多膛炉进行氧化焙烧，获得含硫小于 0.07% 的焙烧钼矿。钼铁冶炼一般采用炉外法。炉子是一个放置在砂基上的圆筒，内砌黏土砖衬，用含硅 75% 的硅铁和少量铝粒作还原剂。炉料一次加入炉筒后，用上部点火法冶炼。在料面上用引发剂（硝石、铝屑或镁屑），点火后即激烈反应，然后镇静、放渣、拆除炉筒。钼铁锭先在砂窝中冷却，再送冷却间冲水冷却，最后进行破碎，精整。金属回收率为 92%~99%。在炼钢工业中近年广泛采用氧化钼压块代替钼铁。钼铁按钼及杂质含量的不同分为三个牌号，其化学成分见表 6-32。

表 6-32　钼铁化学成分指标

牌　号	化学成分/%							
	Mo	Si	S	P	C	Cu	Sb	Sn
		不　大　于						
FeMo70	65.0~75.0	1.5	0.1	0.05	0.1	0.5		
FeMo70Cu1	65.0~75.0	2	0.1	0.05	0.1	1		
FeMo70Cu1.5	65.0~75.0	2.5	0.2	0.1	0.1	1.5		
FeMo60-A	55.0~65.0	1	0.1	0.04	0.1	0.5	0.04	0.04
FeMo60-B	55.0~65.0	1.5	0.1	0.05	0.1	0.5	0.05	0.06
FeMo60-C	55.0~65.0	2	0.15	0.05	0.2	1	0.08	0.08
FeMo60	≥60.0	2	0.1	0.05	0.15	0.5	0.05	0.04
FeMo55-A	≥55.0	1	0.1	0.08	0.2	0.5	0.05	0.06
FeMo55-B	≥55.0	1.5	0.15	0.1	0.25	1	0.08	0.08

钼铁的产品以块状交货，块度范围为 10～150mm，10mm×10mm 以下粒度不得超过该批总重的 5%，允许少量块度在一个方向最大尺寸为 180mm。

冶炼钼铁，对于环境的危害较大，所以钼铁的使用和含钼废钢的合理应用，社会意义重大。

6.3.11 硼铁

硼铁系中，在硼含量约为 3.8% 处，有一共晶点，其共晶温度为 1149℃。铁和硼生成两种化合物，在高温时也极稳定的中间化合物，Fe_2B 和 FeB。其中，FeB 有高温和低温两种晶型。工业生产的硼铁（10%～20% B）的熔化温度范围为 1400～1550℃，密度为 5.8～6.5g/cm³。硼铁二元系平衡相图如图 6-14 所示。

硼铁是以硼和铁为主要组成的铁合金，还含有铝、硅、碳、锰、铜等杂质。是钢铁冶炼、铸铁、非晶态合金与磁性材料的硼添加剂。微量的硼（0.001%）可以使钢的淬透性成倍增加。不锈钢添加约 0.003% B，可以改善其加工性。硼具有吸收中子的性质，可以阻碍或停止铀—石墨核反应的连锁反应。所以含硼较高（>1% B）的钢用于原子能工业。硼在铸铁中能影响石墨化，因而增加白口的深度。硼添加量超过 0.01% 时，有明显的稳定碳化物的作用，因而提高铸铁的耐磨强度。铸铁轧辊含硼 0.02%～0.1%，可以提高表面硬度和改善白口凝固。可锻铸铁中添加硼达

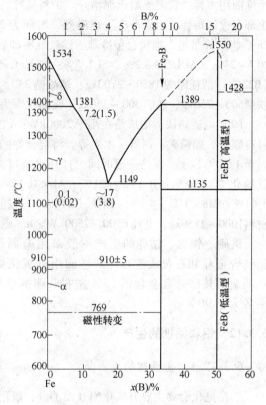

图 6-14　硼铁二元系平衡相图

0.001%～0.005% 时有利于形成球墨，同时还能增加石墨的颗粒和改善其分布状况，这一作用有利于退火处理。

硼铁含硼 9%～25%，按碳与硼的含量分类。还有镍硼（B>14%）、钴硼（B>12%）、铬硼（B>12%）、铝硼（B 2.5%～3.5%）及多种复合硼合金，用于高温合金、磁性合金、喷涂材料及铝合金的生产。

B_2O_3 是比较难还原的氧化物。用碳、硅、铝进行还原生产。当有铁参与时，对碳还原反应有利。碳还原生成 B_4C 的反应，同生成 B 的很接近，可以得到含碳较低的硼铁。硅和铝还原 B_2O_3 是可能的，但反应热量均不能使反应自动进行，需要添加发热剂，补充热量。产出硼铁含硅与铝均较高。为了得到低铝硼铁，常用镁代替部分铝。常见的生产方法如下：

（1）金属热法。硼酸（99% H_3BO_3）在烧油（或天然气）的反射炉（或回转窑）内加热至 800～1000℃ 脱水，得到硼酐（B_2O_3），破碎成粒度小于 3mm。铝镁合金（Mg>48%，Al>48%）是在中频感应炉内，先将铝锭熔化并加温至 800℃ 左右，逐渐加入镁锭，不断搅拌使均匀混合。然后将合金液浇注成条块状。冷却后破碎成粒度小于 5mm。其他原料有：铁矿（Fe

>65.0%、Si < 2.5%、P < 0.02%、S < 0.05%、粒度小于 3mm）；铁鳞（Fe > 65%、Si <
1.0%、P < 0.015%、S < 0.15%、粒度小于 5mm）；铝粉（Al > 99.0%、Si < 0.5%、P <
0.01%、粒度 0.1~1mm > 60%）；硝酸钠（$NaNO_3$ > 98.5%，粒度小于 1mm）。炉料按计算称
量，混合均匀后装入熔炼炉。熔炼炉由炉底、炉筒和炉罩三部分组成。炉底放在可移动的小车
上，其上铺一层镁砂和镁砖。炉筒是用钢板焊制的无底圆筒，内衬镁砖。筒底下部有出渣口，
冶炼前用木棒、黄泥或耐火泥堵好。炉料装好后，用硝酸钠和铝镁合金粉混合物做点火剂。用
上部点火法冶炼，冶炼反应迅速激烈，时间为 2~3min。反应完毕后，立即打开渣口，放渣，
2h 后将炉筒吊走，加快合金冷却。硼铁锭冷却后，破碎、精整、包装。硼铁的化学成分为：B
20%~24%、Al 1.2%~2%、Si 1.5%~2%、C < 0.1%、P < 0.1%、S < 0.02%。生产 1t 硼铁
（B22%）消耗硼酸 1850~2100kg、硝酸钠 230~300kg、铝锭 900~1100kg、镁锭 240~380kg、
铁鳞 600~750kg、铁矿 300~350kg。硼回收率为 65%~72%。

（2）电碳热法。冶炼是在小于 2000kV·A 的电炉中进行。采用镁质或碳质炉衬。使用原
料有硼酐、硼精矿、钢屑、木炭等。将混合好的一炉所需炉料缓慢加入炉内。炉料全熔后，升
温至 1700℃以上，保持一段时间，打开出铁口，使渣铁流入锭模。冷却后，将渣铁分离。硼
铁的化学成分为：B 17%~21%、Al < 0.1%、Si 2%~3%、C < 0.35%、P < 0.2%、S <
0.01%、Mn < 1%。生产 1t 硼铁（B18%）消耗硼酸 1780~1850kg、铁屑 950~1050kg、碳质
材料 1000~1150kg，电耗 6500~7500kW·h。硼回收率 68%~78%。

铬硼、镍硼、钴硼的生产一般采用金属热法或电铝热法生产。原料为硼酐、铝粒、
铝镁合金粒和石灰或萤石等。铬硼用三氧化铬、镍硼用氧化镍。钴硼用氧化钴。冶炼操
作同金属热法。合金含硼 15% 左右。硼的冶炼回收率为 70%~76%。铬、镍、钴的回收
率各大于 90%。

6.3.12　铝和铝铁的生产

6.3.12.1　金属铝的生产简介

铝常见化合物主要有氧化铝（Al_2O_3）、氟化铝（AlF_3）、氯化铝（$AlCl_3$）。

世界上所有的铝都是用电解法生产出来的，现代铝工业铝电解工艺流程为冰晶石—氧化铝
熔盐电解法，也叫霍尔-埃鲁冰晶石-氧化铝熔盐电解法，即以冰晶石为主的氟化盐作为熔剂，
氧化铝为熔质组成多相电解质体系。其中 Na_2AlF_6-Al_2O_3 二元系和 Na_3AlF_6-AlF_3-Al_2O_3 三元系
是工业电解质的基础，熔融冰晶石是熔剂，氧化铝作为熔质，以碳素体作为阳极，铝液作为阴
极，通入强大的直流电后，在 950℃~970℃下，电解槽内的两极上进行电化学反应，即电解。
化学反应主要通过以下的方程进行：

$$2Al_2O_3 + 3C \longrightarrow 4Al + 3CO_2 \uparrow$$

阳极：　　　　$$2O^{2-} + C - 4e^- \longrightarrow CO_2 \uparrow$$

阴极：　　　　$$Al^{3+} + 3e^- \longrightarrow Al$$

阳极产物主要是二氧化碳和一氧化碳气体，其中含有一定量的氟化氢等有害气体和固体粉
尘。阴极产物是铝液，铝液通过真空抬包从槽内抽出，送往铸造车间，在保温炉内经净化澄清
后，浇注成铝锭或直接加工成线坯、型材等。生产 1t 铝所需的 Al_2O_3 量，从理论上计算需要
1889kg，实际生产中需要 1920~1940kg。

电解铝工业对环境影响较大，属于高耗能，高污染行业。电解铝生产中排出的废气主要是
CO_2，以及以 HF 气体为主的气—固氟化物等。CO_2 是一种温室气体，是造成全球气候变暖的

主要原因。而氟化物中的 CF_4 和 C_2F_6 其温室作用效果是二氧化碳的 $6500 \sim 10000$ 倍，并且会对臭氧层造成不同程度的影响。HF 则是一种剧毒气体，通过皮肤或呼吸道进入人体，仅需 $1.5g$ 便可以致死。

电解铝工业历经 30 多年发展，逐步成为中国重要的基础产业，但由于生产过程中耗电高，历来被称为"高耗能产业"，也是国家重点调控的产业之一。研究开发低温、低电压新技术是电解铝工业节能降耗的发展方向，也是世界铝工业共同面对的重大技术难题。

2012 年 3 月 17 日，我国电解铝工业节能减排取得新突破，"低温低电压铝电解新技术"当日在中孚实业林丰铝电公司顺利通过国家科技部验收，吨铝直流电耗由 2008 年的 $13235kW \cdot h$ 降低到了 $11819kW \cdot h$，降幅达 10.7%，多项技术达到国际领先水平。如果全行业推广后，可实现我国电解铝工业年节电 275 亿千瓦时。

6.3.12.2 铝铁的生产

铝铁的生产通常是在中频炉内，将纯净废钢熔化后与熔化的铝浇注在一起，铝铁中铝含量在 $45\% \sim 55\%$ 之间。

6.3.12.3 硅铝铁的生产

硅铝铁合金是一种复合强脱氧剂，在炼铁过程中使用硅铝铁合金，比单独使用纯铝作脱氧剂利用率高，形成的低熔点产物，容易上浮到钢液表面，能够减少钢中夹杂，具有纯净钢液提高钢质量的作用。硅铝铁生产方法主要有：

（1）重熔法冶炼合金。重熔法冶炼硅铝铁合金是将硅铁、铝以及钢屑重新加热熔化在一起。根据预生产硅铁铝合金的牌号及硅和铝的冶炼回收率计算原料配比，然后将硅铁等原料破碎成小块，称量混匀，加入中频感应炉内，在惰性气体保护下进行熔炼，浇注成硅铝铁合金锭。

（2）硅铁出炉加铝锭热冲法生产硅铝铁合金。根据预炼的硅铝铁合金牌号，将铝锭放入刚浇完铁的铁水包内预热，并加入冰晶石等盐类保护。将出炉时的硅铁水冲入铁水包内熔化铝锭，生成硅铝铁合金，然后浇注成硅铝铁合金锭。

（3）碳热法生产硅铝铁合金。碳热法生产硅铝铁合金是以硅石、粉煤灰或铝土矿（或其他含 Al_2O_3 的矿物）、钢屑等为原料，焦炭或石油焦、烟煤为还原剂，在电炉内直接冶炼硅铝铁合金。冶炼的关键是要使炉内达到比硅铝铁高的温度。炉内温度高，合金含铝才能高；炉内温度低，合金含铝也低。为达到并保持炉内的高温，采用比硅铁生产低一级的工作电压、较大的极心圆功率和较高的电流电压比，并采用不导电的耐火砖作炉衬。

6.3.12.4 铝锰铁合金

铝锰合金的脱氧能力较强。密度是金属铝的 2 倍左右，在脱氧合金化中可提高铝的收得率，从而降低金属铝的消耗。简化脱氧工艺，方便操作。该种合金最常用的工艺是重熔，即中碳锰铁、铝粒、废铝材、废钢在中频炉内生产，工艺相对简单。

6.3.13 含钡合金

6.3.13.1 含钡合金复合脱氧的特点

含钡合金加到钢液中时，由于钡在钢液中的溶解度极低，只在初期生成极少量的 BaO。脱氧剂中的各脱氧元素均参与脱氧反应,首先生成各自的脱氧产物,再聚集、长大,生成复合脱氧产物。由于钡的原子量大,生成的脱氧产物半径较大,与其他脱氧产物的碰撞、长大形成复合脱氧产物的几率较高,同时其复合脱氧产物的半径也较大。由动力学可知,夹杂物上浮速度与夹杂物的半径成正比,因而,含钡合金的脱氧产物上浮速度较快,冶炼终点的夹杂物数量必然减少,这一点实验室的结果已经得到了证实。由于钡的加入能够降低钙的蒸气压,使钙在钢液中的溶解度上升,从而提高了钙的脱氧和球化夹杂物的能力。因而,含钡、钙的合金具有较高的脱氧和夹杂物变质作用。

　　脱氧剂的脱氧效果,既与它的脱氧能力有关,又与其脱氧产物的排除能力有关。脱氧产物的类型越多,就越易复合成较大颗粒的低熔点化合物而排除。钡合金加入钢液中,硅、铝优先溶解,使钢液中钡的溶解度提高,即提高了钡的利用率。反应生成的 BaO、BaS 很容易与 SiO_2、Al_2O_3、$2BaO \cdot SiO$、$BaO \cdot Al_2O_3$、$2BaO \cdot Fe \cdot 2SiO_2$ 等化合物结合生成复合脱氧产物,使原子量较大的钡也能从钢液中排出。钡元素和硅钡铝合金脱氧、脱硫机理如图 6-15 和图 6-16 所示。

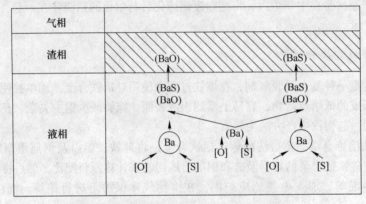

图 6-15　钡元素脱氧、脱硫的反应示意图

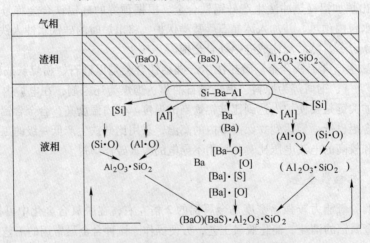

图 6-16　硅钡铝合金脱氧、脱硫的示意图

　　使用铝钡进行复合脱氧,其反应可表示如下:

$$2[Al] + [Ba] + 4[O] = BaO \cdot Al_2O_3 \qquad \lg K = 82713/T - 25.09$$

$$12[Al] + [Ba] + 19[O] = BaO \cdot 6Al_2O_3 \qquad \lg K = 390394/T - 120.354$$

$$2[Al] + 3[Ba] + 6[O] = 3BaO \cdot Al_2O_3 \qquad \lg K = 11529/T - 35.52$$

在 1873K 时，对铝钡复合脱氧生成上述产物时的氧与脱氧元素的关系进行推导，得出如下关系式：

$$\lg N_O = -\frac{1}{2}\lg N_{Al} - \frac{1}{4}\lg N_{Ba} - 7.43$$

$$\lg N_O = -\frac{12}{19}\lg N_{Al} - \frac{1}{19}\lg N_{Ba} - 7.27$$

$$\lg N_O = -\frac{1}{3}\lg N_{Al} - \frac{1}{2}\lg N_{Ba} - 7.54$$

理论和实践表明，钡含量较高的情况下，钡直接参与脱氧，铝不起作用，只有钡含量降到一个很小的数值时，铝才能起到脱氧作用，而在实际生产中，钡在钢中溶解度很难达到理想的脱氧浓度。

6.3.13.2　硅钙钡合金的生产

目前生产硅钙钡的方法主要有碳热法、电硅热法和混合法。

碳热法生产硅钙钡合金是将碳质还原剂与石灰、硅石、重晶石等原料在同一矿热炉内冶炼。

电硅热法是利用硅质还原剂还原石灰、钡矿得到硅钙钡合金。

混合法是在炉内首先创造还原氧化钙的条件，得到硅钙合金。然后用硅作为还原剂还原钡矿，得到硅钙钡合金。混合法冶炼硅钡合金综合了碳热法和电硅热法的工艺特点，不仅能获得与碳热法相同等级的合金质量，而且杂质含量更低。

生产出的硅钡合金储存时会不同程度地存在着粉化现象。这是由于冶炼出的硅钡铁合金硅含量偏低，温度降低时硅钡铁内部易发生体积膨胀。产品中钡含量高，钙、铝杂质含量也较高，遇水时易发生如下反应：

$$CaC_2 + 2H_2O = C_2H_2 + Ca(OH)_2$$

$$BaC_2 + 2H_2O = C_2H_2 + Ba(OH)_2$$

$$Al + 3H_2O = Al(OH)_3 + 3/2H_2$$

为了减少合金粉化现象，应该严格控制合金中的硅含量，不要过低；提高原料质量，减少合金中钙、磷、铝含量；适当减小铁水浇注厚度；产品储存期间必须做到通风和防潮。

6.3.13.3　硅钡合金

硅钡合金用作炼钢脱氧剂、脱硫剂和铸造孕育剂。国家标准规定，硅钡合金按钡、硅含量不同，分为 7 个牌号，其化学成分应符合表 6-33 的规定。

表 6-33　硅钡合金的化学成分

牌　号	化学成分/%						
	Ba	Si	Al	Mn	C	P	S
	不小于		不大于				
FeBa30Si35	30	35	3	0.4	0.3	0.04	0.04
FeBa25Si40	25	40	3	0.4	0.3	0.04	0.04
FeBa20Si45	20	45	3	0.4	0.3	0.04	0.04
FeBa15Si50	15	50	3	0.4	0.3	0.04	0.04

牌　号	化学成分/%						
	Ba	Si	Al	Mn	C	P	S
	不小于		不大于				
FeBa10Si55	10	55	3	0.4	0.3	0.04	0.04
FeBa5Si60	5	60	3	0.4	0.3	0.04	0.04
FeBa2Si65	20	65	3	0.4	0.3	0.04	0.04

6.3.14　硅钙合金

由硅和钙形成的合金一般称为硅钙合金。硅钙合金是一种含铁很少的硅和钙的二元合金，作为强脱氧剂使用，在冶炼不锈钢、优质结构钢及特殊性能合金，尤其是冶炼铝镇静钢的时候应用较为广泛。硅钙合金还是一种有效的增温剂。把硅钙合金粉粒加于钢锭头部作为发热剂和保温剂，可以提高钢的质量和成材率。

在铸铁生产中硅钙合金用作脱氧脱硫剂和孕育剂，硅钙合金比硅铁更有效地改善铸铁的性能，硅钙合金在铸铁中能起脱氧、脱硫和增硅的效果，而且又是一种有效的孕育剂，促进球状石墨的形成。

硅与钙生成很多的硅化物，如硅化二钙（Ca_2Si）、硅化钙（$CaSi$）和二硅化钙（$CaSi_2$），其中以 $CaSi$ 为最稳定，$CaSi$ 的熔点为 1245℃。硅和钙对氧的亲和力都很大，其脱氧产物呈球状，颗粒也较大，容易上浮，而钙在炼钢的温度下易挥发，有利于除气和减少钢中发纹等缺陷，因此用硅钙合金脱氧的钢液比较纯净。如前所述，硅钙合金中的钙与硫能够形成稳定的化合物且不溶于钢中，因此硅钙合金也是良好的脱硫剂。块状的硅钙合金密度小，在潮湿的空气下，容易吸收水分而粉化，所以应放在干燥的条件下保管。表 6-34 是我国硅钙合金的牌号和成分。

表 6-34　硅钙合金的牌号和化学成分

牌　号	化学成分/%					
	Ca	Si	Al	S	C	P
	不小于		不大于			
Ca31Si60	31	55~65	2.4	0.06	0.8	0.04
Ca28Si60	28	55~65	2.4	0.06	0.8	0.04
Ca24Si60	24	55~65	2.5	0.04	0.8	0.04

硅钙合金的生产方法有一步法和二步法两种。一步法是在一台电炉内，用碳还原硅石和石灰生产出硅钙合金。二步法是先在一台电炉内生产出电石（或高碳硅铁），然后用电石加硅石和焦炭（或用高碳硅铁加石灰）在另一台电炉内生产出硅钙合金。

我国主要采用一步法生产硅钙合金，德、法等国采用二步法。

一步法又分为混合加料法和分层加料法。

混合加料法是将硅石、石灰和焦炭一同加入还原电炉里。用碳同时还原 CaO 和 SiO_2 而到硅钙合金，其反应是：

$$CaO + C = Ca + CO$$

$$SiO_2 + 2C = Si + 2CO$$

$$Ca + Si = CaSi$$

总反应式为：
$$CaO + SiO_2 + 3C = CaSi + 3CO$$

这个反应在1600℃时就可发生。当钙和硅的氧化物比例为35%~55% CaO和45%~65%的SiO_2时，就可形成简单的可熔性渣（熔点为1450~1550℃）。形成的这种熔渣温度低于电炉反应区所需的还原温度，因而钙和硅的还原反应是很难进行的。为此，可以多配一些还原剂，促使生成碳化物熔入炉渣，提高炉渣熔点，保证获得反应所需的高温，一般配碳量为理论还原剂量的1.2~1.3倍。

$$1/2SiO_2 + 3/2C = 1/2SiC + CO \qquad \Delta G^{\ominus} = 67035 - 43.86T$$
$$CaO + 3C = CaC_2 + CO \qquad \Delta G^{\ominus} = 111315 - 56.8T$$

但这些碳化物又容易在炉底的低温区结晶出来，造成炉底上涨，为了避免这种情况，要稳插电极以使电弧区获得高温并定期地补加硅石来破坏碳化物，反应方程式如下：

$$CaC_2 + SiO_2 = CaSi + 2CO$$
$$2SiC + 3SiO_2 + 6C + 2CaO = 2CaSi + 3Si + 8CO$$

分层加料法是先将石灰和焦炭（加入量按生成电石的反应计算）加在电极附近，熔化后让CaO尽可能的生成CaC_2，然后将硅石和剩余的炭混合后加入炉内，生产出硅钙合金。

二步法有两种，一种是先将石灰和焦炭在一台电炉内生产出石灰和电石，再将电石破碎与焦炭和硅石一起在另一台电炉内生产出硅钙合金；另一种是先在一台电炉中生产出高硅硅铁，然后用高硅硅铁作还原剂在电炉里还原氧化钙而制得硅钙合金。这种方法生产的合金含钙量一般小于20%，但也能生产出含钙30%~32%的硅钙合金。硅钙粉也是一种优质脱氧剂，成分与硅钙合金略同，但密度较小。它在冶炼低碳高级结构钢或含钛、含硼等钢以及喷粉上获得了应用。硅钙粉中的钙与钢液中的硫容易形成稳定的化合物CaS，且不溶于钢中，因此它是一种很好的除硫剂。在电炉钢冶炼的还原期，除喷粉的外，一般是硅钙粉与硅铁粉搭配使用。硅钙粉与硅铁粉难于分辨，保管和使用时要防止混淆。硅钙粉的使用粒度小于1mm，水分小于0.5%，干燥温度为100~150℃，时间大于8h。用于炉外喷粉精炼特制的硅钙粉，要求粒度小于0.6mm，水分小于0.1%。

6.3.15 硅锆合金

硅锆合金属于强复合脱氧剂，具有脱硫、脱氮和脱氢的作用。此外，锆有细化钢的奥氏体晶粒以及减少夹杂物偏析的倾向。但由于锆在钢中溶解度很小，硅锆合金生产困难，价格昂贵，目前在一般钢中很少应用，多用于特殊的用途中。硅锆合金含有20%~50%的锆和30%~50%的硅。

6.3.16 无硅合金

在生产低碳钢和超低碳钢（如汽车板钢，08Al钢等）时，钢液中的硅和碳要求很低，此类钢种冶炼时需要使用无硅合金，常见的此类合金成分见表6-35。

表6-35 常见的无硅合金成分

合　金	Ca	Ba	Mg	Al	Fe	Si
Ca-Al	20~30	—	—	70~80	—	≤0.5
Ca-Fe	20~30	—	—	—	70~80	混合物
CaMgAl	20~30	—	5~8	60~70	—	≤0.5

合　金	Ca	Ba	Mg	Al	Fe	Si
Ba-Al	2 ~ 3	~ 45	—	45 ~ 50	2 ~ 5	≤ 1.0
BaMgAl	2 ~ 3	35 ~ 40	5 ~ 8	40 ~ 45	3 ~ 5	≤ 1.0
CaBaAl	15 ~ 18	20 ~ 25	—	40 ~ 45	15 ~ 20	≤ 1.0
CaBaMgAl	10 ~ 15	18 ~ 20	5 ~ 8	35 ~ 40	15 ~ 20	≤ 1.0

注：根据用户的要求，元素含量可进行调整。

6.3.17　碳化硅脱氧球团

碳化硅（SiC）是用石英砂、石油焦（或煤焦）、木屑为原料通过电阻炉高温冶炼而成。碳化硅在大自然也存在罕见的矿物，莫桑石。碳化硅又称碳硅石，在当代 C、N、B 等非氧化物高技术耐火原料中，碳化硅为应用最广泛、最经济的一种。可以称为金刚砂或耐火砂。目前我国工业生产的碳化硅分为黑色碳化硅和绿色碳化硅两种，均为六方晶体，密度为 3.20 ~ 3.25g/cm^3，显微硬度为 2840 ~ 3320kg/mm^2。

黑碳化硅是以石英砂、石油焦和优质硅石为主要原料，通过电阻炉高温冶炼而成。其硬度介于刚玉和金刚石之间，机械强度高于刚玉，性脆而锋利。其有金属光泽，含 SiC 95% 以上，强度比绿碳化硅大，但硬度较低，主要用于磨铸铁和非金属材料。绿碳化硅是以石油焦和优质硅石为主要原料，添加食盐作为添加剂，通过电阻炉高温冶炼而成。其硬度介于刚玉和金刚石之间，机械强度高于刚玉，含 SiC 97% 以上，主要用于磨硬质含金工具。

碳化硅主要有四大应用领域，即功能陶瓷、高级耐火材料、磨料及冶金原料。目前碳化硅粗料已能大量供应，不能算高新技术产品，而技术含量极高的纳米级碳化硅粉体的应用时间短，不可能形成规模经济。

碳化硅脱氧剂球团为采用低品位碳化硅作原料，经成球加工后获得的优质炼钢脱氧剂，其中的 C 脱氧后产生的 CO 气泡具有去除钢水中有害杂质的作用，在脱氧的同时能够对于钢液增碳增硅，单位脱氧成本比硅铁低，碳化硅中的碳和硅都与钢水中的氧作用生成 SiO_2 或 CO，其反应式为：

$$SiC + 3FeO \Longrightarrow 3Fe + SiO_2 + CO$$
$$SiC + 3[O] \Longrightarrow SiO_2 + CO$$

所以世界各发达国家的钢铁企业逐步用低品位碳化硅球团代替硅铁进行脱氧收到了良好的经济效益。国家尚无脱氧剂及耐火材料碳化硅的质量标准，表 6-36 是国内用户及外商通常要求的脱氧剂耐火材料碳化硅化学成分。

表 6-36　国内用户及外商通常要求的脱氧剂耐火材料碳化硅化学成分

成分	含量/%										
SiC	97	95	90	88	85	80	75	70	65	60	50
FC	0.6	1.0	1.5	2.0	2.0	2.5	2.5	2.5	3.5	3.5	4.0
Fe_2O_3	0.7	1.2	1.2	2.0	2.0	2.5	3.0	3.0	3.5	3.5	3.5

炼钢使用的粒度要求有 0 ~ 3mm、0 ~ 5mm、0 ~ 10mm、0 ~ 50mm 几种规格。尤其是废旧碳化硅材料回收后用于炼钢脱氧是一种循环经济的工艺方法。

6.3.18　各类包芯线（丝线）

包芯线是将欲加入钢液或铁液中的各种添加剂（脱氧剂、脱硫剂、变质剂、合金等）破碎成一定的粒度，然后用冷轧低碳钢带将其包扎为一条具有任意长度的复合材料。包芯线技术是 80 年代在喷射冶金技术基础上发展起来的一种炉外精炼手段。包芯线适用于炼钢和铸造。各类丝线的主要作用如下：

（1）铝镇静钢的加钙处理。钙（主要呈 CaSi 合金形态）是用来使用铝脱氧时所生成的主要固体 Al_2O_3 转变成在浇注温度下是液体的铝酸钙，也叫铝镇静钢的钙处理。

硅镇静钢的冶炼过程中，用往钢水中喂入 CaSi 线的办法，可使钢中的氧降到很低的水平。

（2）往含钙易切削钢中加钙。用 CaFe 线生产超低硅钢的加钙处理，可以不带入任何数量的硅，因而特别适合于深冲钢，以及某些特殊钢（如含钙不锈钢、含钙齿轮钢），具有特定物理性能的钢。

（3）合金成分微调。钢水精炼过程中，从钢包上部加入调整合金成分的原料，由于炉渣和冶炼条件的限制，一般收得率不稳定，影响因素多，炼钢工操作难度大，使用喂入丝线的方法，可以直接将合金化元素或者脱氧剂直接输送到钢水内部，能够避免以上的风险。比如在炉后增碳生产低碳和中碳钢时，碳的平均收得率能够大幅度提高，操作简单，在不锈钢钢水加钛生产工艺中间，生产诸如 1Cr18Ni9Ti 的不锈钢时，是用钛铁线调整钢水的含钛量，不仅收得率高，而且能很精确地达到技术标准的要求。往 20CrMnTi 之类的钢中加钛，在钢水经脱氧后用钛铁线增钛，钛的回收率可达 80% 以上，往 40MnB 与 40MnVB 之类含硼钢和 303，304 和 316 之类不锈钢加硼，钢水经脱氧及固氮处理后，再用硼铁线加硼，硼的回收率可高达 80% 以上，结果稳定，成分控制精确。

（4）往钢中加稀土。稀土可以净化钢液，细化钢的组织，控制夹杂物的形态。钢水经脱氧处理后再用稀土硅铁线或铈铁线加入稀土合金或铈，可以稳定地提高稀土或铈的回收率。这种工艺通过丝线在连铸机的中间包或者结晶器内喂线，具有独到的优势。

（5）往钢中加铌、钒等贵重合金。与常规的加合金方法相比，用铌铁线加铌，不仅合金熔化快，且不存在小块铌铁被渣包裹而降低铌有效率和回收率低的危险。往钢中加钒，用包芯线加钒既可提高回收率，又能增加加钒的稳定性，能够降低合金化的成本。

（6）钢水的增硫。用硫黄线或硫化铁线往钢水加硫，用以生产含硫易切削钢；硫的回收率可达 80% 以上，且几乎不会放出有毒的 SO_2。

（7）强化钢水终脱氧。一般是在顶吹或底吹氩的条件下，根据钢种的不同而往钢水中加入铝线，并使钢水的残余铝含量保持在 0.025% ~ 0.04% 水平上，能够消除钢材的气泡等缺陷。合金包芯线包括：硅钙包芯线、钛铁包芯线、硼铁包芯线、硅锰钙包芯线、稀土硅包芯线、稀土硅镁包芯线、稀土硅钡包芯线、硅钙钡包芯线、硅钙钡铝包芯线、金属镁包芯线、铁钙包芯线、钙铁包芯线、纯钙包芯线、铝钙包芯线、稀土镁硅钙包芯线、碳包芯线等。喂线示意图如图 6-17 所示。

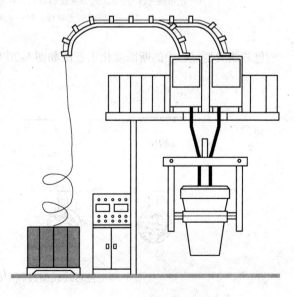

图 6-17　喂线的示意图

炼钢使用的包芯线是使用厚 0.25 ~ 0.4mm、宽 45 ~ 55mm 的低碳冷轧带钢，通过包线机将合金粉剂、非合金粉剂等原料包覆压实，最后将芯线卷取成为线卷，重量在 500 ~ 1000kg，长度在 1000 ~ 3000m 之间。线卷使用时分为内抽式和外抽式两种，丝线的生产工艺如图 6-18 所示。

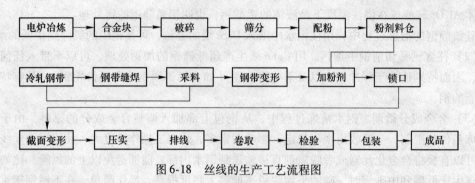

图 6-18　丝线的生产工艺流程图

生产丝线的包线机的工艺结构示意图如图 6-19 所示。

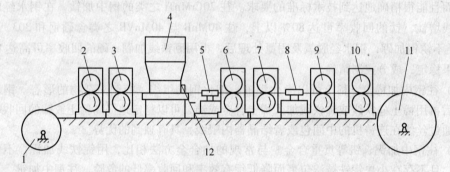

图 6-19　生产丝线的包线机的工艺结构示意图

1—钢带展开部分；2，3，5—成型对辊；4—上料料斗；6~8—合拢封口部分；
9，10—成型后压实对辊；11—卷筒；12—下料调节装置

包芯线成型过程中的断面变化示意图如图 6-20 所示。

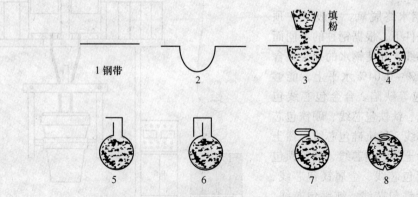

图 6-20　包芯线成型过程中的断面变化示意图

芯线分为圆形和矩形两种，其结构示意图如图 6-21 所示。

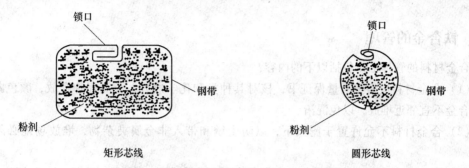

图 6-21 不同断面形状的包芯线的结构示意图

其中圆形的直径在 10~16mm 之间，矩形的宽度在 7~16mm 之间。线卷在炼钢过程中通过专用的喂丝机喂入钢液。常见的喂丝机分为单线，双线和四线三种。可以同时喂入 2~4 条相同或不相同的芯线，也有的是作为备用的，一条丝线喂线，另外一条备用。外抽式的喂丝机喂丝过程中，这种喂丝机的线卷需要放置在专用的放线架上进行喂丝。国家发改委 2007 年制定的丝线的工艺技术标准见表 6-37，其中表中的 a 为参考值。

表 6-37 国家发改委 2007 年制定的丝线的工艺技术标准

序号	名称及相应芯粉标准号	直径/mm		钢带厚度 /mm	芯粉质量 （不小于）/g·m^{-1}	每千米接头 （不大于）/个
		公称尺寸	偏差 a			
1	硅铁包芯线 GB/T 2272	13	+0.8	0.3~0.45	235(FeSi75)	2
2	沥青焦包芯线 YB/T 5299		0		135	
3	硫黄包芯线 GB/T 2449	10			110	
		13			190	
4	钛铁包芯线 GB/T 3282	13			370(FeTi70)	
5	锰铁包芯线 GB/T 3795				550	
6	稀土镁硅铁合金包芯线 GB/T 4138				240	
7	混合稀土金属包芯线 GB/T 4153				RE125SiCa160	
8	硼铁包芯线 GB/T 5682				520(FeB18Co.5)	
9	硅钡合金包芯线 YB/T 5358				280	
10	硅钙合金包芯线 YB/T 5051 （Ca31Si60 和 Ca28Si60）	10	+0.8 0		125	
		12	+0.8 0		200	
		13	+0.8 0		220	
		16	+0.8 0		320	
11	钙铁 30 包芯线 GB/T 4864,YB/T 5308	13	+0.8		250w(Ca)=30%	
12	钙铁 40 包芯线 GB/T 4864, YB/T 5308	13	0		220w(Ca)=40%	
		16			330w(Ca)=40%	
13	钙铝铁包芯线 GB/T 4864, GB/T 2082.1,YB/T 5308	13			158w(Ca)= 30%w(Al)=155%	
14	硅钙钡铝合金包芯线 YB/T 067				220	

6.4　铁合金的管理

合金材料的管理工作包括以下的内容：

（1）合金材料应根据质量保证书，核对其种类和化学成分，分类标牌存放，颜色断面相似的合金不宜邻近堆放，以免混淆。

（2）合金材料不允许置于露天下，以防生锈和带入非金属夹杂物，堆放场地必须干燥清洁。

（3）合金块度应符合使用要求，块度大小根据合金种类、熔点、密度、加入方法、用量和电炉容积而定。一般说来，熔点高、密度大、用量多和炉子容积小时，宜用块度较小的合金。常用合金的熔点、密度及块度要求可参考表 6-38。

表 6-38　常用合金的熔点、密度及块度

合金名称	密度（较重值）/g·cm^{-3}	熔点/℃	粒度/mm
硅铁	3.5（Si=75%） 5.15（Si=45%）	1300~1330（Si=75%） 1290（Si=45%）	10~50
高碳锰铁	7.10（Mn=76%）	1250~1300（Mn=70%） （C=7%）	10~50
中碳锰铁	7.10（Mn=81%）	1310（Mn=80%）	10~50
硅锰合金	6.3（Si=20%） （Mn=65%）	1240（Si=18%） 1300（Si=20%）	10~50
高碳铬铁	6.94（Cr=60%）	1520~1550（Cr=65%~70%）	10~50
中碳铬铁	7.28（Cr=60%）	1600~1640	10~50
低碳铬铁	7.29（Cr=60%）		10~50
硅钙	2.55（Ca=31%） （Si=59%）	1000~1245	
金属镍	8.7（Ni=99%）	1425~1455	
钼铁	9.0（Mo=60%）	1750（Mo=60%） 1440（Mo=36%）	10~50
钒铁	7.0（V=40%）	1540（V=50%） 1480（V=40%） 1080（V=80%）	5~50
钨铁	16.4（W=70%~80%）	2000（W=70%） 1600（W=50%）	<80
钛铁	6.0（Ti=20%）	1580（Ti=40%） 1450（Ti=20%）	5~50
硼铁	7.2（B=15%）	1380（B=10%）	5~50
铝	2.7	约660	饼状
金属铬	7.19	约1680	
金属锰	7.43	1244	

（4）合金在还原期入炉前必须进行烘烤，以去除合金中的气体和水分，同时使合金易于熔化，减少吸收钢液的热量，从而缩短冶炼时间，减少电能的消耗。

由于硅锰合金和铬铁合金，高碳锰铁和硅锰铁，高碳铬铁和低碳铬铁，高硅铁与中硅铁都不能相邻堆放。它们从表面看都很相似，有的物理性能也相仿，如高碳铬铁和低碳铬铁的密度就很相近，为了避免混淆，以上四组铁合金中每两种都不能相邻堆放。

7 石墨电极

石墨电极是采用石油焦、针状焦为骨料，煤沥青为黏结剂，经过混捏、成型、焙烧、浸渍、石墨化、机械加工等一系列工艺过程生产出来的一种耐高温石墨质导电材料。石墨电极是电炉炼钢的重要高温导电材料，通过石墨电极向电炉输入电能，利用电极端部和炉料之间引发电弧产生的高温作为热源，使炉料熔化进行炼钢。其他一些冶炼黄磷、工业硅、磨料等材料的矿热炉也用石墨电极作为导电材料。国内生产炼钢石墨电极的厂家有吉林炭素、兰州炭素、江苏南通炭素等生产厂家。

7.1 石墨电极的原料

生产石墨电极的原料有石油焦、针状焦和煤沥青。

（1）石油焦。石油焦是石油渣油、石油沥青经焦化后得到的可燃固体产物。色黑多孔，主要元素为碳，灰分含量很低，一般在 0.5% 以下。

石油焦按热处理温度区分可分为生焦和煅烧焦两种，前者由延迟焦化所得的石油焦，含有大量的挥发分，机械强度低。煅烧焦是生焦经煅烧而得。中国多数炼油厂只生产生焦，煅烧作业多在炭素厂内进行。

石油焦按硫分的高低区分，可分为高硫焦（含硫 1.5% 以上）、中硫焦（含硫 0.5%～1.5%）和低硫焦（含硫 0.5% 以下）三种，石墨电极及其他人造石墨制品生产一般使用低硫焦生产。

（2）针状焦。针状焦是外观具有明显纤维状纹理、热膨胀系数特别低和很容易石墨化的一种优质焦炭，焦块破裂时能按纹理分裂成细长条状颗粒（长宽比一般在 1.75 以上），在偏光显微镜下可观察到各向异性的纤维状结构，因而称之为针状焦。

针状焦物理机械性质的各向异性十分明显，平行于颗粒长轴方向具有良好的导电导热性能，热膨胀系数较低，在挤压成型时，大部分颗粒的长轴按挤出方向排列。因此，针状焦是制造高功率或超高功率石墨电极的关键原料，制成的石墨电极电阻率较低，热膨胀系数小，抗热震性能好。

针状焦分为以石油渣油为原料生产的油系针状焦和以精制煤沥青原料生产的煤系针状焦。

（3）煤沥青。煤沥青是煤焦油深加工的主要产品之一。为多种碳氢化合物的混合物，常温下为黑色高黏度半固体或固体，无固定的熔点，受热后软化，继而熔化，密度为 1.25～1.35g/cm³。按其软化点高低分为低温、中温和高温沥青三种。中温沥青产率为煤焦油的 54%～56%。煤沥青的组成极为复杂，与煤焦油的性质及杂原子的含量有关，又受炼焦工艺制度和煤焦油加工条件的影响。表征煤沥青特性的指标很多，如沥青软化点、甲苯不溶物（TI）、喹啉不溶物（QI）、结焦值和煤沥青流变性等。

煤沥青在炭素工业中作为黏结剂和浸渍剂使用，其性能对炭素制品生产工艺和产品质量影响极大。黏结剂沥青一般使用软化点适中、结焦值高、β 树脂高的中温或中温改质沥青，浸渍剂要使用软化点较低、QI 低、流变性能好的中温沥青。

7.2 石墨电极的制造工艺

石墨电极的生产流程如图 7-1 所示。

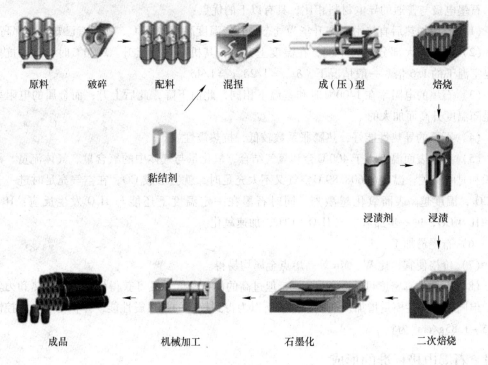

原料　破碎　配料　混捏　成（压）型　焙烧

黏结剂

浸渍剂　浸渍

成品　机械加工　石墨化　二次焙烧

图 7-1 石墨电极的生产流程

按照图中的流程，各个工序简介如下：

（1）煅烧。碳质原料在高温下进行热处理，排出所含的水分和挥发分，并相应提高原料理化性能的生产工序称为煅烧。一般炭质原料采用燃气及自身挥发分作为热源进行煅烧，最高温度为 1250～1350℃。

（2）混捏。在一定温度下将定量的各种粒度碳质颗粒料和粉料与定量的黏结剂搅拌混合均匀，捏合成可塑性糊料的工艺过程称为混捏。

（3）成型。材料的成型是指混捏好的碳质糊料在成型设备施加的外部作用力下产生塑性变形，最终形成具有一定形状、尺寸、密度和强度的生坯（或称生制品）的工艺过程。

（4）焙烧。焙烧是碳制品生坯在填充料保护下，装入专门设计的加热炉内进行高温热处理，使生坯中的煤沥青炭化的工艺过程。煤沥青炭化后形成的沥青焦将碳质骨料和粉料颗粒固结在一起，焙烧后的碳制品具有较高的机械强度、较低的电阻率、较好的热稳定性和化学稳定性。

（5）石墨化。石墨化是指在高温电炉内保护介质中把碳制品加热到 2300℃ 以上，使无定形乱层结构碳转化成三维有序石墨晶质结构（平面六角网格层状结构）的高温热处理过程。

（6）机械加工。炭石墨材料机械加工的目的是依靠切削加工来到达所需的尺寸、形状、精度等，制成符合使用要求电极本体和接头。

7.3　石墨电极的优点

石墨电极与普通的导电材料相比，具有以下的优点：

（1）石墨加热后直接由固态升华为气态，升华温度高达3800℃，比所有已知材料都高。

（2）石墨与大部分材料不同，在温度上升时，其机械强度上升。2000℃时，石墨抗拉强度是室温下的1.6倍。一般情况下，$\delta_{抗拉} = 1/2\delta_{抗折} = 1/4\delta_{抗压}$。

（3）石墨的电阻率在1400℃时和室温下相同，此前下降，此后上升；而金属的电阻率却总是随温度升高而加大的。

（4）石墨的导热性能好，热膨胀系数较低，抗热震性好。

（5）石墨表面温度大于400℃会和氧气结合，氧化量与气体中的氧含量、气体流量、氧化面积和时间有关。温度达608.89℃空气又不太充足时，就会形成CO，在空气充足时进一步形成CO_2，温度越高表面氧化越激烈。同时石墨在一定温度下还能与H_2O发生反应：$H_2O + C = H_2 + CO$，进一步加氧生成$H_2O + CO_2$，加速氧化。

（6）石墨易加工。

（7）价格便宜，比W、Mo等高熔点金属均易得。

（8）石墨的真密度可达2.26g/cm^3，但过高的体积密度，虽可获得优良的电、热和力学性能，但同时其弹性模量增加及孔度减少，所以为得到较高的抗热震性能，体积密度一般控制在1.65~1.85g/cm^3为宜。

7.4　石墨电极标准的形成

石墨电极的技术标准由各企业自订，按照国际和国家规定的检测标准鉴定；电极和接头的配合标准由国际电工学会制定，企业自定检测标准鉴定。

我国的标准发展经历了以下几个阶段：

（1）我国1982年的国标，当时还未提到UHP电极，可代表这一时期的电极水平。

（2）我国1992年制定了冶金行业推荐标准。

（3）我国2000年冶金行业推荐标准出台（见表7-1），当时规定每4年修订一次。

表7-2为国外4家企业电极标准，结合其他内容可见：TOKAI、UCAR、SGL自成体系，各有独到之处。均规定了指标的范围。

表7-1　2000年我国石墨电极冶金行业推荐标准中的技术指标

项　目		YB/T 4088—2000								YB/T 4089—2000		YB/T 4090—2000	
		ϕ75~130mm		ϕ150~225mm		ϕ250~300mm		ϕ350~500mm		ϕ200~400mm	ϕ450~500mm	ϕ300~400mm	ϕ450~500mm
		优级	一级	优级	一级	优级	一级	优级	一级				
电阻率/$\mu\Omega \cdot m$	电极 不大于	8.5	10	9	10.5	9	10.5	9	10.5	7	7.5	6.2	6.5
	接头	8.5		8.5		8.5		8.5		6.5	6.5	5.5	5.5
抗折强度/MPa	电极 不小于	9.8		9.8		7.8		6.4		10.5	9.8	10.5	10.0
	接头	13.0		13.0		13.0		13.0		14.0	14.0	16.0	16.0

续表 7-1

项　目			YB/T 4088—2000								YB/T 4089—2000		YB/T 4090—2000	
			φ75~130mm		φ150~225mm		φ250~300mm		φ350~500mm		φ200~400mm	φ450~500mm	φ300~400mm	φ450~500mm
			优级	一级	优级	一级	优级	一级	优级	一级				
弹性模量/GPa	电极	不大于	9.3		9.3		9.3		9.3		12.0	12.0	14.0	14.0
	接头		14.0		14.0		14.0		14.0		16.0	16.0	18.0	18.0
体积密度/g·cm^{-3}	电极	不小于	1.58		1.52		1.52		1.52		1.60	1.60	1.65	1.64
	接头		1.63		1.63		1.68		1.68		1.70	1.70	1.72	1.70
热膨胀系数(100~600℃)/10^{-6}·℃$^{-1}$	电极	不小于	2.9		2.9		2.9		2.9		2.4	2.4	1.5	1.5
	接头		2.7		2.7		2.8		2.8		2.2	2.2	1.4	1.4
灰分/%		不大于	0.5		0.5		0.5		0.5		0.3	0.3	0.3	0.3

表 7-2　国外相关企业标准中的技术指标

项　目		TOKAI—1996			UCAR			HEG（印）			SGL			
		ACF	DCF		AGX			UHP			AC			DC
		300~400	400~600	600~750	250~400	450~600	650~750	≥600	450~600	650~700	75~180	200~450	500~600	≥600
电阻率/μΩ·m	电极	4.5~6.5	4.5~6.5	4.2~5.5	4.5~6.0	4.5~5.5	4.5~5.5	4.5~6.5	4.5~6.0	4.5~5.5	5.0~7.0	4.8~5.8	4.5~5.6	4.6~5.2
	接头				3.4~4.5	3.4~4.5	3.4~4.5	3.6~4.5	3.6~4.5	3.6~4.5				
抗折强度/MPa	电极	12~18	10~15	10~15	8~15	8~13	8~13	9~14	9~14	7~13	12~18	10~16	9~14	9~12
	接头				15~24	15~24	15~24	13~28	13~28	13~28				
弹性模量/GPa	电极	11~16	9~14	9~13				9~14	9~14	7~10				
	接头							12~20	12~20	12~20				
体积密度/g·cm^{-3}	电极	1.65~1.76	1.66~1.74	1.68~1.75	1.65~1.75	1.65~1.74	1.67~1.75	1.66~1.76	1.66~1.76	1.66~1.76	1.66~1.73	1.66~1.73	1.66~1.73	1.66~1.73
	接头				1.76~1.86	1.76~1.86	1.76~1.86	1.73~1.85	1.73~1.85	1.73~1.85				
灰分/%	电极	≤0.2	≤0.2	≤0.2				0.1~0.6	0.1~0.6	0.1~0.6				
	接头							0.1~0.6	0.1~0.6	0.1~0.6				

项　目		TOKAI—1996			UCAR			HEG（印）			SGL		
		ACF		DCF	AGX			UHP			AC		DC
		300~400	400~600	600~750	250~400	450~600	650~750	≥600	450~600	650~700	75~180	200~450	500~600	≥600
热膨胀系数 /10^{-6}·℃^{-1}	电极	0.3~1.0	0.3~1.0	0.2~0.6	0.15~0.6	0.15~0.6	0.2~0.6	0.9~1.6	0.2~1.2	0.2~0.6	0.8~1.2	0.4~1.0	0.4~0.9	0.3~0.8
	接头				0.2~0.5	0.2~0.5	0.2~0.5	0.1~0.5	0.1~0.5	0.1~0.5				
真密度 /g·cm^{-3}	电极	2.20~2.23	2.20~2.23	2.20~2.23										
	接头													
气孔率/%	电极	21~26	21~26	21~25				17~22	17~22	17~22	17~21	17~21	17~21	17~21
	接头							15~20	15~20	15~20				
导热系数 /W·(K·m)^{-1}	电极										170~210	180~200	180~230	200~250
	接头													

7.5　电极的外形及连接标准

为使各制造厂的电极产品在世界范围内冷态续接通用，国际电工学会规定了“用于钢包炉的带有螺纹接头孔和接头的圆锥形石墨电极的公称尺寸”，主要规定有：

（1）石墨电极的长度、直径及公差，包括黑皮。

（2）电极孔及接头牙距为每英时（2.54cm）3 牙和 4 牙；螺纹角为 60°；锥度 18°55′29″。

（3）3TPI 和 4TPI 连接螺纹的特性参数（由于该标准世界通用）。

此外各制造企业为改进电极的接长质量，也做了以下方面的努力：

（1）为保证电极交界面相互接触良好，增加了垂直度、平面平行度的测定。

（2）为保证电极交界面和接头中纬面尽量重合，在保证不出正公差和正接合度时，尽量减小负公差和负接合度。

（3）为保证螺纹连接时不发生力溃，使用时不发生热溃，加强了螺纹角、锥度和螺纹胖瘦的控制和检查。表 7-3 是电极接长时的力矩参考值。

表 7-3　接紧力矩　　　　　　　　　　　　　　　　　　　　（N·m）

电极直径/mm	TOKAI—1996	UCAR 吉林	UCAR（1996 年前）南通	SGL	HEG
200	315		200~260	250	300
250	590	390	350~450	450	500
300	980	590	500~650	650	610
350	1620	830	700~950	850	820
400	1960	1075	800~1150	1100	1050
450	2460	1375	1050~1400	1500	1350
500	3140	1770	1300~1700	2500	2290

续表 7-3

电极直径/mm	TOKAI—1996	UCAR 吉林	UCAR（1996 年前）南通	SGL	HEG
550	3730	2460	1850 ~ 2400	3500	3200
600	4220	3440	2350 ~ 3500	4000	3660
650	5190	4520	3250 ~ 4100		4750
700	6170	6000	4300 ~ 5100	6000	5490
750	7345	8000		7500	6890

7.6 石墨电极的运输和贮存

石墨电极的运输和贮存要求主要有以下的几点：

（1）吊运或倒运电极时，要小心操作，防止由于电极倾斜造成滑落，打坏电极。

（2）为保证电极端面和电极螺纹的良好，不能够直接用铁钩钩挂电极两端孔吊运电极。

（3）装卸接头箱子时，要轻拿轻放，以防磕碰接头，造成螺纹损伤。

（4）不宜把电极和接头直接堆放在地面上，要放在木方或铁架上，要防止电极碰损或粘上泥土。暂时不用的电极和接头，不要把包装物去掉，要防止灰尘、杂物落到螺纹上或电极孔内。

（5）电极在库房内贮存要摆放整齐，电极垛两侧要垫好，以防滑垛。电极的堆放高度一般不超过 2m。

（6）存放的电极要注意防雨、防潮。受潮湿的电极，使用前要烘干，以免炼钢时电极产生裂纹和增加氧化。

（7）存放电极接头不要靠近高温处，以防温度过高使接头栓熔化。

（8）一组连接好的电极，不可水平放置，以免折断。

根据电炉容量及配备的变压器容量选择合适的电极品级和电极直径，见表 7-4。

表 7-4　电极品级和电极直径的关系

公称直径/mm	允许电流负荷/A		
	普通功率	高功率	超高功率
75	1000 ~ 1400	1000 ~ 2000	
100	1500 ~ 2400	2000 ~ 3000	
150	3500 ~ 4900	4000 ~ 5400	
200	5000 ~ 6900	5400 ~ 10000	
250	7000 ~ 10000	10000 ~ 13000	
300	10000 ~ 13000	13000 ~ 17400	18000 ~ 24000
350	13500 ~ 18000	17400 ~ 24000	22000 ~ 30000
400	18000 ~ 23500	24000 ~ 32000	28000 ~ 35000
450	22000 ~ 27000	32000 ~ 40000	33000 ~ 45000
500	25000 ~ 32000	40000 ~ 48000	40000 ~ 55000
550	28000 ~ 36000	34000 ~ 55000	45000 ~ 65000
600	35000 ~ 41000	38000 ~ 61000	50000 ~ 75000
700	39000 ~ 48000	45000 ~ 75000	60000 ~ 100000

注：表为交流炉的允许电流负荷，直流炉或精炼炉可适当增加电流负荷。

附　录

附录1　炼钢原料工理论知识试题（一）

一、判断题

1. 钢和铁的区别在于含碳量不同。（　　　）

2. 转炉炼钢是以铁水和废钢为主原料。（　　　）

3. 炼钢需要辅、原料：造渣剂、冷却剂、增碳剂以及氧气、氮气、氩气等。（　　　）

4. 金属料包括供炼钢使用的铁水、废钢、合金化使用的铁合金。（　　　）

5. Corex铁水硅含量和磷硫含量较低，其温度波动较小。（　　　）

6. 生铁的热容低于废钢。（　　　）

7. 石灰是炼钢主要的造渣材料，主要成分为CaO。（　　　）

8.（FeO）对石灰溶解速度影响最大，它是石灰溶解的基本熔剂。（　　　）

9. 硅石与石英砂是碱性炉炼钢的主要造渣材料。（　　　）

10. 炼钢用的氧化剂主要有氧气、铁矿石、氧化铁皮等。（　　　）

11. 常用的冷却剂有：废钢、氧化铁皮、烧结矿、球团矿、铁矿石等。（　　　）

12. 钒铁主要用作炼钢的合金添加剂。（　　　）

13. 钨铁用于生产特钢中的高速工具钢、模具钢进而生产机床工具。（　　　）

14. 脱硫剂不是脱氧剂的一种。（　　　）

15. 增碳剂中的石墨碳是以化合物形式存在的碳。（　　　）

16. 炼钢过程中，可以在装料时配加焦炭或无烟煤作为增碳剂，用于增加化学热。（　　　）

17. 在一定的温度且化学成分相同的条件下，铁液中碳的饱和浓度不定。（　　　）

18. 石墨电极存放电极接头不要靠近高温处，以防温度过高使接头栓熔化。（　　　）

19. 搅拌有利于碳的溶解和扩散，避免增碳剂浮在铁液表面被烧损。（　　　）

20. 磷溶于铁素体，虽然能提高钢的强度和硬度，最大的害处是偏析严重，减小回火脆性。（　　　）

21. 在炼钢温度下，Fe_3O_4和Fe_2O_3是稳定的，而FeO不稳定。（　　　）

22. 铁鳞就是氧化铁，特点是铁含量高、杂质少，密度小、不易下沉。（　　　）

23. 电炉炼钢用增碳生铁要求表面清洁、无锈，且硫、碳含量低。（　　　）

24. 废钢作为冷却剂的优点是杂质少，缺点是增大成渣量。（　　　）

25. 由于铁矿石含SiO_2，故用铁矿石作冷却剂时，为了保持炉渣的规定碱度R，需要补加石灰。（　　　）

26. 钢水覆盖剂按照功能区分有酸性类覆盖剂和碱性类覆盖剂。（　　　）

27. 钙质改质剂的主要目的是提高溅渣护炉炉渣碱度。（　　　）

28. 电炉吹氧能缩短熔化时间，增大热损失，增加单位耗电量。（　　　）

29. 长流程一般指电炉炼钢，短流程一般指转炉炼钢。（　　　）

30. 石灰加入转炉之后如果不能较快地熔化，其表层 CaO 与 SiO_2 作用生成高熔点的 $2CaO \cdot SiO_2$，这层 $2CaO \cdot SiO_2$ 壳会阻止石灰的进一步熔化。（　　　）

二、选择题

1. 下列哪些不是炼钢的辅助原料（　　　）。

    A. 造渣剂　　　　　　B. 冷却剂　　　　　　C. 增碳剂　　　　　　D. Corex 铁水

2. 高炉铁水出铁温度为（　　　）。

    A. 1450～1550℃　　B. 1150～1350℃　　C. 1150～1250℃　　D. 1150～1450℃

3. 在炼铁冶炼含钛铁水的过程中，随着硅含量的增加，钛含量呈（　　　）趋势。

    A. 不变　　　　　　　B. 减少　　　　　　　C. 增加　　　　　　　D. 无法确定

4. 生铁是含碳量大于（　　　）的铁碳合金。

    A. 1%　　　　　　　　B. 2%　　　　　　　　C. 3%　　　　　　　　D. 4%

5. 炼钢生铁里的碳主要以（　　　）的形态存在。

    A. 碳化铁　　　　　　B. 片状石墨　　　　　C. 单质碳　　　　　　D. 无法确定

6. 为了保证生铁入炉后的合理熔化，炼钢工艺过程中要求，每块生铁的单重应（　　　）。

    A. 小于100kg　　　　B. 小于80kg　　　　　C. 小于60　　　　　　D. 小于45kg

7. 通常钢中合金元素越多，钢的导热能力就（　　　）。

    A. 越低　　　　　　　B. 不变　　　　　　　C. 越大　　　　　　　D. 无法确定

8. 高碳钢的导热能力比低碳钢（　　　）。

    A. 强　　　　　　　　B. 不变　　　　　　　C. 差　　　　　　　　D. 无法确定

9. 在都使用 CaO 基脱硫剂的情况下，KR 法的脱硫率是喷吹法的（　　　）。

    A. 4 倍　　　　　　　B. 3 倍　　　　　　　C. 2 倍　　　　　　　D. 1 倍

10. 石灰是炼钢主要的造渣材料，主要成分为（　　　）。

    A. $CaCO_3$

    C. $CaCO_3$ 和 CaO 混合物

    B. CaO

    D. $Ca(OH)_2$

11. 炼钢过程使用（　　　）作为化渣剂。

    A. 硅石　　　　　　　B. 石灰石　　　　　　C. 石灰　　　　　　　D. 萤石

12. 钙质改质剂的主要目的是（　　　）溅渣护炉炉渣碱度。

    A. 降低　　　　　　　B. 不变　　　　　　　C. 提高　　　　　　　D. 无法确定

13. 提高硫和锰的含量，可改善钢的（　　　）。

    A. 切削性　　　　　　B. 热脆性　　　　　　C. 塑性　　　　　　　D. 焊接性

14. 铝是一种轻金属，它的比热大，是铁的（　　　）倍。

    A. 1　　　　　　　　　B. 2　　　　　　　　　C. 3　　　　　　　　　D. 4

15. 铝铁中的铝含量在（　　　）之间。

    A. 15%～25%　　　　B. 25%～35%　　　　C. 45%～55%　　　　D. 55%～65%

16. 钢使用的包芯线是使用0.25～0.4mm，宽（　　　）的低碳冷轧带钢。

    A. 5～15mm　　　　　B. 15～25mm　　　　　C. 25～35mm　　　　　D. 45～55mm

17. 预熔渣是指在矿热炉中生产出来的各种不同成分的（　　　）。

　　A. 脱氧剂　　　　　　B. 造渣剂　　　　　　C. 氧化剂　　　　　　D. 增碳剂

18. 碳在铁液中的溶解受到固体粒子表面液体边界层的（　　　）的控制。

　　A. 铁传质　　　　　　B. 碳传质　　　　　　C. 铁吸附　　　　　　D. 碳吸附

19. 合成精炼渣能够较快的熔化参与反应，（　　　）去除夹杂物。

　　A. 脱硫脱氧　　　　　B. 增碳　　　　　　　C. 脱硫脱磷　　　　　D. 脱硫脱硅

20. 生铁的热容（　　　）废钢，导热性与废钢相比，生铁的导热性较差。

　　A. 小于　　　　　　　B. 大于　　　　　　　C. 等于　　　　　　　D. 无法确定

三、填空题

1. 炼钢的原料按照使用功能划分为：＿＿＿＿＿、铁合金和渣辅料三大类。

2. 生铁可分为普通生铁和＿＿＿＿＿＿＿＿。

3. 钢渣磨细后，从其中磁选出粒度较小，含铁较高的物质叫做＿＿＿＿＿＿＿。

4. 铁水"三脱"是指铁水的脱硫、＿＿＿＿＿＿＿和脱磷。

5. 钢坯表面的氧化铁皮的结构是分层的。一般氧化铁皮的层次有＿＿＿＿＿层。

6. 在炼钢过程中，按照主要使用的熔剂材料，可以分为钙质熔剂材料和镁质熔剂材料，还有
＿＿＿＿＿＿＿＿＿＿和脱氧剂。

7. 活性石灰在转炉初渣中的溶解过程包括变质解体和＿＿＿＿＿＿＿＿＿＿＿，变质解体起主要作用。

8. 对铁矿石的要求是铁含量＿＿＿＿＿＿＿、密度要大、杂质要少。

9. 影响炉渣熔点的物质主要有 FeO、MgO 和＿＿＿＿＿＿＿＿＿。

10. 硅钙合金是一种含铁很少的硅和钙的二元合金，作为强＿＿＿＿＿＿。

四、名词解释

1. 石灰的活性

2. 剩余热

3. 包芯线

五、论述题

1. 炼钢用非金属料也叫做辅助材料，主要包括哪几种类型？

2. 合金元素与钢中的碳相互作用，形成碳化物存在于钢中，按合金元素在钢中与碳相互作用
的情况，它们可以哪几类？

3. 简述中间包覆盖剂的主要作用。

六、计算题

　　某厂月产钢 40 万吨，合格率为 98.85%，消耗铁水 37.95 万吨，废钢 4.95 万吨，计算此
厂该月的钢铁料消耗。

附录2 炼钢原料工理论知识试题（二）

一、判断题

1. 电炉炼钢是以废钢铁为主要原料。（　　）

2. 炼钢常用铁合金有锰铁、硅铁、硅锰合金、硅钙合金、金属铝和铝铁合金等。（　　）

3. 炼钢生铁具有坚硬、耐磨、铸造性差、不能锻压的特点。（　　）

4. 顶吹氧枪 O_2 出口速度通常可达 $600 \sim 650 m/s$。（　　）

5. 转炉炼钢的热能主要有物理热和化学热两部分。（　　）

6. 熔池反应区，温度高、（FeO）多，使石灰的溶解速度变慢。（　　）

7. 石灰中硫含量增加会降低对钢水的脱硫能力，增加石灰消耗，同时增加了渣量。（　　）

8. 炼钢过程使用萤石作为化渣剂。（　　）

9. 炉渣中的 MgO 含量由石灰、含镁原料和炉衬侵蚀的 MgO 带入。（　　）

10. 吹氧炼钢氧气的主要要求是：氧气纯度应达到或超过 99.5%，数量充足，氧压稳定且安全可靠。（　　）

11. 硼铁是以硼和铁为主要元素组成的铁合金。（　　）

12. 硅锆合金属于强复合脱氧剂，具有脱硫、脱氮和脱氢的作用。（　　）

13. 使用增碳剂的增碳过程包括溶解扩散过程和氧化损耗过程。（　　）

14. 生产石墨电极的原料有石油焦、针状焦和煤沥青。（　　）

15. 提高硫和锰的含量，可降低钢的切削性能，在易切削钢中硫作为有益元素加入。（　　）

16. 硅石中的主要成分是 SiO_2。（　　）

17. 硅铝铁合金是一种复合强氧化剂。（　　）

18. 当铁液中初始碳含量高时，在一定的溶解极限下，增碳剂的吸收速度慢，吸收量少，烧损相对较多，增碳剂吸收率低。（　　）

19. 合理的入炉铁水温度应小于 1250℃。（　　）

20. 钛是一种强氧化剂和强的固氮元素。（　　）

21. 铁矿石是电炉炼钢的主要氧化剂，它能创造高氧化性的熔渣，从而有利于脱磷。（　　）

22. 电炉炼钢常用配碳剂有天然石墨、电极块等。（　　）

23. 炼钢过程有时需要加入冷却剂来平衡热量。（　　）

24. 氧化铁皮是轧钢的铁屑，其冷却效果比矿石稳定，含杂质少，生成渣量多。（　　）

25. 目前使用的覆盖剂中间，一般成分为 $CaO\text{-}SiO_2\text{-}Al_2O_3$，同时添加部分的氧化铁。（　　）

26. 保温覆盖剂应具有较低的熔点。（　　）

27. 为了有利于溅渣，转炉出钢后往往加调渣剂使炉渣改质。（　　）

28. 炼钢厂常用气体有氧气、氮气、氩气、煤气、水蒸气等。（　　）

29. 电炉炼钢的原料以废钢为主，生铁为辅。（　　）

30. 炼钢时对于加入的生铁块度无要求。（　　　）

二、选择题

1. 下列哪些不是炼钢的主原料（　　　）。
　　A. 高炉铁水　　　　　　B. 废钢　　　　　　　　C. 增碳剂　　　　　　　D. Corex 铁水

2. 转炉炼钢时入炉铁水温度为（　　　）。
　　A. 1000～1350℃　　　B. 1230～1350℃　　　C. 1230～1550℃　　　D. 1030～1350℃

3. 为达到高效提钒的同时有效脱磷，炉渣的最佳碱度应控制在（　　　）左右。
　　A. 1.5　　　　　　　　B. 3　　　　　　　　　C. 5　　　　　　　　　D. 4

4. 脱钛终点温度控制在（　　　）。
　　A. 1000～1350℃　　　B. 1230～1600℃　　　C. 1000～1300℃　　　D. 1333℃～1444℃

5. 铸造生铁中的碳以（　　　）形态存在。
　　A. 碳化铁　　　　　　　B. 片状石墨　　　　　　C. 单质碳　　　　　　　D. 无法确定

6. 合金钢的导热能力一般比碳钢（　　　）。
　　A. 强　　　　　　　　　B. 不变　　　　　　　　C. 差　　　　　　　　　D. 无法确定

7. 炼钢时铁水温度每变化（　　　），废钢量变化 3.8～5kg/t 钢。
　　A. 10℃　　　　　　　　B. 20℃　　　　　　　　C. 30℃　　　　　　　　D. 40℃

8. 在脱硫后的残渣中，硫主要以 MgS、（　　　）的形式存在。
　　A. CaS　　　　　　　　B. CuS　　　　　　　　C. ZnS　　　　　　　　D. FeS

9. 铁水"三脱"是指铁水的脱硫、脱硅和（　　　）。
　　A. 脱气　　　　　　　　B. 脱锰　　　　　　　　C. 脱碳　　　　　　　　D. 脱磷

10. KR 法脱硫使用的脱硫剂主体是（　　　）。
　　A. 镁粉　　　　　　　　B. 石灰　　　　　　　　C. 钢渣　　　　　　　　D. 氧气

11. （　　　）高温和激烈搅拌是加快石灰溶解的必要条件。
　　A. 高（FeO）　　　　　B. 低（FeO）　　　　　C. 没有影响　　　　　　D. 无法确定

12. 氧气转炉炼钢用石灰块度的下限一般规定为（　　　），上限一般认为以 30～40mm 为宜。
　　A. 4～8mm　　　　　　B. 6～8mm　　　　　　C. 8～10mm　　　　　　D. 10～12mm

13. 钢中加入少量的铝，可（　　　）晶粒，提高冲击韧性。
　　A. 细化　　　　　　　　B. 粗化　　　　　　　　C. 没作用　　　　　　　D. 无法确定

14. 铝是一种轻金属，导热性好，是铁的（　　　）倍。
　　A. 1　　　　　　　　　B. 2　　　　　　　　　C. 3　　　　　　　　　D. 4

15. 硅铝铁合金是一种复合（　　　）。
　　A. 强脱氧剂　　　　　　B. 弱脱氧剂　　　　　　C. 强氧化剂　　　　　　D. 弱氧化剂

16. 用作增碳剂的主要是（　　　）。
　　A. 中碳石墨　　　　　　B. 高碳鳞片石墨　　　　C. 低碳鳞片石墨　　　　D. 中碳石墨

17. 增碳剂颗粒小，溶解速度快，损耗速度（　　　）。
　　A. 小　　　　　　　　　B. 大　　　　　　　　　C. 不变　　　　　　　　D. 无法确定

18. 铝是很强的脱氧剂，主要用于生产（　　）。

    A. 沸腾钢　　　　　　B. 半沸腾钢　　　　　　C. 镇静钢　　　　　　D. 任意钢种

19. 预熔渣的主要作用是（　　），促使钢中夹杂物上浮。

    A. 脱硫脱氧　　　　　B. 增碳　　　　　　　　C. 脱硫脱磷　　　　　　D. 脱硫脱硅

20. 炼钢生铁的熔点（　　）废钢，热容大于废钢。

    A. 小于　　　　　　　B. 大于　　　　　　　　C. 等于　　　　　　　　D. 无法确定

三、填空题

1. 炼钢的金属料包括供炼钢使用的铁水、废钢，合金化使用的_____。

2. 影响钢导热系数的因素主要有_____、组织、温度、非金属夹杂物含量以及钢中晶粒的细化程度等。

3. 脱硫渣铁是指从脱硫渣中磁选出的，以_____为主，黏附有少量脱硫渣的产品。

4. 影响生成氧化铁皮的因素有_____，时间、炉内气氛与原料的化学成分。

5. 石灰石的冷却效应是废钢的_____倍。

6. 转炉炉渣的泡沫形成条件与炉渣中间_____有关，还与炉渣的表面张力有关。

7. 硅钡合金用作炼钢脱氧剂、_____和铸造孕育剂。

8. 硅铁就是铁和_____组成的铁合金。

9. 炉渣的成渣过程就是_____的溶解过程。

10. 锰铁根据其含碳量不同分为三类：低碳类、_____、高碳类。

四、名词解释

1. 有效 CaO

2. 渣钢

3. 粒钢

五、论述题

1. 锰是钢中有益元素，简述铁水锰含量高对冶炼的有利原因。

2. 简述炼钢生铁具有的特点。

3. 简述转炉炼钢和电炉炼钢过程中，为了降低成本、缩短冶炼周期，炼钢对石灰的要求。

六、计算题

    转炉装入量 120t，每炉吹炼时间为 15min，每炉耗氧量（标态）为 5500m³，求氧气流量和供氧强度。

附录 3　炼钢原料工理论知识试题（一）答案

一、判断题

1. √　2. √　3. √　4. √　5. ×　6. ×　7. √　8. √　9. ×　10. √　11. √　12. √　13. √
14. ×　15. ×　16. √　17. ×　18. √　19. √　20. ×　21. ×　22. √　23. √　24. ×　25. √
26. √　27. √　28. ×　29. ×　30. √

二、选择题

1. D　2. A　3. C　4. B　5. A　6. D　7. A　8. C　9. A　10. B　11. D　12. C　13. A
14. B　15. C　16. D　17. A　18. B　19. A　20. B

三、填空题

1. 钢铁料　2. 合金生铁　3. 钢渣精粉　4. 脱硅　5. 3　6. 化渣剂材料　7. 扩散溶解　8. 要高
9. 炉渣碱度　10. 脱氧剂

四、名词解释

1. 石灰的活性：是指在熔渣中与其他物质的反应能力，用石灰在熔渣中的熔化速度表示。

2. 剩余热：是指不加冷却剂时转炉收入总热量与金属料脱碳脱磷升温精炼到终点温度所需热量、转炉热损失支出热量之间的差值。

3. 包芯线：是将欲加入钢液或铁液中的各种添加剂（脱氧剂、脱硫剂、变质剂、合金等）破碎成一定的粒度，然后用冷轧低碳钢带将其包括为一条具有任意长度的复合材料。

五、论述题

1. 答：炼钢用非金属料也叫做辅助材料，主要包括以下三种类型：

（1）在冶炼过程中氧化工艺环节使用的渣辅料。常见的有石灰、白云石、石灰石、镁球、萤石、硅石、铝矾土、合成渣等。

（2）炼钢过程中的氧化剂（有冷材的功能）。常见的有氧化铁皮、铁矿石、烧结矿、球团矿、冷固球团等。

（3）炼钢过程中的还原剂和增碳剂。常见的有碳粉、焦粉、氧化钙碳球、电石，碳化硅、铝渣球等。

2. 答：（1）不形成碳化物的元素（称为非碳化物形成元素），包括镍、硅、铝、钴、铜等。由于这些元素与碳的结合力比铁小，因此在钢中它们不能与碳化合，它们对钢中碳化物的结构也无明显的影响。

（2）形成碳化物的元素（称为碳化物形成元素），根据其与碳结合力的强弱，可把碳化物形成元素分成三类：

　　1）弱碳化物形成元素：锰。

　　2）中强碳化物形成元素：铬、钼、钨。

　　3）强碳化物形成元素：钒、铌、钛。

3. 答：中间包覆盖剂主要有以下作用：

　　（1）中间包加入覆盖剂，覆盖剂覆盖在钢水表面，防止钢水裸露在空气中，使钢水温度迅速下降，造成钢水温度过低，液面结壳、水口冻结的作用。

　　（2）隔绝空气，防止钢水二次氧化。覆盖剂加入后，形成透气性差的液渣层，将钢水与空气隔绝开，防止了钢水的二次氧化，减少了钢水的夹杂物。

　　（3）吸收钢液面上的非金属夹杂物。覆盖剂在钢水表面形成一定厚度的熔渣层，可以吸附上浮到钢水表面的非金属夹杂物、耐火材料颗粒等浮游物，起到净化钢水的作用。而且中间包越大，钢水在其中停留的时间越长，覆盖剂吸收夹杂的作用越明显。

六、计算题

　　解：钢铁料消耗 $= (379500 + 49500)/400000 \times 98.85\% \times 1000 = 1085 \mathrm{kg/t}$

附录4　炼钢原料工理论知识试题（二）答案

一、判断题

1. √　2. √　3. ×　4. ×　5. √　6. ×　7. √　8. √　9. √　10. √　11. √　12. √　13. √
14. √　15. ×　16. √　17. ×　18. √　19. ×　20. √　21. √　22. √　23. √　24. ×　25. √
26. ×　27. √　28. √　29. √　30. ×

二、选择题

1. C　2. B　3. A　4. D　5. B　6. C　7. A　8. A　9. D　10. B　11. A　12. B　13. A
14. C　15. A　16. D　17. B　18. C　19. A　20. A

三、填空题

1. 铁合金　2. 钢液的成分　3. 纯铁　4. 加热温度　5. 3.0~4.0　6. 高熔点的物质
7. 脱硫剂　8. 硅　9. 石灰　10. 中碳类

四、名词解释

1. 有效 CaO：是指石灰中 CaO 含量减去石灰自身 SiO_2 在特定渣碱度条件下消耗的 CaO 量所得的余量。
2. 渣钢：是指从转炉或者电炉钢渣中间磁选出的含有物理铁或者铁的各种氧化物和化合物的铁料，用于替代废钢或者铁矿石在冶炼中使用。
3. 粒钢：通过筛网的钢渣，经过皮带机系统的弱磁磁选，选出的粒度与豌豆大小接近，含铁量较高的，称为粒钢或者豆钢，可以直接应用于炼钢或者炼铁的产品，称为粒钢。

五、论述题

1. 答：锰是钢中有益元素，铁水锰含量高对冶炼有利，主要体现在以下两个方面：

（1）对转炉的化渣、脱硫以及提高炉龄都是有益的。转炉在吹炼初期形成 MnO，能加速石灰的溶解，促进初期渣及早形成，改善熔渣流动性，利于脱硫和提高炉衬寿命。目前转炉采用的以氧化锰为主成分的无氟化渣剂的原理，就是利用了氧化锰能够形成许多低熔点的化合物这一特点研制的。

（2）铁水锰含量高。终点钢中余锰高，可以减少锰铁加入量，有利于提高钢水纯净度等。转炉用铁水对 Mn/Si 比值的要求为 0.8~1.0，但冶炼高锰生铁将使高炉焦比升高，为了节约锰矿资源和降低炼铁焦比，一般采用低锰铁水，锰质量分数为 0.2%~0.8%。

2. 答：（1）堆密度与废钢相比，远远大于废钢的堆密度。不同块度的生铁堆密度各不相同，铸造生铁块的堆密度为 3.2~4.5t/m^3。

（2）炼钢生铁的熔点低于废钢，比热容大于废钢，两者的熔化热大致相等（1.35MJ/kg）。

杨文远高工按照生铁块与废钢、铁水的化学成分差别，列表计算出转炉炼钢过程中元素氧化及成渣热的差别。

（3）生铁的热容高于废钢，导热性与废钢相比，生铁的导热性较差。

3. 答：（1）CaO 含量高，SiO_2 和 S 含量尽可能低。SiO_2 消耗石灰中的 CaO，降低石灰的有效 CaO 含量；S 能进入钢中，增加炼钢脱硫负担。石灰中杂质越多，石灰的使用效率越低。

（2）应具有合适的块度。转炉石灰的块度以 5~40mm 为宜；块度过大，石灰熔化缓慢，不能及时成渣并发挥作用；块度过小或粉末过多，容易被炉气带走，电炉冶炼工艺中还会降低电炉砖砌小炉盖的使用寿命。

（3）石灰在空气中长期存放易吸收水分成为粉末，而粉末状的石灰又极易吸水形成 $Ca(OH)_2$，它在 507℃ 时吸热分解成 CaO 和 H_2O，加入炉中造成炉气中氢的分压增高，使氢在钢液中的溶解度增加而影响钢的质量，所以应使用新烧石灰并限制存放时间。石灰的烧减率应控制在合适的范围内（4%~7%），避免造成炼钢热效率降低。

（4）活性度高。活性度是衡量石灰与炉渣的反应能力，即石灰在炉渣中溶解速度的指标。活性度高，则石灰熔化快，成渣迅速，反应能力强。

六、计算题

解：$Q = V/t = 5500/15 \times 60 = 22000 \text{m}^3/\text{h}$

$I = Q/T = 22000/120/60 = 3.06 \text{m}^3/(\text{min} \cdot \text{t})$

参 考 文 献

[1] Fritz E, Gebert W. 氧气炼钢领域的里程碑和挑战 [J]. 钢铁, 2005 (5): 79 ~ 82.

[2] 郑沛然. 炼钢学 [M]. 北京: 冶金工业出版社, 1994.

[3] 张承武. 炼钢学 [M]. 北京: 冶金工业出版社, 1991.

[4] 奥斯特 F. 钢冶金学 [M]. 倪瑞明, 张弼, 等译. 北京: 冶金工业出版社, 1997.

[5] 黄希祜. 钢铁冶金原理 [M]. 3 版. 北京: 冶金工业出版社, 2002.

[6] 陈家祥. 炼钢常用图表数据手册 [M]. 2 版. 北京: 冶金工业出版社, 2010.

[7] 赵乃成, 张启轩. 铁合金生产实用技术手册 [M]. 北京: 冶金工业出版社, 1998.

[8] 薛正良. 钢铁冶金概论 [M]. 2 版. 北京: 冶金工业出版社, 2016.

[9] 王琳松, 杨茂麟, 郑家良, 等. 铁水中微量元素对炼钢工艺的影响 [J]. 钢铁, 2012, 47 (8): 22 ~ 26.

[10] 贺媛媛, 刘清才, 杨剑, 等. 含钛铁水流动性能研究 [J]. 钢铁钒钛, 2010, 31 (2): 10 ~ 14.

[11] 刘文辉, 李望祥, 谢杰智. 炼钢铁水硅含量的确定 [J]. 炼钢, 2002, 18 (2): 45 ~ 47.

[12] 王佳, 田乃媛, 徐安军, 等. 入炉铁水对转炉炉料结构的影响 [C]. 见: 朱鸿民. 冶金研究. 北京: 冶金工业出版社, 2007.

[13] 李中金, 吴燕萍, 马清泉. 铁水一罐制生产工艺及实践 [J]. 炼钢, 2013, 29 (2): 75 ~ 78.

[14] 林加冲. 我国废钢产业发展概况及前景展望 [J]. 再生资源与循环经济, 2010, 3 (2): 13 ~ 17.

[15] 张晓刚. 深入贯彻落实科学发展观 开创钢铁工业又好又快发展的新局面 [J]. 中国废钢铁, 2008 (1): 1 ~ 9.

[16] 吴建常. 中国钢铁工业发展现状及废钢铁消费趋势 [J]. 中国废钢铁, 2007 (2): 6 ~ 13.

[17] 杨广军, 秦伯祥. 合金废钢的回收及利用实践 [C]//中国金属学会炼钢分会, 第十四届全国炼钢学术会议文集, 2006: 347 ~ 352.

[18] 王治政, 王至道, 等. 特钢返回钢优化利用及可利用资源的开发 [J]. 宝钢技术, 2005 (3): 16 ~ 19.

[19] 葛红. 温度对转炉废钢比的影响分析 [C]//中国金属学会, 中国钢铁年会论文集. 北京: 冶金工业出版社, 2007.

[20] 左都伟. 降低转炉出钢温度的探索与实践 [J]. 金属材料与冶金工程, 2003, 31 (2): 32 ~ 35.

[21] 杨文远, 张先贵, 等. 转炉炼钢利用废钢的研究综述 [C]//中国金属学会. 第八届中国钢铁年会论文集. 北京: 冶金工业出版社, 2011.

[22] 杨文远, 崔建, 蒋晓放, 等. 大型转炉吹炼过程中熔池温度的变化状况 [J]. 钢铁研究学报, 2003, 15 (4): 5 ~ 8.

[23] 杨文远, 张先贵, 王明林. 转炉熔池中废钢的运动 [J]. 钢铁, 2013, 48 (3): 24 ~ 29.

[24] 刘威, 李京社, 杨宏博, 等. 供氧压力对顶吹转炉内流场影响数值模拟 [J]. 中国冶金, 2014 (12): 19 ~ 22.

[25] 常玉国. 转炉采用铁矿石代替部分废钢工艺技术分析 [C]//河北省冶金学会, 河北省 2010 年炼钢-连铸-轧钢生产技术与学术交流会论文集, 2010.

[26] 耿立忠. 攀钢转炉废钢加入量的简单计算法 [J]. 钢铁钒钛, 1981 (4).

[27] 宗玉生, 许海川. 中国废钢资源供需状况分析及应对措施 [J]. 中国冶金, 2005 (9): 19 ~ 22.

[28] 陆钟武. 论钢铁工业的废钢资源 [J]. 钢铁, 2002, 37 (4): 66 ~ 70.

[29] 陈兆平, 蒋晓放, 章耿, 等. 锰矿还原技术在宝钢转炉上的应用 [C]//中国金属学会, 2005 年中国钢铁年会论文集, 北京: 冶金工业出版社, 2005.

[30] 赵磊. 铌精矿直接合金化的热力学计算与实验 [D]. 包头: 内蒙古科技大学硕士学位论文, 2014.

[31] 何万年. 浅论铌铁合金的生产方法 [J]. 铁合金, 1995 (6): 22 ~ 26.

[32] 迪林，王平. 直接合金化炼钢工艺的研究及应用现状 [J]. 特殊钢，2000，21（3）：26～29.

[33] 姜英，高运明. 转炉中钼氧化物直接合金化炼钢热力学分析 [J]. 过程工程学报，2009，9（1）：112～116.

[34] 陈爱梅. 铬矿还原直接合金化冶炼低合金钢工业性试验 [J]. 包钢科技，1997（4）：97～99.

[35] 幸涛. 转炉流程铜镍氧化物直接合金化炼钢基础研究 [D]. 武汉：武汉科技大学硕士学位论文，2010.

[36] 孙国会，梁连科. 国内外氮化钒铁及氮化钒制备情况简介 [J]. 铁合金，2000（1）：44～47.

[37] 潘树敏，董进强，巨建涛，等. 邯郸三炼钢脱硫铁水冶炼过程回硫分析 [J]. 炼钢，2007，23（6）.

[38] 颜根发，徐广治，蔡文藻，等. 散装料下临界粒度的探讨 [C]//中国金属学会.第十五届全国炼钢学术会议文集. 2008.

[39] 李宏. 氧气转炉用石灰石代替石灰造渣炼钢节能减排技术 [J]. 金属世界，2010（4）：6～8.

[40] 杜成武，朱苗勇，董世泽，等. 硅铝钡铁合金在炼钢中的脱氧研究 [J]. 铁合金，2003（2）：7～9.

[41] 陈家祥. 硅铝钡钙包芯线的应用和成分的分析 [J]. 铁合金，2004（4）：14～16.

[42] 王厚昕，姜周华，李阳，等. 含钡合金对硬线钢的脱氧试验 [J]. 特殊钢，2003（5）：19～21.

[43] 李阳，姜周华，姜茂发. 含钡合金在钢液中的脱氧行为研究 [J]. 炼钢，2003，19（3）：26～29.

[44] 潘贻芳，凌遵峰，王宝明. 无氟预熔 LF 精炼渣的开发与应用研究 [J]. 钢铁，2006（10）：23～25.

[45] 王炜，薛正良. KR 预处理的工艺参数对铁水脱硫效果的影响 [J]. 特殊钢，2006，27（4）：50～52.

[46] 黄洁. 谈转底炉的发展 [J]. 中国冶金，2007，17（4）：23～25.

[47] 庄剑鸣，宋招权，姚锐，等. 钢铁厂高碳高锌含铁粉尘脱锌动力学研究 [J]. 矿冶工程，1998（1）：226.

[48] 李一山，薛正良. 含碳球团直接还原回收二次含铁粉尘试验研究 [J]. 中国稀土学报，2012，30：698.

[49] 于淑娟，侯洪宇，王向锋. 鞍钢含铁尘泥再资源化研究与实践 [J]. 钢铁，2012，47（7）：68～73.

[50] 解治友，高勃. UHP 石墨电极国际标准流程工艺的研究 [J]. 炭素技术，2007，26（1）：41～45.